Drawing & Painting
Fantasy Figures & Beasts

| 国 | 际 | 游 | 戏 |

角色设计

经典教程

Drawing & Painting Fantasy Figures & Beasts

|国|际|游|戏|

角色设计经典教程

（美）芬利·考恩 （美）凯文·沃克 编著
徐志刚 译

中国青年出版社

目 录

幻想怪兽设计 100

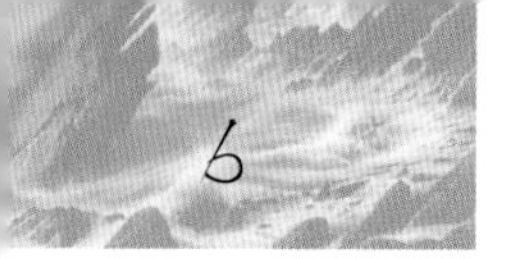

简介

欢迎阅读游戏角色设计的终极实用指南。本书集合了游戏设计领域的两位权威幻想艺术家的作品，帮助你构建出在创造幻想杰作时所需要知道的全部内容。是的，全部都在这里：需要的工具，用到的技巧，该从哪里获取灵感，以及如何将创意呈现在纸张或是电脑屏幕上。

▶ 准备工作

所有伟大的探索都开始于点滴的准备工作——宝剑、马匹，以及一个悲伤的女孩通常会有用——在艺术家身上也是这个道理，所以用纸笔武装起自己，准备解锁自己的想象力。在本书的第一章里，你会发现许多帮助你开启幻想艺术冒险的有用信息：各种各样的工具、材料及其使用方法，以及一系列基本技巧。

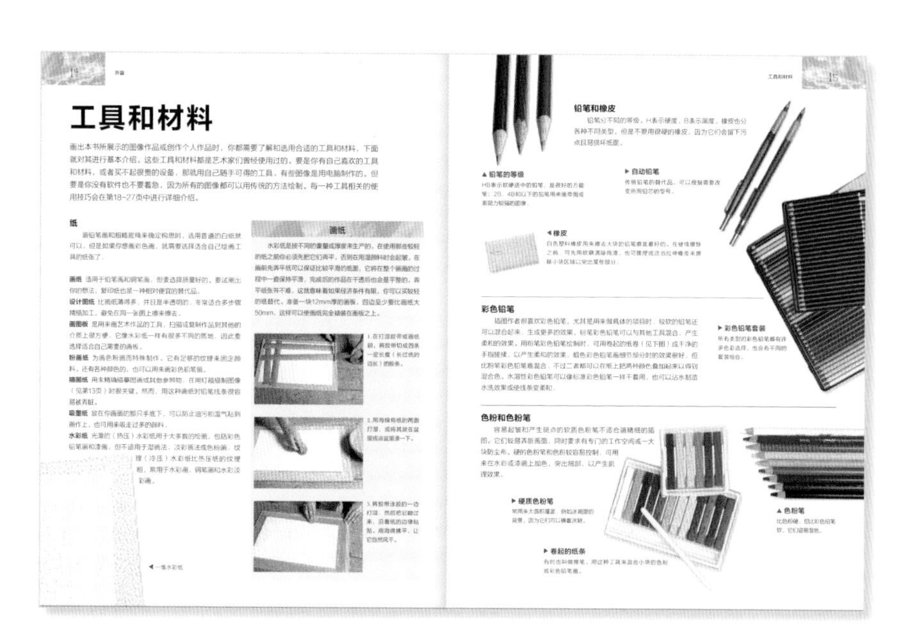
工具和材料

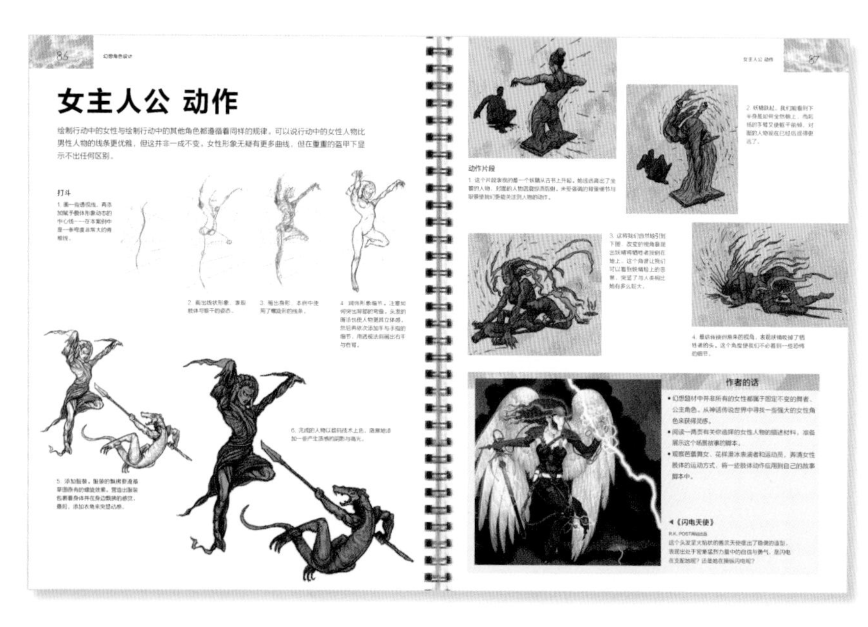
女主人公 动作

◀ 幻想角色人物

角色人物一般在所有艺术形式中都处于中心地位——没有形体，面孔就无从谈起；没有面孔，人物性格就无法表现；而没有性格，观众更是无从被吸引。解剖学的基本原理、良好的比例结构，以及人物的动态造型，都是吸引观众翻动书页并追随你一起完成艺术之旅的要素。表现人物性格的每一个细节，从身体语言到服饰发型的风格，都会向观赏者展示出一些重要的信息，同时引起他们对作品的情感反应。在第二章中，你不仅会学到如何构建游戏角色的人体解剖结构、角色的动态造型、面部表情，而且当你掌握了强大的人物原型符号学原理后，你还会了解该如何通过服装、造型、配饰、纹饰来发展人物的性格。在这些知识的指导下，你将很快找到如何用自己的方法来创造下一个游戏世界中的伟大英雄。

▼ 幻想动物怪兽

当幻想故事中的英雄面对可怕的四头恶龙或对战恐怖的巨兽时，他们面临的挑战不仅仅是生理上的。幻想动物怪兽是我们在生活中面临的所有挑战和障碍的象征——它们是我们所有的恐惧和怀疑的强烈焦点。通过战胜它们，我们找到希望、勇气和力量。在第三章里，你会看到那些惯常的艺术规律如何被扭曲。在此你可以狂野地驰骋自己的想象力，深入到自己最黑暗、未知的潜意识中，将那病态、狂暴的怪兽拉出来。开始描述一个怪兽时，提供一些诸如栖息地、基本特征、自然或历史背景等信息，将有助于创造出更有趣和引人入胜的生物。以此作为出发点，创造自己独有的具有独特品质、背景和故事的野兽。在本章一步步地引导下，你很快就能以自己的方式创作出称得上幻想史诗的寓言。

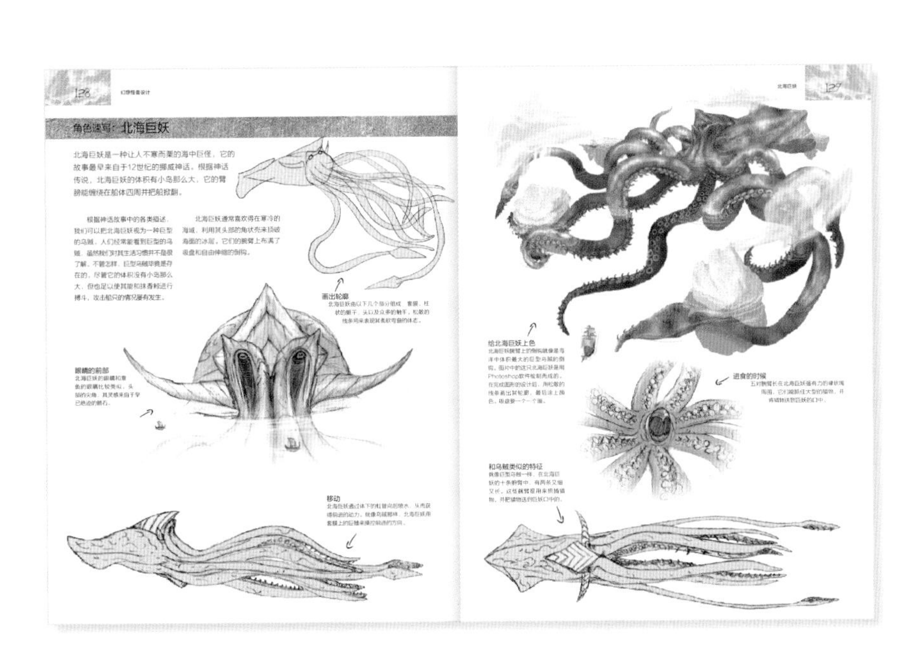

128 幻想怪兽设计

角色速写：北海巨妖

北海巨妖是一种让人不寒而栗的海中巨怪，它的故事最早来自于12世纪的挪威神话。根据神话传说，北海巨妖的体积有小岛那么大，它的臂膀能缠绕在船体四周并把船掀翻。

根据神话故事中的各类描述，我们可以把北海巨妖视为一种巨型的乌贼。人们经常能看到巨型的乌贼，虽然我们对其生活习惯并不是很了解。不管怎样，巨型乌贼毕竟是存在的，尽管它的体积没有小岛那么大，但也足以使其能和抹香鲸进行搏斗，攻击船只的情况屡有发生。

北海巨妖通常喜欢待在寒冷的海域，利用其头部的角状壳来顶破海面的冰层。它们的腕臂上布满了吸盘和自由伸缩的倒钩。

画出轮廓

眼睛的前部

154 幻想怪兽设计

角色速写：沼泽精灵

沼泽精灵是一头身强力壮的怪兽，它能够利用周边的环境，结合自然的生物变幻成形。人们很难认出它，因为它是由栖息地的树藤和植物组成的。其他生活在沼泽中的生物，比如蛇，可能就栖息在沼泽精灵的树藤上。沼泽中的确有一些生物把这个怪物作为很好的掩护。

上色

CHAPTER ONE

开篇

本章内容将帮助你在幻想艺术的王国里起航。这里提供了关于工作空间的建议，帮助你选择媒介和工具，以及许多绘制技巧的描述，以便你能运用这些技巧去尽可能简单、快速地生成自己想要的效果。

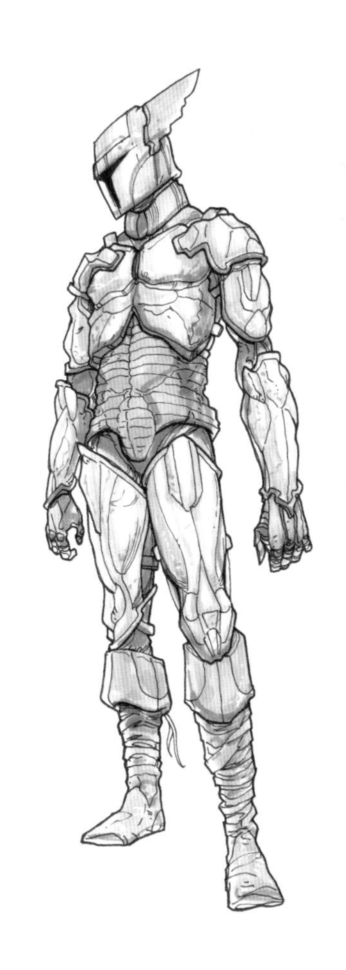

优势

幻想题材是世界上最流行的娱乐素材之一。在书籍、漫画和电影中都极为流行，因此还造就了商品、游戏文化、摇滚乐以及“狂热爱好者”习俗、社团和节庆的世界工业。

近10年来对幻想图像创作者的需求势头稳健，尤其是近期在CG图像方面的发展，更是扩大了这种需求，好莱坞也用这种题材研制更大、更好的效果。幻想图像创作者拥有广泛的工作领域，包括设计书籍的封面、动画设计，以及从事大众荧屏的各方面设计。

▲《金》(Kim)

作者：大卫·斯帕西尔（David Spacil）

创作全新图像时会使用种类繁多的技术和材料。这幅插图是使用3D Studio Max三维设计软件、Photoshop图像处理软件和绘图软件创作的。

电影工作

人们期望为电影工业服务的艺术家们具备电脑技术，但首要的是必须具备素描、想象和着色技巧。大多数从事电影工作的艺术家都有某个方面的专长，虽然这些方面具有许多重合之处。

分镜艺术家 分镜艺术家与电影导演、艺术部门紧密合作，在拍摄每个场景前都先创作出一种整部电影的连环画。分镜展示了镜头角度、镜头移动和电影里各种镜头的结合。分镜创作迅速且风格随意。

前期设计 所有的科幻小说和动画电影都得益于长时间的前期准备。在这个阶段，各类艺术家被召集起来，为完成电影创作出种类繁多的素描、彩图和塑像。在这个领域工作的艺术家们几乎都具备素描和着色技能，他们中的大多数人也具备电脑技能。

CG与动画 CG与特效艺术家对任何幻想电影的创作都至关重要。使用的电脑软件极为复杂，创作作品的技术人员需要经常学习使用新软件。尽管思路与设计技能在这个领域并非是最重要的，但大多数艺术家都具备传统的素描和着色技能。

原型设置 许多公司都为长片创作原型、动画人物（高级玩偶）、装束和盔甲。所有这些公司都会雇用艺术家，他们中的很多人都是某特定领域的专家。例如，有些专门负责装甲和金属制品，其他的则成了幻想怪兽雕塑家。

艺术家的旅程

艺术家、作家、电影摄制者和音乐家都是当代的故事讲述者。许多艺术家并不是在离开学校后才开始自己的事业的，他们的事业在儿时初次拿起蜡笔时就开始了。完善艺术家所需的技能可能需要多年时间，这种完善是个成长的过程。如果你从不停止学习，当你取得进步时，持续学习新技能的过程就变得非常愉快了。

由于电影与电子游戏的风行，你可以靠技能谋得体面的生计。但你若想掌控自己的作品，讲述自己的故事，创造自己的世界，可能就得做些其他的事来获取支撑这个目标所需的资金。有时你可能只好将自己的项目挤到晚上或周末来做。要确信一点：每个曾经实现目标的人都有过完全相同的经历。即使你创作了一部伟大的图解小说或是电影剧本，你也有可能要忍受几年遭人拒绝甚至被人完全忽视的滋味。每个成功的艺术家都有过类似的故事，所以一定要坚持到底——它值得你这么做。

插图 幻想类插图创作者能够在与出版业相关的多种领域找到工作。虽然出版业也雇用来自世界各地的人，但总体来看不像电影业那样有利可图。在音乐产业中，尤其是在金属与摇滚题材里也有一些插图工作可做。

小说 一般成套出版的科幻小说拥有巨大的全球市场，艺术家接受委托为小说设计封面。通常，一套小说选用同一位艺术家的作品。这类作品的风格总体来说与电影工业有所不同——插图需要更多的细节，作品采用时通常需要着色。

漫画 成人与儿童看的科幻漫画和图解小说是一种流行题材，艺术家可以找到铅笔画绘制者、上墨员、色彩师、文字工作者这样的工作。有些艺术家可同时为书籍和漫画提供文字和插图。

RPGs角色扮演游戏 自从由托尔金（Tolkien）的作品《龙与地下城》（Dungeons and Dragons）发行以来，角色扮演游戏的受欢迎度便持续上升。市场上常常出现新的产品，收藏者的游戏卡也扩大到许多种类。游戏生产商们常委托艺术家改进人物并创作卡片插图。

电子游戏

电子游戏是大宗生意，如最近由邦德电影改编的游戏比电影本身还赚钱，电影简直就是为游戏做的昂贵广告。庞大的公司像电影工业那样雇用大批艺术家们来创造思路和艺术成品。艺术家们需要具备素描、色彩，以及电脑技能。艺术家们常常周旋于电影与电子游戏之间，因为两者需要的技能有许多相似之处。

▲《幻影——科泽尔》

大卫·斯帕西尔

电子游戏的构思在于深入远古神话，为现代观众创造恶魔般的人物。

◀《南中国海》

芬利·考恩（Fimlay Cowam）

船的甲板与背景构成呈强烈对比是动画电影的典型特征。被描绘的图像如广角镜头般展现出尽可能多的背景。前景中甲板的弧线与呈扇形的云彩加强了这种效果。

工作空间

你所从事的艺术类型决定着你所需要的设备。商业艺术家不像其他的艺术家，他们是为了满足其他人的需要和期限而工作的。他们的工作空间和设备必须能让他们高效率地工作，不必非常昂贵，但必须舒服且适合工作。

▲ **画板**

有角度的画板是最理想的绘画工具且有助于调整坐姿。

工作室

首要条件就是一个可以工作的地方。不必是专用的工作空间，但是在那里必须能感到舒服，并且可以集中精神工作，避免受到不必要的干扰。

如果你有一个自然光线良好的空房间当然更好，因为如果要用到颜色的话，光线是非常重要的。不好的光线不仅不利于视力，而且影响你对所用颜色的感觉。如果你是在标准的灯光（通常是黄色的）照明下完成一幅色彩画，之后到自然光中观察，就会注意到这一点。

自然光总是最好的。当然可获得自然光的数量是难以保证的。如果你住在北半球，一扇较大的、朝北的窗户是最理想的，因为既不会受到日光直射，一天内的光线也不会有多少变化。但是如果你没有这么奢侈的条件也不必担心，无论怎样的窗户都总是比没有窗户好。如果你在阳光充足的房间工作，发现受光线变化的影响，你可以考虑挂一个半透明的白色窗帘，这样就可以分散一部分光线，使光线的分布更加均匀。你还可以选择更便宜的白布。可能的话，要好好放置桌子，不要让你的手留下阴影，因为阴影会使我们难以看清自己正在进行的操作。

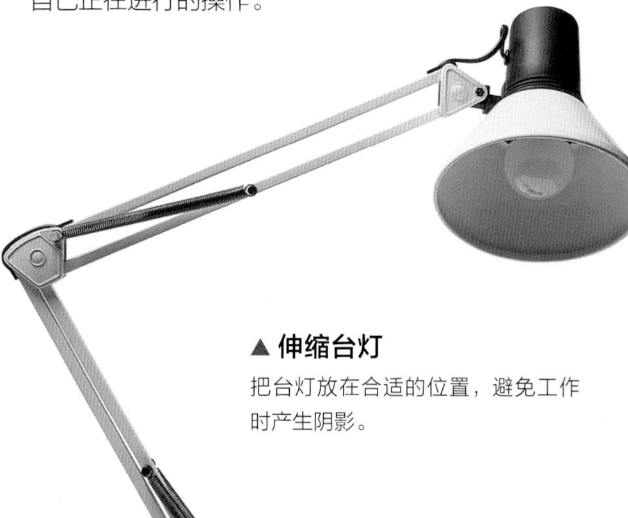

▲ **伸缩台灯**

把台灯放在合适的位置，避免工作时产生阴影。

画板、桌子和椅子

选择的工作平面主要取决于要画多大的画。大多数艺术家会选用某种特制画板，如定制的画板、中等密度的纤维板（MDF），或是裁成所需大小的合成板。一些画板可以支起来，与水平面形成一定的角度，以减轻背部压力。若是选用自制的板，可以将其放在木块上或一叠书上支起来。

此外，你还需要一个可以放下所有绘画工具的桌子。除非你想建立一个永久的工作间，否则完全没有必要专门去买一张，家里的餐桌就足够了，但首先得盖上一块桌布。有许多物美价廉的桌子可供选择，或者也可用一大块纤维板和一些三脚架做一张自己的桌子。

大致说来，任何凳子都可以，只要舒服。但是对于那些背部有潜在问题的人来说，可调节的椅子更好。但是无论用什么椅子，你将有很多时间是弯着腰工作的，所以要记得时常站起来活动一下身体。

照明

如果没有很好的自然光，或是想在夜晚工作，就需要在自己的工作台上放一盏很好的照明灯。可伸缩台灯是最理想的，因为它们能调节为不同的高度和角度。在大多数的美术用品店都能买到不同瓦特的日光灯灯泡。这些灯泡的玻璃上有一层蓝色来平衡灯光的颜色。尽管它们比标准灯泡要贵，但可以用很久。低压卤素灯是第二选择，因为它们能发出非常明亮的白光。卤素台灯还有小而轻的优点，你可以很容易地把它们挂在墙上的钩子上。

储存箱

随着工具一年年地积攒，其储存和保管就显得很重要了。你可以用一套抽屉存放自己所有的铅笔、蜡笔、颜料、橡皮擦、小刀和直尺，使它们保持整洁。你也可以临时制作，用硬纸盒或塑料盒替代。一些艺术家会把他们所有的纸、板子以及作品放在一个抽屉里，将其称为平面文档。这样的成本很高。更实用的做法是用一个或两个牢固的支架靠墙支起，然后把大张的纸和作品放在上面。

▶ 储存设备

建议最好把颜料、画笔和铅笔放在一个地方。绘图工具箱较为理想。

创造最终图像

大多数的插图作者会先画一幅创作稿，然后在此基础上完成作品的终稿。其底稿常常要比最终稿小，也可能是在不适于作画的纸上完成，因此你得将其按合适的大小比例转移到最终的画纸上。

复印与扫描

如果有可以缩放的复印机也很方便。要是你有电脑，且底稿不够大，你就可以在电脑上处理它们。这样更容易控制，而且会有更多的方法。你可以用电脑不断地修改自己的图像，要是你有合适的软件，或许还能用到其中的各种变形工具。将作品打印出来后，就可以用以上介绍的方法把它转移到画纸上。如果你选用的画纸足够薄，就可以用灯箱来描摹图画。没有灯箱用窗户也可以，把底稿粘到窗玻璃上再描。

描绘

要是你的底稿刚好是你想要的大小，那就直接把它放到描图纸上，用软铅笔或石墨棒搓揉其背面，然后把描图纸右边朝上放在画纸上，用很细的铅笔勾勒轮廓。另一种方法就是用无油转印纸，在绘画用品店就可以买到。这样的效果会更好，画面也不会脏。

使用网格

最省钱的办法就是在自己的原始底稿上画上坐标方格，可直接画，或是铺上一层描图纸或者醋酸纤维纸进行描绘。然后再按照同样的比例在画纸上画出一个更大的坐标方格，每次描画一小格。

▶ 灯箱

灯箱在转移图像方面非常有用。它有透明的外表，从里面照明，提供一个明亮的平面供我们描摹作品。

工具和材料

画出本书所展示的图像作品或创作个人作品时，你都需要了解和选用合适的工具和材料，下面就对其进行基本介绍。这些工具和材料都是艺术家们曾经使用过的。要是你有自己喜欢的工具和材料，或者买不起很贵的设备，那就用自己随手可得的工具。有些图像是用电脑制作的。但要是你没有软件也不要着急，因为所有的图像都可以用传统的方法绘制。每一种工具相关的使用技巧会在第18~27页中进行详细介绍。

纸

画铅笔画和粗略底稿来确定构思时，选用普通的白纸就可以。但是如果你想画彩色画，就需要选择适合自己绘画工具的纸张了。

画纸 适用于铅笔画和钢笔画，但要选择质量好的。要试画出你的想法，复印纸也是一种相对便宜的替代品。

设计图纸 比画纸薄得多，并且是半透明的。非常适合多步骤精描加工，避免在同一张图上擦来擦去。

画图板 是用来画艺术作品的工具，扫描或复制作品到其他的介质上很方便。它像水彩纸一样有很多不同的质地，因此要选择适合自己需要的画板。

粉画纸 为画色粉画而特殊制作。它有足够的纹理来固定颜料。还有各种颜色的，也可以用来画彩色铅笔画。

描图纸 用来精确描摹图画或其他参照物，在用灯箱描制图像（见第13页）时很关键。然而，用这种画纸时铅笔线条很容易被弄脏。

吸墨纸 放在你画画的那只手底下，可以防止油污和湿气粘到画作上，也可用来吸走过多的颜料。

水彩纸 光滑的（热压）水彩纸用于大多数的绘画，包括彩色铅笔画和漆画，但不适用于湿画法、淡彩画法或色粉画。纹理（冷压）水彩纸比热压纸的纹理粗，常用于水彩画、钢笔画和水彩淡彩画。

◀ 一堆水彩纸

画纸

水彩纸是按不同的重量或厚度来生产的。在使用那些较轻的纸之前你必须先把它们弄平，否则在用湿颜料时会起皱。在画前先弄平纸可以保证比较平滑的纸面，它将在整个画画的过程中一直保持平滑，完成后的作品在干透后也会是平整的。弄平纸张并不难，这就意味着如果经济条件有限，你可以买较轻的纸替代。准备一块12mm厚的画板，四边至少要比画纸大50mm，这样可以使画纸完全裱装在画板之上。

1.在打湿胶带或画纸前，将胶带切成四条一定长度（长过纸的边长）的胶条。

2.用海绵将纸的两面打湿，或将其放在盆里或浴盆里浸一下。

3.将胶带涂胶的一边打湿，然后把它翻过来，沿着纸的边缘粘贴。用海绵拂平，让它自然风干。

铅笔和橡皮

铅笔分不同的等级。H表示硬度，B表示黑度。橡皮也分各种不同类型，但是不要用很硬的橡皮，因为它们会留下污点且易损坏纸面。

▲ 铅笔的等级

HB表示软硬适中的铅笔，是很好的万能笔；2B、4B和以下的铅笔用来画草图或表现力较强的图像。

▶ 自动铅笔

传统铅笔的替代品，可以根据需要改变所用铅芯的型号。

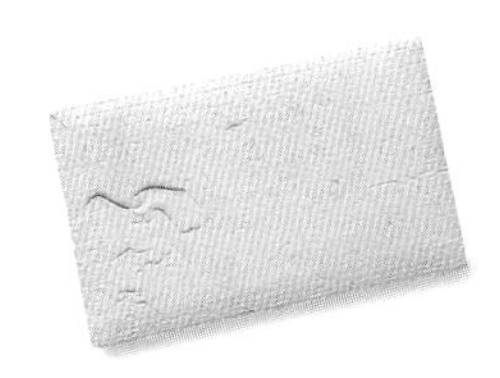

◀ 橡皮

白色塑料橡皮用来擦去大块的铅笔痕是最好的。在继续擦除之前，可先用软刷清除残渣。也可揉捏或适当拉伸橡皮来擦除小块区域以突出某些部分。

彩色铅笔

插图作者很喜欢彩色铅笔，尤其是用来做具体的项目时。较软的铅笔还可以混合起来，生成更多的效果。粉笔彩色铅笔可以与其他工具混合，产生柔和的效果。用粉笔彩色铅笔绘制时，可用卷起的纸卷（见下图）或干净的手指搓揉，以产生柔和的效果。蜡色彩色铅笔画细节部分时的效果很好，但比粉笔彩色铅笔难混合。不过二者都可以在纸上把两种颜色叠加起来以得到混合色。水溶性彩色铅笔可以像标准彩色铅笔一样干着用，也可以沾水制造水洗效果或使线条变柔和。

▶ 彩色铅笔套装

所有类型的彩色铅笔都有许多色彩选择，也会有不同的套装组合。

色粉和色粉笔

容易起皱和产生斑点的软质色粉笔不适合画精细的插图。它们较易弄脏画面，同时要求有专门的工作空间或一大块防尘布。硬的色粉笔和色粉较容易控制，可用来在水彩或漆画上加色，突出细部，以产生肌理效果。

▲ 色粉笔

比色粉硬，但比彩色铅笔软。它们容易混色。

▶ 硬质色粉笔

常用来大面积覆盖，例如涂画面的背景，因为它们可以横着涂刷。

▶ 卷起的纸条

有时也叫做擦笔。用这种工具来混合小块的色粉或彩色铅笔画。

钢笔和墨水

用钢笔可以画出很精美的细节，还不会有污点。钢笔和墨水常常和水彩或丙烯颜料一起使用，但钢笔和墨水也有很多种颜色。因此，你可以只用墨水完成一幅完整的作品。

▲ **蘸水笔**

由笔管和可换笔尖组成，可以画出不同粗细的线条。这种笔用起来很慢，因为每画完一下就要蘸点墨水。

▲ **自来水笔**

由金属笔尖和墨水胆构成，墨水会源源不断地流出。

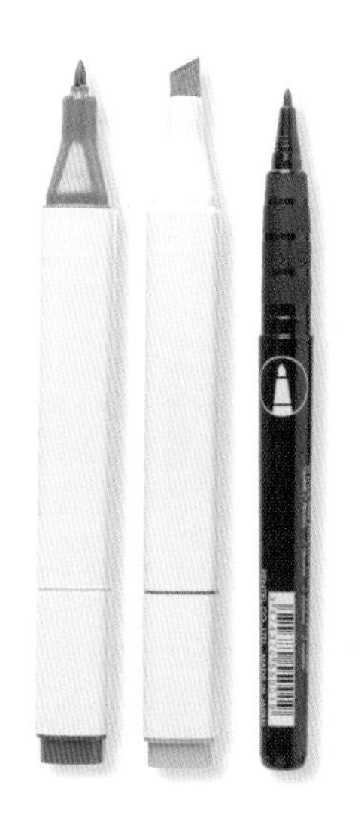

▲ **纤维笔尖钢笔**

有不同的粗细和颜色，可以画出比金属笔尖更机械的线条。

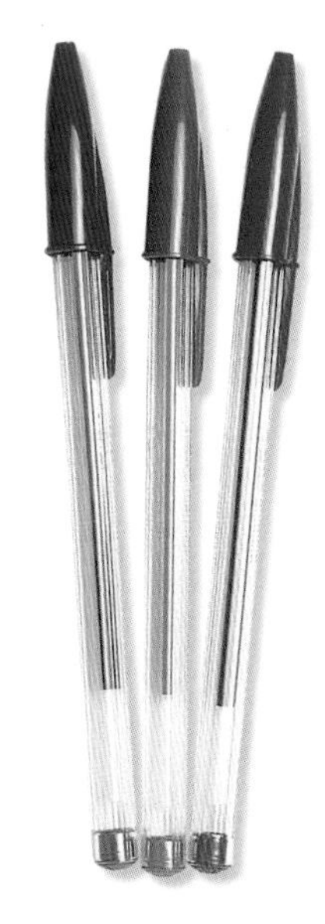

▲ **圆珠笔和滚珠笔**

这是种便宜而且好用的绘画工具，尽管笔尖的粗细规格有限。滚珠笔比圆珠笔稍微湿一点。

▲ **印度墨水**

供蘸水笔使用的传统墨水，也可以用刷子蘸取。

▲ **水溶性墨水**

如果是用于水彩，墨水易于溶解，使绘制的线条更柔和。确保选择的是水溶性墨水，否则户外紫外线不会有明显的褪色现象。

▲ **丙烯酸墨水**

可用水稀释或在调色板上混合，但是干透后完全防水。

刷子

用很贵的貂毛、合成纤维或貂毛与合成纤维的混合物做成的软刷，可以用来画水彩和丙烯画。画丙烯画时，一定要在颜料未干前彻底地清洗刷子，否则就再也无法使用了。猪鬃画笔比较适合于油画颜料，或者创造特殊的丙烯颜料肌理，以及水彩颜料的擦画法。画笔在创作中还是起到了重要作用的，当然也会有很多艺术家喜欢尼龙画笔，画出流畅完美的油画效果。

◀ **丙烯颜料刷**

画油画的鬃毛刷也可以用于丙烯画，而且若是涂上厚厚的丙烯颜料，效果会很好。中等硬度且有弹力的尼龙刷是创作薄丙烯画和中等厚度丙烯画时最好的工具。

▶ **水彩刷**

有两种主要类型：圆形笔刷有很细的笔尖；扁平形笔刷可用来刷大面积的画面。你只需拥有两支不同大小的圆形刷和一支扁平刷就足够了。

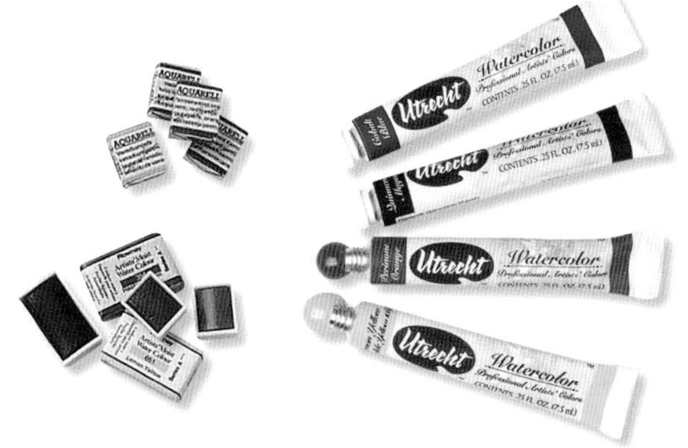

水彩和水粉

水彩颜料常常被认为是比较缺乏特点的颜料，更适合画花卉而不适合画凶猛的动物。事实上，水彩可以实现很强烈的戏剧性效果。它还可以和其他的任何绘画颜料结合起来使用。如果水彩画糟了，你可以用彩色铅笔重画，或用丙烯、水粉刷涂。后者是水彩的不透明版本，两者常常同时使用。

▲ 管装颜料和块状颜料

所有的颜料都有两个版本。艺术家的颜料更贵一些，因为它们含有更多的纯色素，这种显然是最好的。但是你可以用小号的初学者使用的颜料，有装在专用颜料盒里的块状水彩和管装水彩。管装水彩用来画色彩强烈的画，效果更好。但是你得准备调色板，以便把颜料挤在上面调色。

◀ 水粉颜料

它们是管装的，比管装水彩颜料的包装大，可以和水彩混合。而且白色的水粉颜料常常单独使用以加强画面的亮度或与其他颜料混合使用来加强亮度。

丙烯颜料

丙烯是颜料中用途最广的一种，可以绘制出很多画面效果，这完全取决于你的使用方法。你可以把薄薄的、透明的丙烯颜料一层一层叠加，也可用油画刷或画刀厚厚地涂上一层，还可以与厚的颜料混合，以增加浓度。市面上有许多种丙烯颜料可供选择，都具有不同的透明度和光泽，以提供丰富的色彩效果。

▲ 管装

除了白色以外，丙烯颜料通常装在标准的铝管里出售。白色的丙烯经常装在更大的管里，因为我们用得更多。

▶ 罐装和瓶装

你可以买到罐装和有盖瓶装的丙烯颜料。瓶装颜料可以挤到调色板上，其颜料的流动性比管装颜料更好。

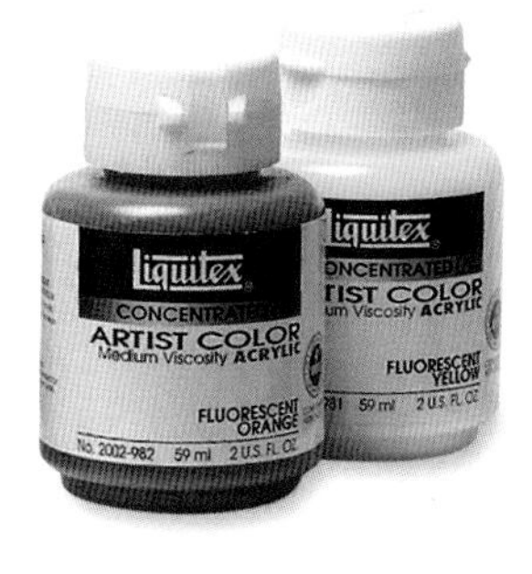

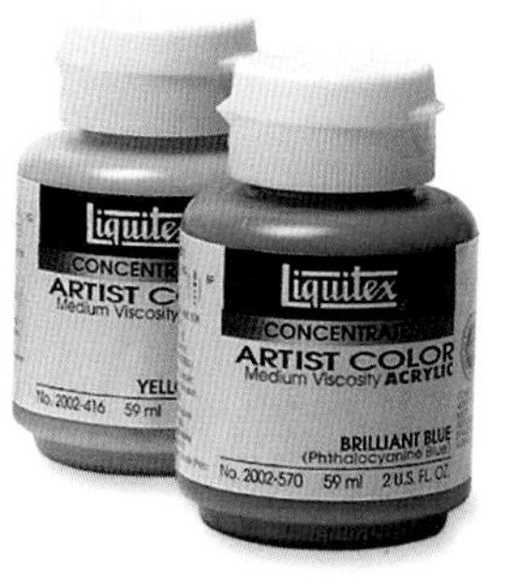

◀ 罐装及管装的油画颜料

油画颜料同样也有罐装和管装两种类型。

油画颜料

油画颜料最复杂，比水彩颜料和丙烯颜料难用，不过它能为艺术家提供非常宽泛的选择，创造出无限的绘画气质。与水彩颜料和丙烯颜料相比，油画颜料干的速度比较慢，让你有更多的时间构思和作画。另外，油画颜料对涂色的层数也没有限制。水彩颜料和丙烯颜料是以水为载体的（等颜料干了以后，水分就会蒸发），油画颜料则以油为载体。油画颜料干了以后，油分仍然存在，使得画面熠熠生辉、有立体感且华美，这是其他作画工具都难以比拟的优势。

绘画技巧

一些艺术家会运用大量不同的绘画工具，觉得使用它们就像艺术家想要表现的灵感那样激动人心。总是有新的东西可以尝试。不要忘了，大多数的工具既可以单独使用，也可以和其他工具混合使用，绘画技巧也是这样。所以大胆地去实验吧，直到找到一种自己可以自如运用的绘画技巧和工作方法，以便将头脑里的图像顺利地画在图纸上。你也可以用刀子刮下一些石墨铅笔粉，在纸上擦出或画出不一样的效果。自动铅笔很细，可以画出精确的线条。

石墨铅笔

石墨铅笔可能是你所拥有的用途最广的绘画工具之一。它们可以绘制出变化无穷的线条和色调，分为很多不同的等级，从非常硬到非常软。标准的绘图铅笔是用木头制作笔杆的。你也可以只买粗的铅芯，用石墨棒的侧边绘制出大面积的色调。

排线

色调是通过向同一个方向画线条建立的。更深的阴影是通过在前面画过的地方用更重的线条叠加形成的。

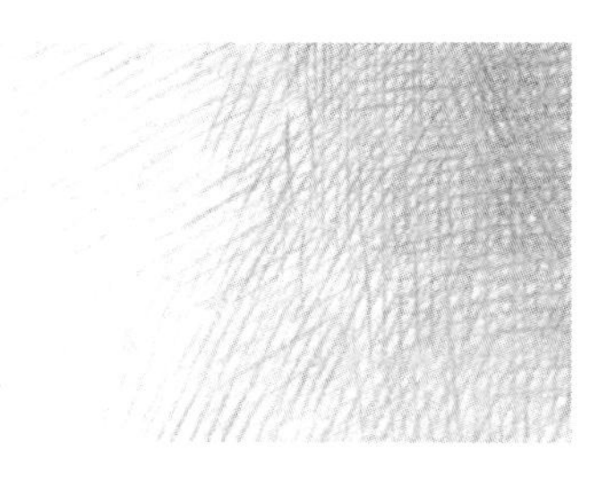

交叉排线

像排线一样，这是任意一种单色绘画工具的标准绘画技法。先排线，再画上另一系列的线条，与先前画的线条交叉。线条越近、越密，色调就越深。

涂鸦

这种技法的效果比交叉排线法更自然。不是一笔一笔地画，而是让铅笔一直停留在纸上。运用轻微的曲折动作，通过调整笔压和层次来产生深浅变化的色调。

阴影

通过运用钝头铅笔描绘密集的线条，以产生整块的色调和柔和的色调渐变。通过手指擦涂来模糊线条，以进一步产生出更柔和的色调渐变效果。

橡皮阴影

用揉捏成适当大小的橡皮擦去铅笔线条，可以减轻色调和取得高光的效果。用按压还是点画的手法取决于面积的大小和你想要的效果。

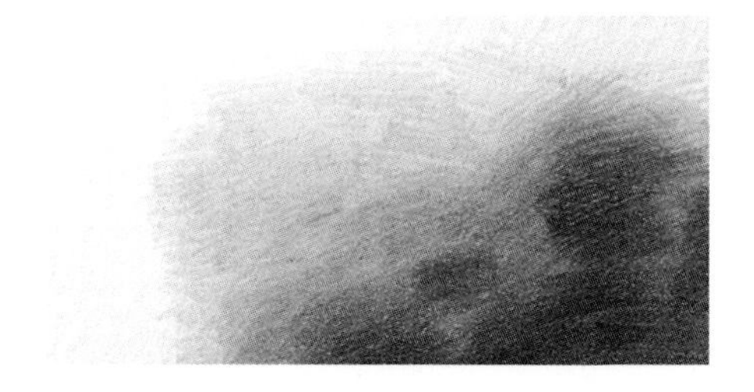

铅笔等级

更多不同的色调可以通过运用不同型号的铅笔来实现：用硬铅笔来绘制较浅的色调，用软铅笔绘制较深的色调。将软铅笔在硬铅笔之前使用，或在画面不同的区域用不同等级的铅笔。

彩色铅笔

如果你想用色彩却又觉得更习惯画而不是涂，彩色铅笔就是最理想的选择。彩色铅笔分为几种不同的类型：一些比较滑，一些比较多粉……这些铅笔易于混合使用。如果可能的话，在使用前可先试一试，看看哪一种更符合你的需要。购买时可以单买，也可以成套购置。水彩笔属于另一类型。它们具有水溶性的特点，能在水中发散，形成水洗效果。

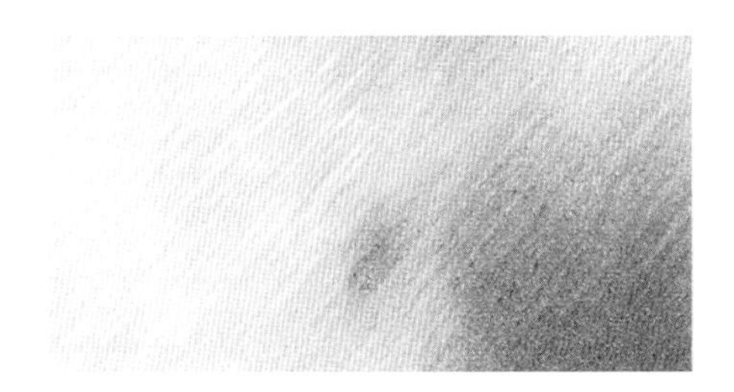

通过排线混合

用不同颜色的彩色铅笔朝同一个方向排线，你就可以获得色彩变化和混合的效果。

通过交叉排线混合

这种方法用于生成细腻的色调和柔和的色彩过渡。改变排线的层次以及交叉的角度可以生成不同的色彩效果。

点线混合

这种基本上与铅笔点画相同的方法，能产生更密、更具纹理的色调和色彩效果，颜色通常是由浅渐深的。

搓揉

通过与棉签、卷起的纸棒或是手指摩擦混合颜色，可以产生柔和、模糊的效果。彩色铅笔越多粉，越容易这么做。

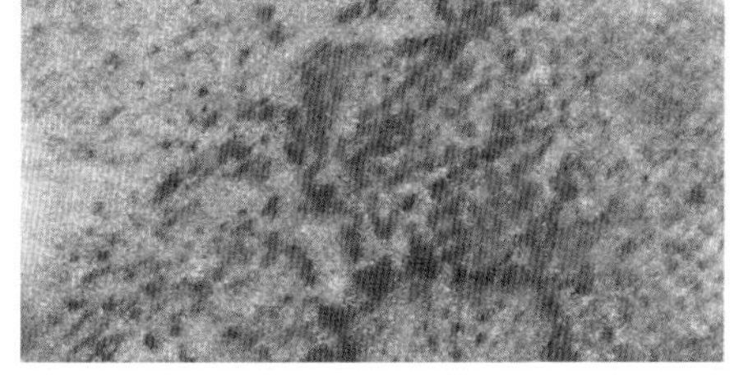

前景

把画纸放到一个平坦的、有纹理的平面上，例如织得很松的织物，然后用彩色铅笔重复涂画，可以让下面的纹理或图案透出来。

水溶性画笔

也叫水彩笔，用它可以将水彩技法和线条技法结合起来。你可以先画线条，然后用刷子使颜色发散，也可以直接在湿纸上画。

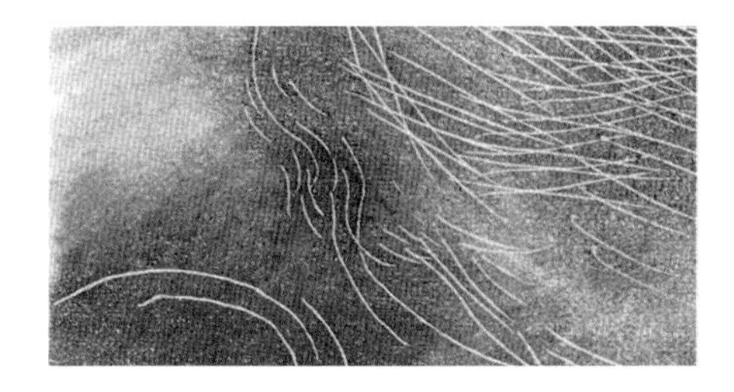

拓印

如果用适当的工具，例如一个很好的画刷，把纸弄出许多凹痕，然后在上面涂画，凹进去的线条就会是白的。此图是用一个旧的罗盘针画出的线条。

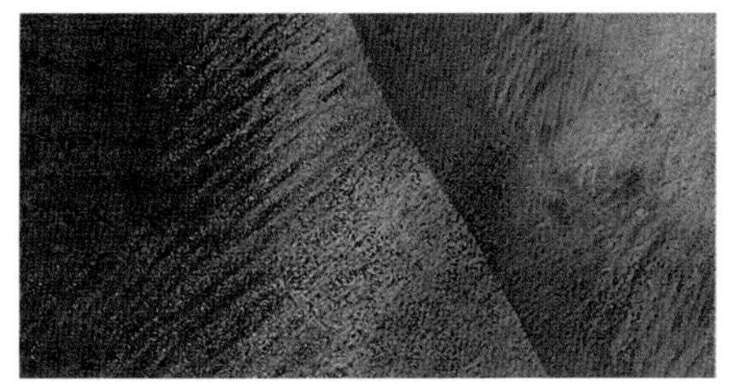

淡色画笔画进深色颜料

淡色的画笔可以在深色的水彩或丙烯画面上刻画。可以在上面加更多的颜料，然后再用淡色画笔画，采用层叠技法。

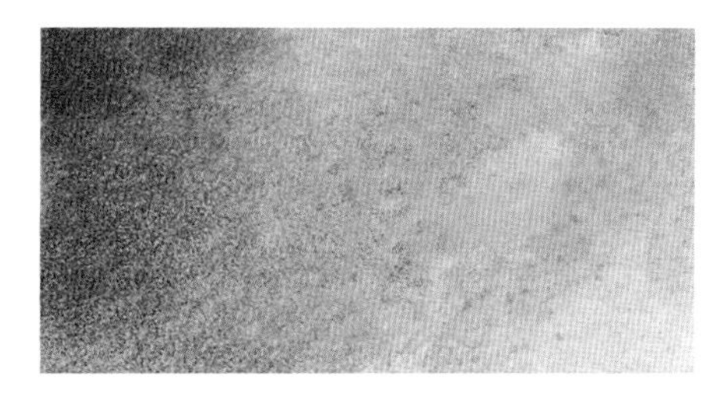

深色画笔画进浅色颜料

可以在淡的水彩或丙烯画上用深色的彩色铅笔绘制，以突出、强化细节部分及纹理。

用墨水画

用墨水画画是最古老的方法。有很多类型的画笔，从带有可替换笔头的蘸水笔到许多不同类型的储水笔，它们可以将墨水储存在笔中。就像绘画一样，试验工具也是非常关键的，因为所有的笔在手中工作的感觉都是不同的。纤维笔尖的笔可以让墨水不断流出；传统的金属笔尖的钢笔可以画出更多的线条类型。用墨水画，无论是用笔还是用刷子，画完后就不能再修改了。因此得多做尝试，在用墨水做最后的绘画之前，总结出不同工具所形成的不同的绘制效果。

带笔尖的笔

带笔尖且自带墨水储存管的笔（自来水笔），可用来绘制非常细致和紧密的图画或者布局松散的速写。这种自来水笔比蘸水笔更易控制。

蘸水笔

蘸水笔必须重复地蘸水，导致线条不太稳定，但是线条风格显得更生动。各种类型的笔尖都有，包括不同的形状和大小。

画刷和墨水

用画刷也可以获得流畅和统一的线条。线条可细可粗，这取决于用力的强弱。还可以通过在画线的末端让刷子“喝水”，以产生出淡淡的色调。

笔尖很细的记号笔

这些很好的自来水笔可以画出连贯而机械的线条，但在较软的纸上画会有很多变化。用这些笔可以画出浓密的交叉线。

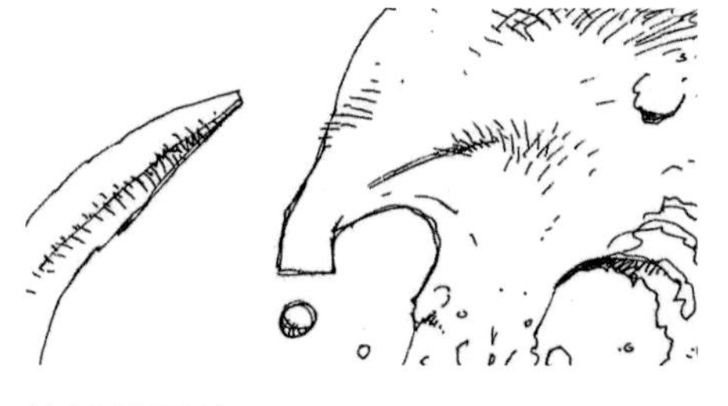

快速绘图笔

有好几种大小的笔尖。快速绘图笔最初是用来画工程图的，但也可以用来画草图。在画弯曲潦草风格的线条时，效果很好。墨水是防水的，线条也很连贯。

线条和色块

经典的技法是先画墨线，再进行上色以产生很深的阴影。这样做比在色块上画线条感觉更加自然。

在颜色上用墨水

黑色的墨水笔可以在较大的色块上勾勒轮廓和创造形状。在创造随意自然的细节时非常有用。绘制时仅需用笔沿着色块形成的形状描画就可以了。

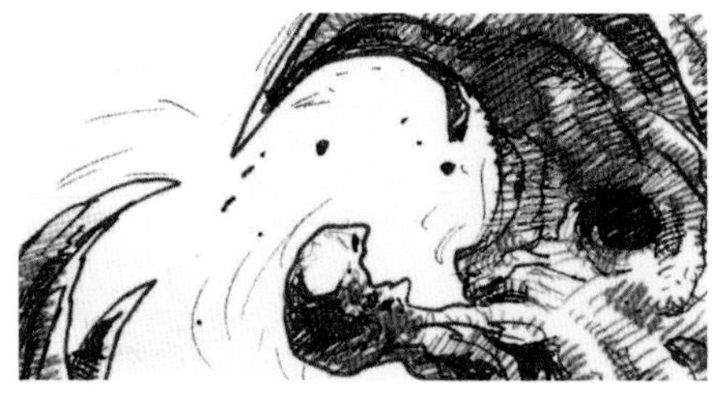

彩色线条

有多少种颜色的墨水绘画钢笔，就有多少种颜色。用笔尖很细的马克或自来水笔创造出的一系列彩色线条，可以产生一系列不同的效果和色彩纹理。

圆珠笔

这些日常文具可单独用做草图绘制，或是与其他笔混合使用以绘制更复杂的图画，方便、快捷。即便是黑色的圆珠笔，其黑度也是不同的，有些笔画出的线条是灰色的。

用墨水着色

绘画墨水有很多种颜色，因此在很大的范围内都可以用墨水来给你的图像着色。彩色墨水是透明的，因此可以通过层叠法在图画上混合颜色。瓶装的墨水也可以在调色板上调色或者加水稀释成不同的色调。墨水应该先淡后浓。你也可以用淡一些的颜色修改一块很深的颜色。如果在纸上混合，要避免把太多的颜色堆到一起，因为这样容易弄脏画面。墨水会渗入水彩纸里，但却会停留在光滑的纸张上面，产生更多浓重的色块。

丙烯墨水

这种墨水干后防水，可以在未干的状态下一层一层地加涂而不会影响底下的颜色。这种墨水中的色素非常好，而且不会像其他墨水里的色素一样容易结团，能够得到更均匀的颜色。

擦色

在颜色未干时，用纸巾擦掉颜色或拿纸巾在上色的地方揉，可以产生柔和的亮部或者有趣的效果。

洗掉颜色

如果你用钢笔和防水的墨水快速地画，再用一个湿的刷子把颜色从线条上洗掉，就可以得到钢笔线条和色块的对比效果。

水溶性墨水

这种墨水干了以后也会在水里溶解，因此可以使线条变得柔和或发散成色块。你可以用蘸水笔来使用水溶性墨水，也可以像此例一样用自来水笔。

蜡抵抗

先用白色蜡笔画出图像，然后把墨水加在上面可以产生非常可爱的效果。墨水会从有蜡的地方滑落；蜡印越强，抵抗就越大。

颜色层叠

防水墨水适宜用层叠法，因为新的颜色不会妨碍以前的颜色。画水彩时，要由淡到浓。

干海绵

干海绵可以用来把湿纸上的墨水吸走，产生微妙的色彩和色调的变化。用不同质量的海绵会产生不同的画面效果。

湿海绵

海绵也可以用来直接铺墨，生成有趣的随意性效果。可以拿不同颜色用海绵涂上好几层。

勾划

在纸面上勾划出粗犷的纹理，再在纸上加上墨水，然后用彩色铅笔的侧面涂抹，从而产生画面肌理。

水彩颜料

所有上色工具中，水彩颜料是最简单、最容易使用的，它速干、可塑性强、灵敏度高、清新自然。利用它，艺术家可以表现出令人惊异的精细手法和有趣的画风。不过，水彩颜料也有可能是最让人沮丧的颜料，这完全得看你的上色风格。

▲ 水彩颜料套装虽然小但便于携带，并且足以在旅途或工作室中快速记录下创作灵感。
管状水彩颜料是绘制大面积涂层的理想材料。
整块或半块水彩颜料盘能够放在便携式调色板里。

涂色顺序

水彩颜料具有透明的特性，这种特性是非常细腻和光亮的。如果想要保留住水彩颜料的透明性，就要好好计划作画的步骤，否则颜色就会失去原本的通透性。同样的，虽然水彩颜料的渗透性很好，可以通过轻触、推、拉来引导颜料的走向，不过太多地使用这些技巧只会把颜色弄得很脏很杂，让它们失去原本的鲜活和多变，并且还有可能把原来需要的颜料吸离纸面。

水彩颜料的使用是一个需要方法和周密计划的过程，要从亮色画到暗色，从背景画到前景。在每一个步骤之前，你先要在头脑中进行构图，需要亮色的时候，可以利用纸张本身的亮度；而由于颜料很容易溶解，所以暗色一般会留到最后处理。

了解你手中的工具

水彩颜料具有三个重要的特性，这三个特性你必须牢牢掌握：

- 颜料覆盖的顺序会极大地改变最终呈现出来的颜色。
- 在湿润的纸张上，不是所有颜色的颜料都表现出一样的特性，有的颜料扩散得既快又远，有的颜料散得又慢又近。
- 有的颜料染得很快而且持久，一下子就渗透到纸张纤维中去，不易清除，而有的颜料则浮在纸张表面，很容易清理，即使干了以后，也能清理掉。

为了让自己进一步了解上述特性，你可以先画一些小幅的风景画速写，尺寸不大于20cm×25cm（8英寸×10英寸）。作画的时候，不是关注如何创作出漂亮的作品，而是学习各种不同颜色颜料的属性。最终达到的目标是，在你以后作画的过程中，不再停下来思考诸如“这种颜色的颜料在湿纸上渗透得快吗”或者“这两种颜色的颜料应该先用哪一种呢？上色顺序怎么才是对的”之类的问题。这些技术性问题的回答都应该化为你的本能，决定在瞬间完成，而更多的精力应该花在创作和直觉捕捉方面。

关于水彩颜料的提示和运用技巧

- 只打湿纸张的一部分，可以让你集中在那部分上色，这就好像在上色区域四周筑起了一道围墙一样，避免渗透到其他不想上色的区域。
- 如果你先将纸打湿，那么，只要纸张仍然是湿的，几乎所有的颜色都会彻底渗透开来，尤其是最初的几层颜色。
- 用一张柔软的纸巾或者蘸湿的笔刷来吸颜色。不要用力抹或揉开颜色，这样会损坏纸张。
- 等前面一个涂层干透了以后，再涂上后面一个涂层；否则，两个涂层会混合到一块，不分彼此。
- 使用吹风机有时候能够帮助颜料及早定型，这样就算接下来涂上一系列涂层，前面的涂层也能保持很久。不过如果在很湿的纸张上面使用吹风机会把颜色吹得到处都是。
- 使用黏土橡皮擦拭铅笔印记，橡胶橡皮会破坏纸张上面的纤维。

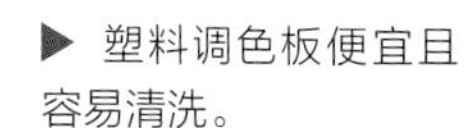

▶ 塑料调色板便宜且容易清洗。

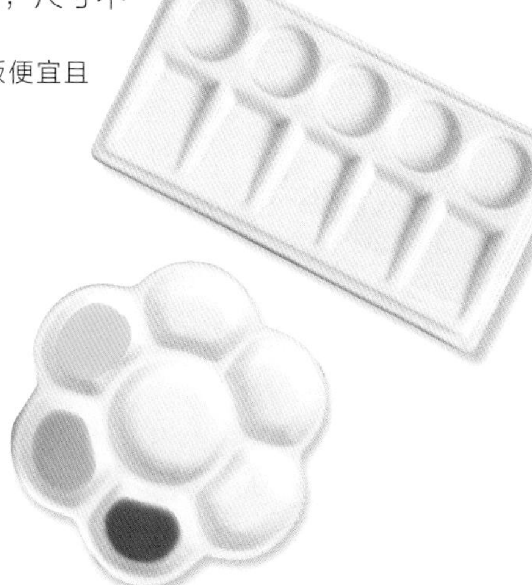

◀ 水彩纸比较厚，可以较好地保持涂层，避免弯曲和变形。

在湿纸上用湿颜料

在湿润的纸张上加上湿润的水彩颜料，颜料会四处流淌和渗透，要精确控制很困难。不过，这样反而能产生随机、不经意的效果。

光亮

在一层干了的颜料上面再覆盖上另外一层颜料，光能从两个色层中透出来，这样做的效果要比将两种颜色混合在一起得到的颜色鲜亮得多。

在半湿纸上用湿颜料

等纸半干了以后，流体颜料易于控制，而又不失柔和。笔触能够柔化并且融合在一起，而湿润的颜色也易于吸出来。

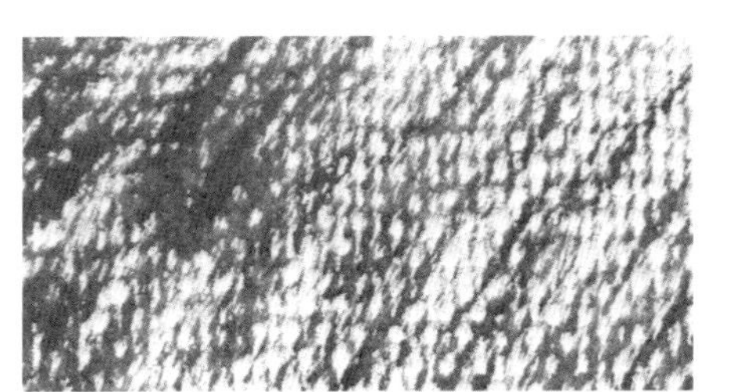

干笔触

将干颜料轻刷在纸上或者其他颜料层上，在不破坏底下颜料层的情况下，就能创造出破碎的、类似于点彩画的效果。

吸颜料

当颜料和纸张都湿的时候，用一张纸巾或者湿润的笔刷就能够把颜料吸出来。如果颜料干了，可以在那个区域再加一点水，然后用纸巾轻触就可以了。

撒盐

将盐撒在湿颜料上，会产生奇特的材质效果，因为盐浸泡在水中，还会有不同的明暗变化。等颜料干了以后，再用笔刷把盐粒刷掉。

平涂

想要得到一整块光滑整洁的色块，可以将流体颜料均匀地涂在纸面上。打湿的纸张能够节省涂颜料的时间。

渐变

在一张打湿的纸上画上一块大大的色块，或者是粗粗的一笔，然后通过纸上的水逐渐地稀释色块，以产生渐变的效果。

遮盖液

遮盖液用来保留纸张上的白色区域。在干燥的纸张上面涂上遮盖液，等到颜料干透以后，再轻轻地将其擦去。

不透明高光

要产生遮蔽效果，也可以用不透明的白色水彩颜料代替遮盖液。和遮盖液浓稠的胶体相比，水彩颜料比较薄，所以要多刷几层。

使用海绵

用干或湿的海绵吸走湿颜料，可以制造出不同的造型和材质。湿海绵会产生比较柔和的造型，而干海绵则产生轮廓更加分明的造型。

擦

等颜料干了以后，可以擦出中间色调和高光。用清水和软毛刷可以擦出细微的效果，用硬一点的刷子则能擦出更为尖锐的线条。

丙烯颜料

丙烯颜料以聚丙烯酸乳液为粘合剂，主要成份是聚合物和水。换句话说，丙烯颜料就是流动着的塑料——湿的时候是液态的，可以随意加工；干了以后就定型，可以长期保存。

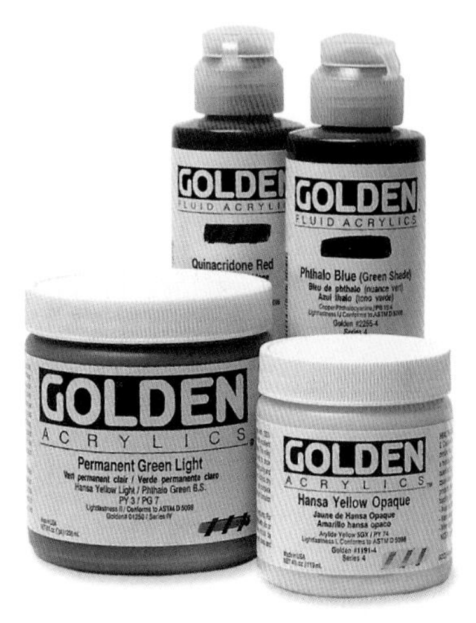

▲ 丙烯颜料是适用性很强的工具，大罐的丙烯颜料经济实用。

多样化的选择

丙烯颜料也许是最灵活、适用性最强的颜料了。因为以水为载体，它可以很稀薄，就好像水彩颜料一样；也可以很浓厚，就好像油画颜料一样。如果艺术家要在画板、纸张、画布等很多材料上作画，丙烯颜料无疑是一个不错的选择。它干得很快，一旦干了以后就能长久保持。因此，它能够涂很多层。你也许还会想开发出不同种类的凝胶和添加剂，让颜料更加浓稠，或者为颜料加入额外的材质，这些都是可以实现的。

丙烯颜料可以是厚重的，可以从深色调画到浅色调，用浅颜色压住深颜色；加入水之后，也可以变得很稀薄，能够从浅色调画到深色调，在深颜色中透出浅颜色。甚至能用白色的丙烯颜料通体粉刷，然后在上面涂上其他颜色，效果会非常好。但有一件事情要注意，你必须让笔刷保持湿润并且经常清洗，因为丙烯颜料是很容易干的，在画纸或者画布上如此，在笔刷上也是如此。

如果画家不知道选择什么样的工具，或者既想颜色轻薄又兼顾厚重，抑或风格多变、有多样化的选择，都可以考虑丙烯颜料，因为它使用方便，灵活性、适用性好并且可以修改，能够满足多方面的需求。

合适的承载物

对于那些喜欢把丙烯颜料调得比较稀的人来说，重磅的水彩纸是理想的承载物。把300磅~400磅的水彩纸固定在画板或者油画板上，就能承载大量的湿颜料，即使很多层颜料也可以。

对于那些喜欢把丙烯颜料调得浓稠的人来说，可能更加偏好夹布胶水板、绘画用纤维板（含棉或亚麻纤维的半硬纤维板）或者画布。在使用这些画具之前，首先要确定画具表面是否包有油性密封剂。尽管油可以随便覆盖在丙烯颜料表面，但是丙烯颜料却不能附着在油上面。

保湿调色板

抛开作画的过程不说，选用丙烯颜料的时候，首先必须要备一些类似保湿调色板之类的东西。保湿调色板是一块塑料盘，底部带有一层能吸水的纸巾或者布，吸水纸上再覆一层薄薄的、有透气孔的橡蜡纸。作画的时候，调色板底部的水分能够透过蜡纸，来使颜料保持湿润。另外，调色板还配有盖子，同样起到在作画过程中保持颜料湿润的作用。只要吸水纸或者布仍然是湿润的，颜料就不会干。当然，你也可以自己制作调色板，比如在厨房的那种珐琅质地的盘子上加上几张吸水纸，以及一块一次性调色片。

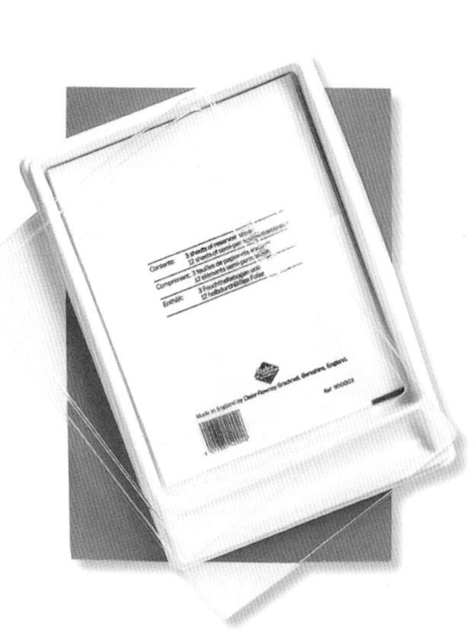

▲ 在绘画过程中，用保湿调色盘来防止丙烯颜料干燥是非常重要的。

▼ 为了达到多样的效果，绘画的时候可以加入丙烯颜料转换剂和纹理填充剂。

▼ 重磅水彩纸是理想的、使用丙烯颜料的承载物。

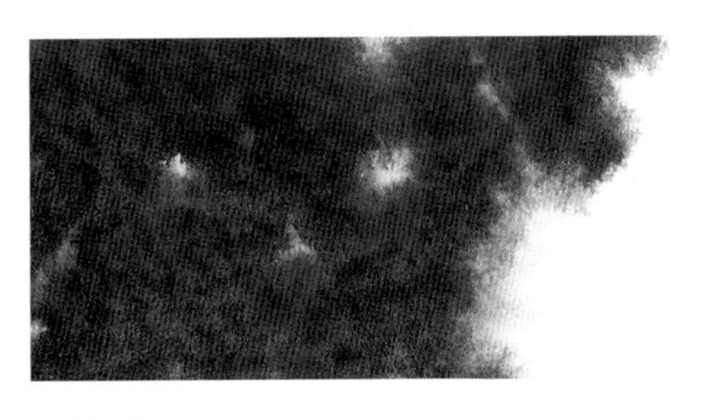

湿画法

要用丙烯来取得水彩般的湿画法效果，必须先将它用水稀释。丙烯的色素比水彩的色素含有更多纤维，容易纠缠在一起。但是使用丙烯遮光剂或光滑剂可以缓解这一问题。

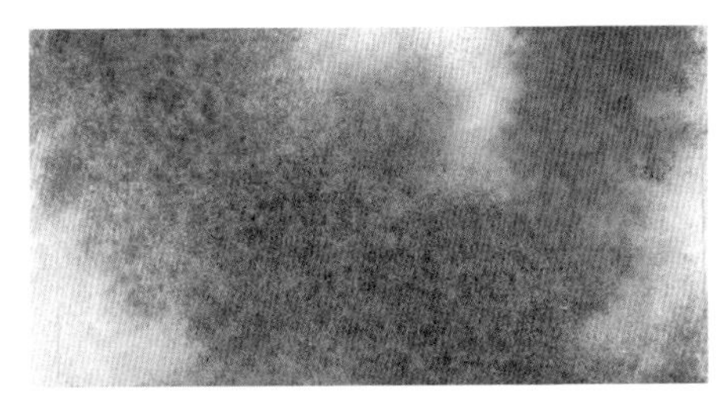

层叠湿画法

因为丙烯颜料干燥后完全防水，你可以在颜料未干时连续叠加颜色来获得复杂的效果。

平涂

平涂之后的丙烯颜料看起来整齐划一，略带粗糙感。就算是再厚重的颜色，也多多少少有一些透明，这样你可以一层层地添加颜色和明暗。

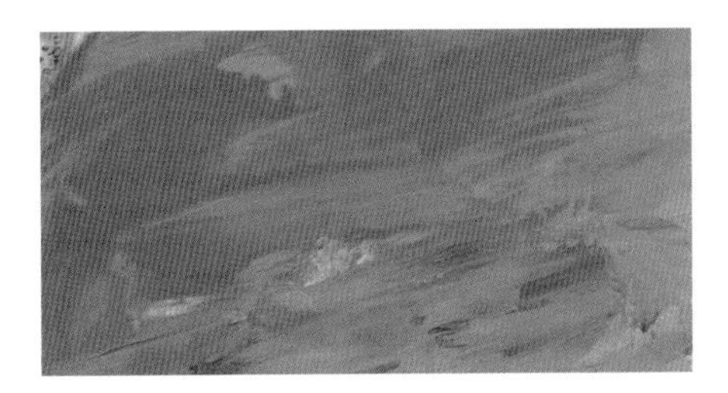

厚涂法

使用硬毛刷或者调色刀，将厚厚的、未掺水的颜料涂抹在纸上，将颜料一层一层叠加起来，就可以创造出有趣的颜色变化效果，因为有些部分的颜色会相互混合。

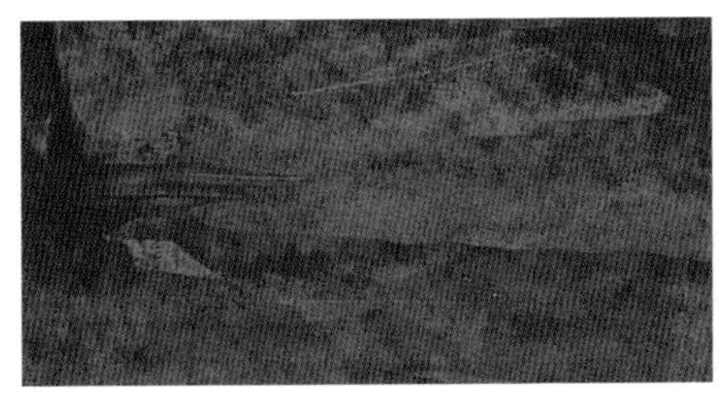

调色刮刀

丙烯颜料浓度高，干得比较快，可以用调色刮刀创作出非常有手感、厚重且华美的涂层。用一个调色刮刀把中等稠度的颜料在一层干燥的颜色上刮涂，干燥的颜色层可以显露出来。

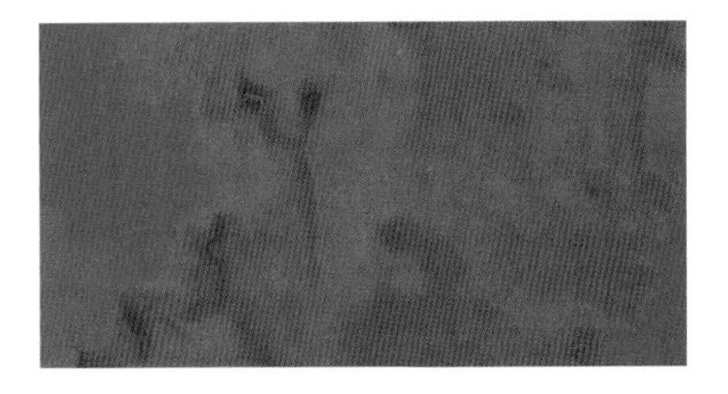

不透明画法

可以在另一层不透明的颜色上再涂一层不透明的颜色。在层与层之间用清水冲刷，可以将新的颜色冲到上一种颜色上，产生随意的肌理。

丙烯媒介

瓶装出售的丙烯媒介分有光和无光效果，可以增加颜色的透明度而不改变颜料的稠度。

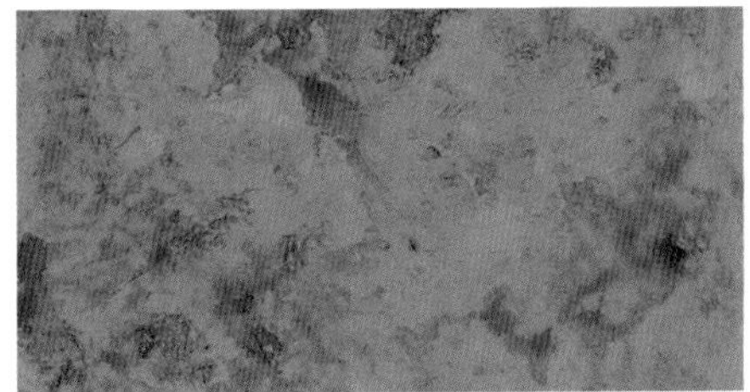

边角效果

用笔刷涂画厚颜料或与其他媒介的混合物，干燥后会形成明显的边和棱。加上一层透明的水色，可以增加其亮度。

吸取

等颜料干了以后，用吸水纸、海绵或者布吸颜料，可以产生有趣的效果，尤其是在画布或者其他不吸颜料的表面上。

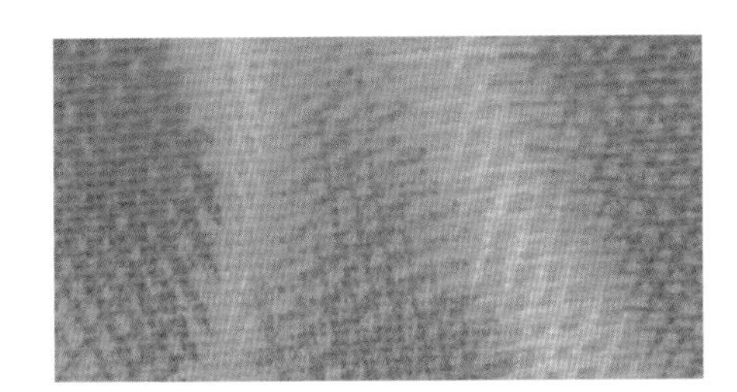

阴影线

很多艺术家通过画交叉线来制造微妙的颜色和色调渐变的效果，这种方式类似于木板雕刻的效果。

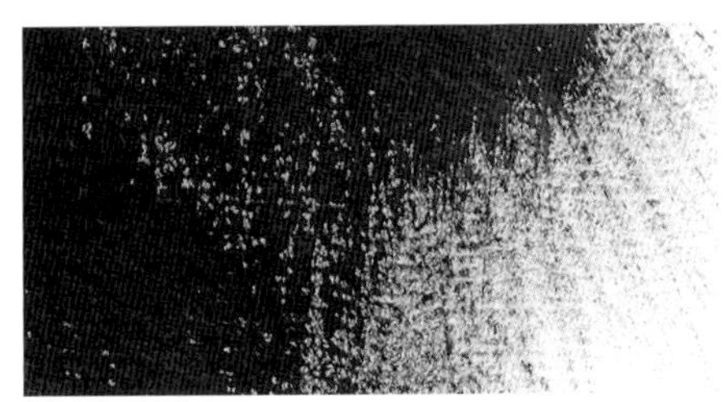

干刷

把颜料混合在笔刷上，然后抬起笔刷的一部分轻轻地刷过纸面。极少的颜料会沾在纸面的纹理上。

厚涂和干刷

梳理技法可以制造有趣的效果。在此例中，将厚涂的颜料作为基本纹理，然后再进行干刷和擦洗。

油画颜料

油画颜料比水彩颜料或者丙烯颜料都要复杂，使用起来也较为复杂，不过它能为艺术家提供非常宽泛的选择，创造出无限的绘画气质。与水彩颜料和丙烯颜料相比，油画颜料干的速度比较慢，从而让你有更多的时间构思和作画。另外，油画颜料对涂色的层数也没有限制。

▶ 便携式油画套装

无可比拟的效果

油画颜料有多种用法：可以从锡管中挤出来直接厚涂，也可以加其他油介质调和，变得相对薄一点以产生十分精细和微妙的透明罩染效果，或者处于薄与厚之间的任何程度。一旦颜料干了以后，在上面覆盖另一层颜料并不会影响底下的颜料。所以，你可以循序渐进地画很多层颜色和明暗，制造出既精细、微妙又强烈、浓郁的绘画效果，这是其他任何绘画材质都无可比拟的。

补充知识

油画颜料中可以加入很多东西，比如稀释剂、速干剂、添加剂、清漆等。对于初学者来说，最好从简单入手。不要同时使用亚麻油（一种便宜的油，但是效果并不好）和松节油。胡桃油是比较理想的入门稀释剂，因为它不需要调和松节油，干了以后会形成干净、坚韧而有弹性的薄膜。

对一般的油画笔进行清洗和保养时，推荐使用专门的洗笔水。

等你熟悉了油画的绘画技巧后，就可以往颜料里面添加其他的介质，如清漆和添加剂等。但是在手法并不纯熟的时候，光使用胡桃油就够用了。

选择底板

油画颜料的适用范围非常广泛，可以在画布、木板或者其他非常厚的绘画板上作画。选择的底板应该不太有弹性，表面必须封一层打底剂——以亚克力颜料打底剂最为常用。多铺几层打底剂，确保整块画板都已经被封上，否则作画的时候，底板就会吸收油画颜料，颜料容易变成粉末状，最终从画面上脱落。涂打底剂的时候你可以发现，第一层比后面几层干得快，这是因为它们或多或少地被底板吸收了。

由薄到厚原则

画油画的时候应该遵守一条黄金法则，就是由薄到厚。意思是说，每增添一层画面，就要比上一次包含更多的颜料。因为底层的颜料或多或少会吸收掉上层的颜料。由这条原则衍生出来，就是先画暗部，再画亮部。亮部用更厚、不透明的颜料上色，才能更有质感。在添加涂层的时候，首先要等前一层涂层干透。颜料干的时候，颜色和明暗都会发生轻微改变。遇到这种情况时，你可以通过刷油来弥补。方法如下：在画面上撒一点透明油，用柔软的布轻轻地擦拭，将它们铺开到整个画面，形成非常薄的保护膜，接着画下一层画。这个过程也能够让新画的涂层保持得更加持久。

◀ 将清漆涂在画好的油画上面，可以增加画面的光亮度。

▼ 显影液容器也可以匹配到调色盘上面。

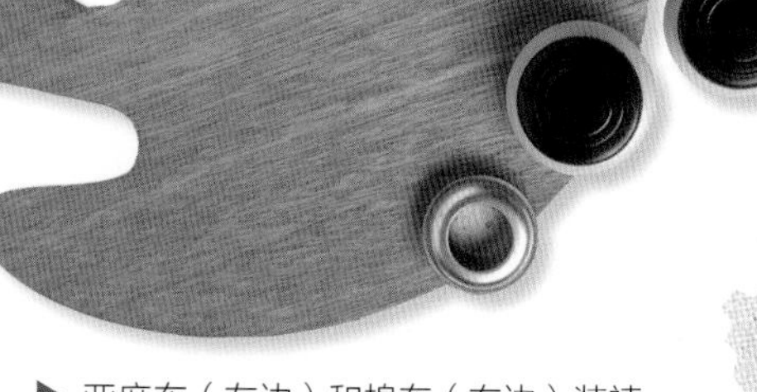

▶ 亚麻布（左边）和棉布（右边）装裱好了以后，都可以用来画油画。

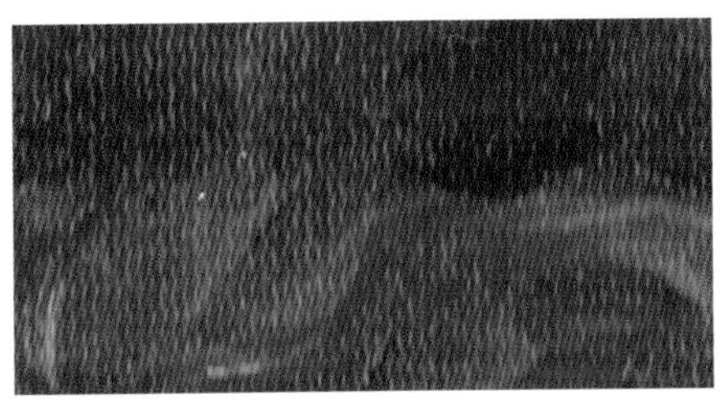

一次性速成法

油画绘制中最快捷、最自然的方法，只需要一个涂层，趁颜料没干的时候把所有颜料混合在一起。颜料必须比较厚，这样才能让表层平滑，易于调和。

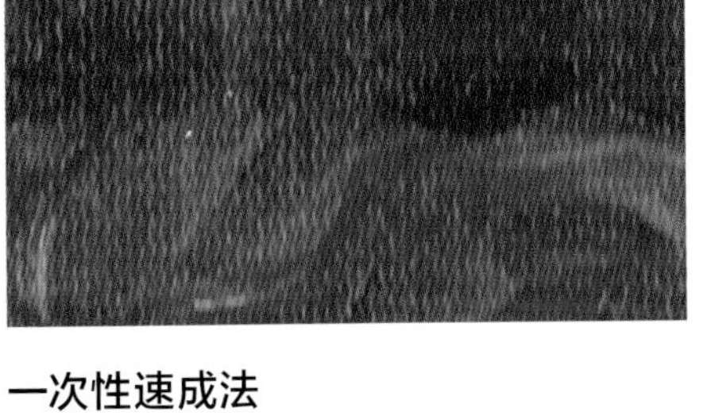

晕涂法

很多层涂层透明罩染，将颜色和明暗调和起来，物体之间没有明确的边界和轮廓，看起来就好像烟雾一样。

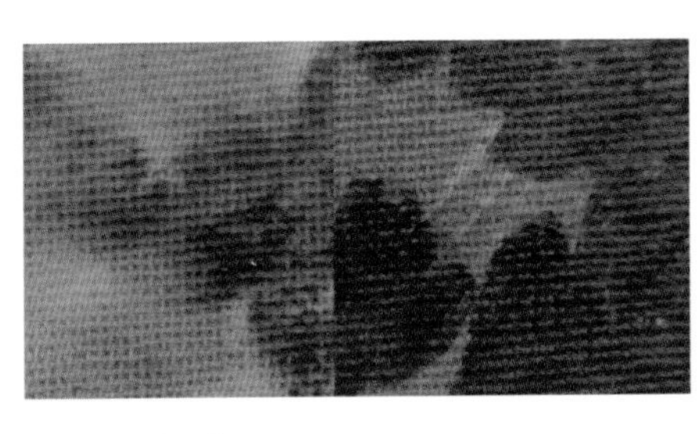

涂抹上色法

在未干的涂层上画出笔触，让它们与底下的颜料融合，变得柔和一些。如果笔触是画在干了的涂层上面，形状就会非常尖锐、强硬。

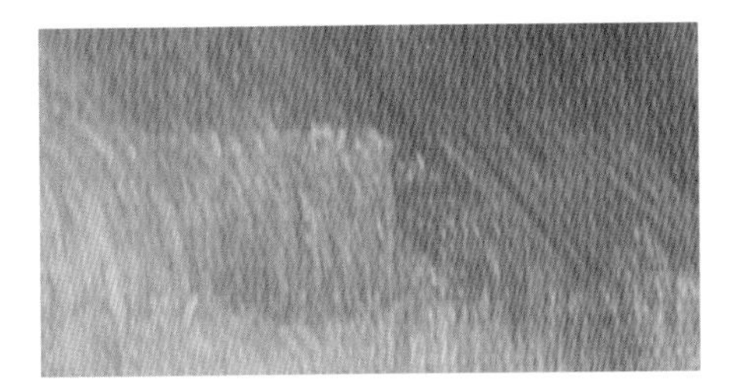

破色法

一个涂层在另一个涂层之上，上面的涂层并没有将下面的涂层全部遮掉，而是留下断点，让下面的颜色透上来。

透明涂层

采用一部分光滑的透明涂层，让下面的涂层透上来。有柔和的亚光效果，但没有透明罩染那么透亮。

透明罩染法

透明罩染法就是将一层透明的涂层应用到另一层透明的涂层之上，这样光线可以透过两个涂层，同时反射出底层画布的颜色。

刮擦和铺沙

可以用不同的工具在干了的颜料上面刮、擦、铺沙等，从而制造出非常有趣，通常也十分细腻的材质效果。

铺底色

铺底色可以用来确定画面整体的明暗。在风景画绘制中，暖棕色、蓝色和灰色是最为常用的颜色。

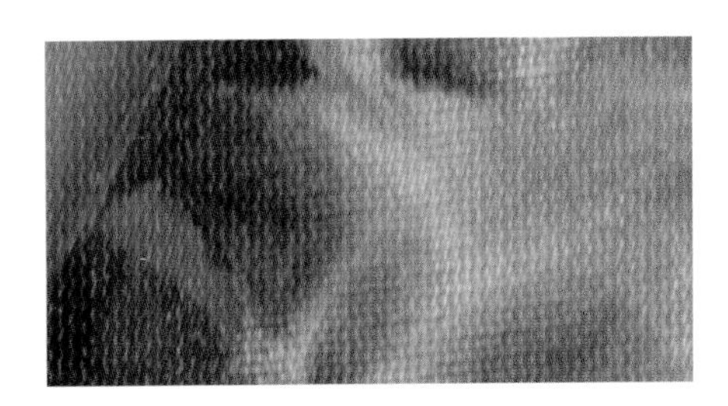

湿画法

未干的颜料可以作旧，来制造有意思的效果。用调色刀刮、用木制品擦、用布揉、用笔刷的底部推，各种方法都可以尝试。

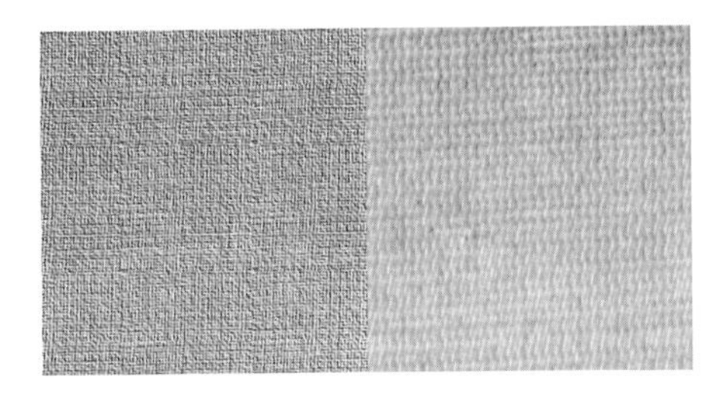

面的承载体

画布（右边）对颜料有着很强的控留能力，因此可以画比较厚的涂层。光滑的表面，比如梅斯奈纤维板（左边）是画比较薄的涂层，运用透明遮罩法就更加理想。

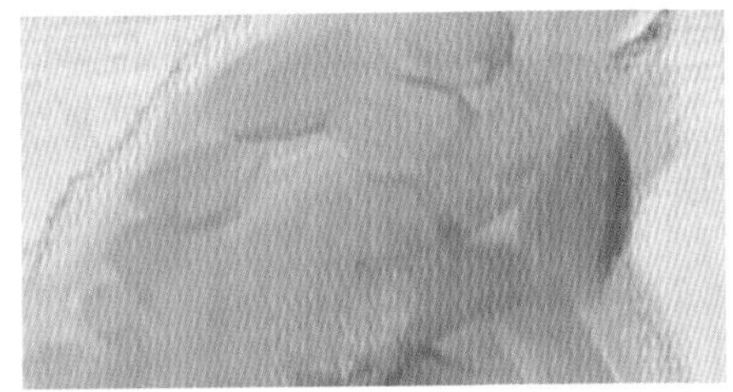

调色刀

调色刀的笔触非常独特：三面非常立体且干净，第四面则是拖曳过底下颜料的那一面。

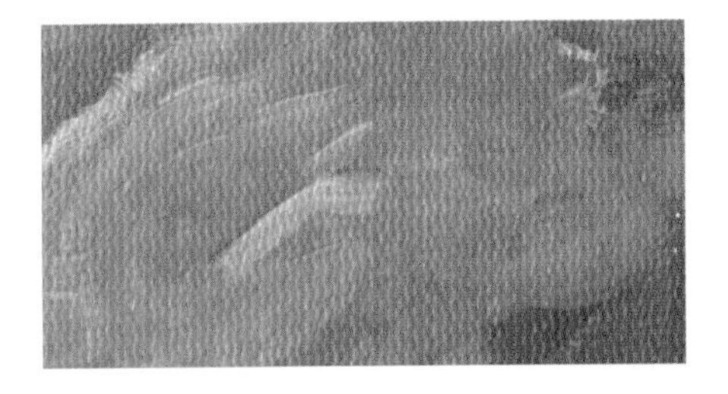

透明遮罩

等颜料干了以后再上一层透明涂层，能够突出画面的材质。用柔软的布轻轻擦拭透明层，底层的颜料得以保留而其他地方的颜料则被擦除。

明暗、光线和阴影

所有的画都是关于光线产生的效果。我们描绘的不是物体本身，而是光线照射在物体上产生的效果，或者阴影处光线缺失的效果。

画面中的明暗是影响其真实性和立体感的唯一最重要的因素。

用阴影描绘形体

没有阴影，就没有立体感和纵深感；没有光线，就没有阴影，只有黑暗。如果你将画面中最深的阴影转化成纯黑色，把其他部分转化成白色，那些黑色的部分必然会清晰立体地显示出物体的形状。当然，真实的画面还需要小心调整中间色调，但它们必须在阴影明晰、强烈地映衬下才能显现出来。

简化阴影

你之所以能看到物体，是因为光线照射到物体上并且反射到你的眼睛中。不管光线是柔和还是强烈，是集中还是分散，抑或处于两者之间的任何状态，反射入眼睛的光线越少，我们看到的东西就越少。在将你看到的东西在画纸或者画布上创作出来之前，首先要明白光线即信息。可以把你的画笔想象成为一束在画布和物体之间运动的光线。

当然，光线也不是越多越好。当光线过于强烈的时候，你会发现反射的光线太多，关于物体的信息反而少了。光线的颜色会影响物体周围的空气，物体的形体似乎流失于周围的环境之中。不过，中间色调不太受强烈光线的影响。也就是说，在中间色调上，物体真实的颜色和表面材质之间的细微差别才能得以体现。

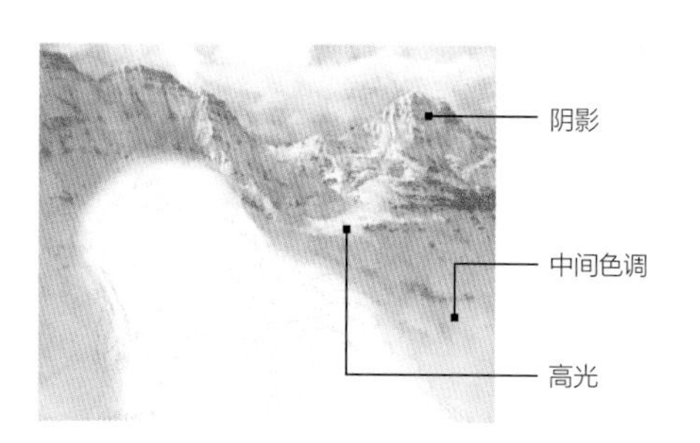

▼ 从亮部到暗部

物体上最亮的部分告诉你光线的颜色和属性——软光或是硬光，强光或是弱光。物体上的中间色调，那些既不是最亮也不是阴影的区域，透露出最多关于物体本身的信息，比如它的真实颜色以及表面材质。阴影描述的是物体的形状，用来增强物体的立体感。

▼ 阴影底色

为了让阴影看起来更加清晰，可将其缩减成纯粹的亮部和暗部，减少中间色调。在添加细节之前，首先为画面打好阴影的底色。

▼ 增加细节

从雪堆中耸立出来的岩石，让山峰看起来更巍峨，不过前提是山峰的材质，也就是阴影的形状必须要真实可信。

随着中间色调渐渐远离光源，进入我们眼睛的物体那部位的光线也就越来越少。因此，越来越多的物体信息丢失了，直到最后转入阴影的时候，我们只能感知到物体的基本形状、有限的关于颜色和材质的信息，但能觉察到最强烈的明暗转换。因为我们在阴影中得到的物体信息比较少，所以渲染阴影的时候，必须比其他部位的线条更粗、更简单（详情请参考第31页）。

连贯性

讲究连贯性并不意味着整个画面必须由一个光源点亮，或者光线自始至终都保持不变，而是提醒你必须关注光线的强度、方向和属性。如果照亮物体的是一个强光源，那么穿过物体照射到附近地面的光线，也应该有相似的强度。我们并不要求光线完全一致，因为考虑到画面与观赏者距离的变化、光线的反射和大气的影响，所以细微的变化是容许的，也是必需的。但是所有的光线不能相差太大，画面中的物体看起来要统一，不能像在不同的画面中存在一样。

多想想光线的层次，就好像安排一个国家的人员等级一样，谁是国王，谁是皇后和王子，谁是工人和农民。物体离光源或者离观赏者越远，光线就越暗。

穿越不同平面的光线（上边、左边等）虽然有层次的差异，但是整体来说还是统一的，要将它们平衡地结合在一个画面里。

在画面中，可以选择多个光源。也许穿破云层的太阳光是画面中最强、最亮的光源，剩下的画面稍微昏暗、柔和一点；或者有刺眼的霓虹灯照亮城市的街道；或者有几把耀眼的火炬点亮城堡内部。用什么光都可以，只要你能将它们连贯、统一起来。

注意无论有多少光源，都应该有一个主光源，其他的光源都是辅助的、次要的。如果所有的光源都很强，就会干扰画面，反而让画面看起来很平淡。

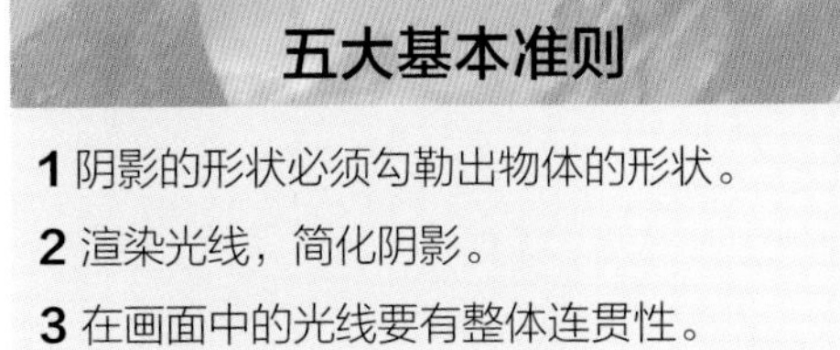

五大基本准则

1 阴影的形状必须勾勒出物体的形状。

2 渲染光线，简化阴影。

3 在画面中的光线要有整体连贯性。

4 光线是有颜色的。

5 光线是不透明的，阴影是透明的。

光线从顶部和后面照射，物体朝上的一面是最亮的部分

刀片被自己的光源照亮着，光线与天空的暗色相近。这说明刀片是透明的，同时在画面中显得协调、统一、均衡

▲ 刀刃雨

岩石的侧面被微微点亮，颜色受天空的影响，是橙黄色的。前面的平面处于阴影之中，颜色受到了地面的影响。

▼ 雪花石膏制的标枪

从顶上投射下来一束光线，照射在标枪的头部。铺上透明的阴影，让其他部分隐退，成为视觉中心点的衬托。

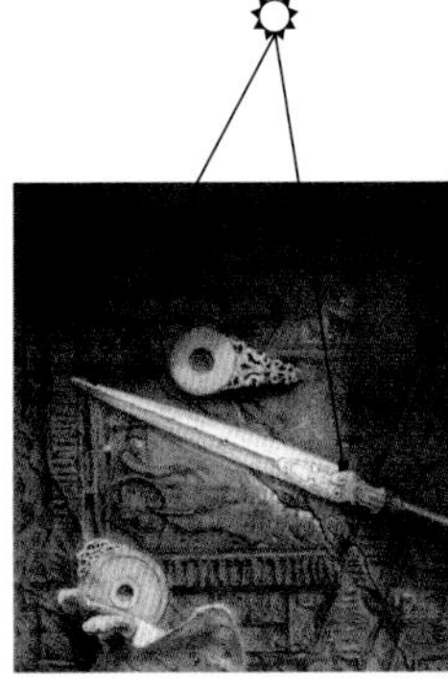

只有在光线最强的区域使用了不透明的颜料

光线的注意点

斜视的好处

如果看物体或者画面的明暗有困难，现在教大家一招——斜着看。这样可以削减过量的细节，比较简单地集中形体和明暗，抛去颜色和材质的干扰，一门心思地分析和比较画面的明暗关系。

不要适应光线

在绘画的时候，特别是在写生的时候，要学会快速地看整个物体或者画面。不要让眼睛长时间地逗留在一个地方，否则，眼睛将会适应那个区域的不同明暗层次，接受与之前不同的明暗信息，迫使你不得不推翻早先的判断，从而更改整个画面，重新调整亮部和阴影。

明暗研究

不管是先画好线稿再上色，还是在画布上涂底色，然后在底色上直接绘画，都要事先花时间、花精力来研究明暗关系（详情请参考第47页）。

光线也有颜色

不管是微弱的还是强烈的，光线都有颜色，而且很容易识别。在高光部分，光线的颜色最易于辨认，因为眼睛所看到的基本上就是物体反射的纯光。随着物体的远离或者弯曲，主光源的光线就会越来越少地反射入眼睛，次光源光线的干扰增加。其结果就是，在中间色调区域，你将会看到物体本身最鲜明的颜色，以及从其他光源所投射出来的、最多样化的颜色。

固体阻挡了光线，因而形成了阴影。阴影缺乏光线的颜色，最易受次光源的影响。想象一下雪地上的光线和阴影，被阳光照射到的地方呈现出温暖的微黄色，而主光源到达不了的地方——阴影是冷蓝色的，是天空的颜色——天空就是次光源。现在，再想象一下有个人站在雪边，手里拿着火炬，火炬燃烧着绿色的火焰。火焰照射到的地方，呈现出火苗的绿色。因此，一部分雪是绿色的，一部分是蓝色的，还有一部分是黄色的，雪地的颜色完全取决于光源的颜色。

▲ **无人之地**

柔和的紫色太阳光触摸着万物，为它们镀上了斑斓的颜色。注意前景投射的影子，它们的颜色不是阳光的暖紫色，而是与天空的颜色融为一体。

光线是不透明的，阴影是透明的

作为一名画家，你想要捕捉和再现的东西，只不过是光线作用于它们之后所产生的美丽。光线是不透明的，最好用厚重的纯色颜料表现，这种颜料干了以后熠熠生辉，体现出明亮、纯洁、干净的光感。相反，阴影应该是透明的。它们从来都不能被清楚地辨认，应该能被看穿，甚至被忽略。

水彩画颜料是透明的，用透明的颜料表现光线，看上去似乎并不遵守这一原则，而事实并非如此。在水彩画中，透明的颜色不是亮部，不透明的白色纸张才是亮部，在亮的区域上涂的颜色越多，这一块地方纯净的光线就越少。把纸张当成是光源，然后细致地画出光线实际在亮部和中间色调上的感觉，你将会得到和用不透明的油画和丙烯颜料绘制光线时一样的效果。

古典光照方式

因为古典光照方式能够带来丰富多变的光影效果，使物体具有强烈的空间感和立体感，所以在很早以前就受到艺术家的青睐，

出现在早期绘画大师的作品中。

要获得这种立体效果，主光源的设置是很有讲究的——放置在画家左边或者右边偏30°、向上倾斜45°的地方。如此一来，物体的1/3是高光，1/3是中间色调，1/3是阴影。

一开始，你可以选择用简单的几何形体做练习，很快你就会发现，自然界中的任何东西，都可以用这些简单的形体或形体的组合体替代。一旦能在头脑中清晰地还原出形体或组合体，知道光线打在它们上面的效果，也就意味着你已经掌握了用光，并且能够自如地加以组合运用。

记忆要点

- 明暗层次越丰富，作品的戏剧效果越强烈。相反，如果削减掉一些层次，画面通常会更加浓缩、统一。
- 明暗和色彩一样是在对比中产生的。如果想让亮部看起来更亮，可以尝试让它的周围变得更暗。记住，在一幅画中正确的明暗关系，同样的设置并不一定适用于另一幅画。
- 明暗和强度不是一个概念。初学者往往会把一个地方画得非常浓烈，但是亮度却不够。秋天叶子的颜色是很鲜艳的，但是红色与金色的明度并不高，只是中度的深色，因此也可以称之为强度很高、明度中等的深色。
- 在亮部边缘明晰，在暗部边缘柔和，甚至模糊，这样会让画面看起来更加立体。同样，两个物体或者边缘之间的对比越强烈，轮廓就会越清楚。一根深色的树枝在亮色天空的映衬下看起来轮廓十分清晰，而树根在深色的泥土中，轮廓就不那么鲜明了。
- 必须不断地检查和调整明暗关系。随着画面的展开，有些原本就正确的明暗，需要提亮或者加深。
- 有一个简单的方法可以检查画面中的亮部是否均衡，就是借用一块黑色的玻璃。找一块能握在手里的玻璃，把它涂成黑色。看画面在镜子中的影像，因为你只能看到亮部的区域，所以很轻松就能判断它们是否和谐。
- 如果明暗不对，在颜色、细节或者渲染上花再多的力气也枉然。

◀ **古典光照方式应用**

这幅画典型地运用了古典光照方式，请观察其中亮部和暗部的位置。尝试创作你自己的光照方式；或者在这幅画的基础上进行修改，在不影响层次和纵深感的前提下调整光源。

光源

光线的位置对画面有很大的影响。下面的一组图片用来说明不同的光源和光线方向对作品的作用。

从左侧打光——物体投射出一个影子，材质非常鲜明

从上面打光——对物体的表现分割成高光、中间色调和阴影部分

从后面打光——物体的形状非常明晰，影子投射到前面

从斜右上方打光——在光线中物体的形状不那么明晰

色彩理论

归根结底，画面的颜色只是个人选择问题，可以凭直觉、技巧或者情绪来决定。不过，你必须了解光线和颜色的特征与属性，这样才能创作出自己想要的效果。

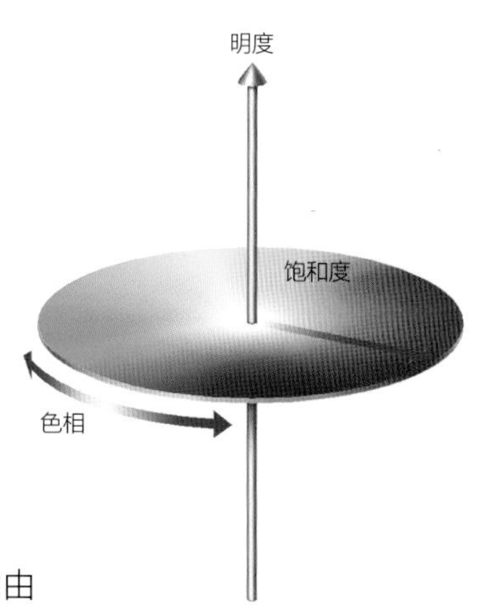

每一种颜色都有四个基本属性，它们分别是：色相、明度、饱和度和色温。

- 色相是颜色本身的真实色彩，是色彩的外在表象，比如它是红色、绿色，或是黄绿色的。
- 明度指颜色是亮还是暗，就是你用黑白照片所拍摄出来的颜色所呈现的效果。
- 饱和度是指颜色是尖锐的还是缓和的。
- 色温是指颜色是温暖的还是冰冷的。

有两件事情必须牢记。

第一，记住你不是在描绘物体，而是描绘光线在物体上的效果。一个蓝色的花瓶放在绿光下和放在红光下出现的效果是截然不同的。光线和颜色一样也具有四个属性：色相、明度、饱和度和色温。因为物体上光线的属性会发生变化，所以在描绘物体时要根据物体和主光源（或是次光源、被反射的光源）的距离来调整这四个属性，使最终效果更具真实性。

第二，画纸或者画布上颜色的属性和表现不是绝对的，它受周围其他颜色的影响。颜色对于周围其他颜色的干扰是很敏感的。将暖红色配上冷白色，与将暖红色配上暖黄色或冷绿色，呈现出来的效果是不一样的。

颜色的四个属性是相互联系、相互影响的，改变了其中的一个属性，其他三个都会随之变动。不可能只改动一个属性，而让其他属性保持不变。

了解和掌握了光线引起的持续而微妙的变化，以及画布上颜色之间的相互影响，你就会明白为什么那么多艺术家要在正式作画之前先研究明暗，或者先铺底色来确定明暗关系。颜色不只是色彩那么简单，因此艺术家在上色之前可能还要研究色温的关系等。

原色、间色、复色

颜色可以分成三种类型——原色不能由其他颜色混合而成的，为红色、蓝色和黄色。间色是由两种原色混合而成，比如红色和黄色可以混合成橙色。

任何一种原色的对比色都是其他两种原色混合而成的颜色，任何一种间色的对比色则是那种不含有的原色的颜色。比如说，红色的对比色是蓝色加黄色，也就是绿色。紫色（红色加蓝色）的对比色是黄色。

▼ 色盘

红色、黄色和蓝色是三原色（原色），它们不能由其他颜色混合而成。而三原色中的任意两种颜色都可以混合在一起，创造出一种新的颜色（间色）。不过，要细心观察、准确了解颜色的属性，才能确保所调和的颜色正是自己所需要的颜色。

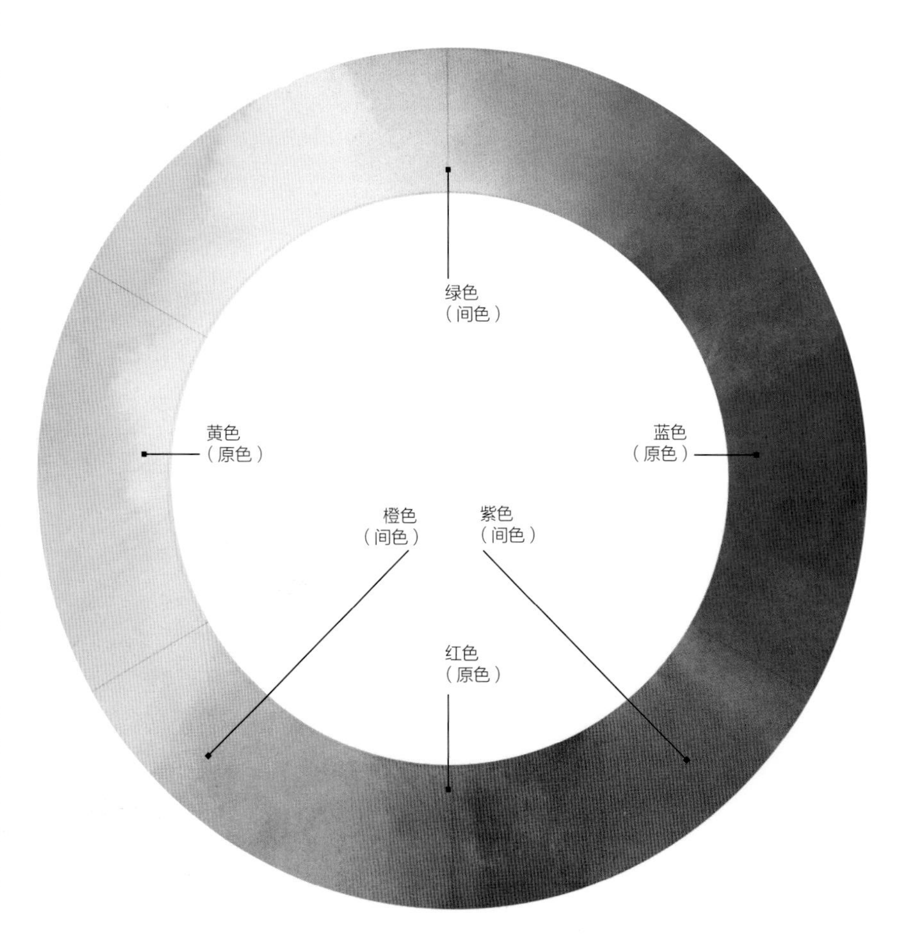

任意两种原色都可以以任意比例混合，所得到的结果是不一样的。在两种原色中再加入第三种原色，所得到的颜色叫做复色。比如将大量的黄色和少量的红色掺和在一起，得到偏黄的橙色。这时候再加入蓝色，就会和橙色相冲突，使其变灰暗。如果处理得好，灰暗的颜色照样能产生不可思议的微妙变化，成为绘制灰度图的基础；如果处理得不好，就会把画布弄得一团糟。请记住一条黄金法则：三种原色加入的比例越平均，颜色就越混浊。最好让一到两种颜色占主导，第三种颜色加以辅助。

辅助色和对比色

有着相近色温的颜色混合在一起，看起来会很协调，就好像它们被相近的光源点亮，混合以后所产生的颜色干净而且明亮。暖紫红色和偏黄的橙色看起来是对比色，会相互抵触，其实不然。因为两种颜色中都含有相同的暖红色，因此可以相互协调，下面这个例子用来说明如何以一种原色（红色）为主体来创建复色。

蓝色在光谱上的变化，从白色到黑色，再从黑色到白色；从一头的暖色到另一头的冷色

红色在光谱上的变化，从白色到黑色，再从黑色到白色；从一头的暖色到另一头的冷色

黄色在光谱上的变化，从白色到黑色，再从黑色到白色；从一头的暖色到另一头的冷色

第二条黄色色带，全部都是冷色，展示的是缺乏色温变化下的情况

▲ 一切相应改变

颜色的明度变了，色温、饱和度和色相都会发生改变。每一种颜色都可以有冷暖色，有不同的明暗度，可以很灰暗，也可以很纯净。不要以为所有的蓝色都是冷色，所有的黄色都是暖色，任何颜色都可能是暖色，也可能是冷色。比较上面两条不同的黄色色带。第二条色带已经滤去了色温。因此，当黄色改变明度、饱和度和色相时，色温并没有随之改变。这样物体看起来就不太有立体感，只是一部分亮，一部分暗而已。

▼ 色温

如果将不同色温的颜色混合在一起，它们看上去就会变得灰灰的、脏脏的。将对比色混合在一起时，这种效果最显而易见。

暖红、冷绿

冷黄、暖蓝

冷红、暖蓝

暖黄、冷蓝

暖红、冷蓝

▼ 调和

创建颜色时，调和与对比是两种非常重要的手段。将不同的颜色铺在一起，让它们互相融合，看它们与周围的颜色结合后的变化。

暖橙、冷蓝

冷红、冷蓝

暖红、暖绿

暖黄、冷紫

暖黄、暖紫

如何绘制明暗？

黑白明暗条

需要有工具来辅助你把握颜色的明暗吗？你可以自己做一个从黑色到白色的明暗条，把它放在一个距离眼睛合适的位置，用余光从明暗条扫射到画面的物体上，通过对比以确定特定区域的亮度。

黑白明暗条

高光并不是白色

确保高光处也有丰富的色彩。高光并不是白色——它是有颜色的。如果使用光源的对比色，那么高光看起来会更加明亮、更加强烈，比如在红色的光线下使用绿色的高光。

高光样本

遇到创作的僵局了吗？

五彩缤纷的颜色让你眼花缭乱，不知道该做什么样的选择了吗？颜色能触动人强烈的情感。当你在创作中陷入僵局的时候，不妨想一想自己要在画面中表达什么情感，或许它能帮助你找到想要的答案。

情绪样本

▲ 颜色的前置和后退

不要错误地以为所有的冷色都是后退的，所有的暖色都是前置的。那些强度大、饱和度高、明度极高或者明度极低的颜色会前置；相反，强度小、饱和度低或者明度中等的颜色就会后退。现在以两幅图举例，说明冷暖色与颜色的前置和后退并没有必然的联系。顶上那幅《山中平原》的背景是冷色的，前景是暖色的，而上图《寂静》的背景是暖色的，前景是冷色的。

▲ 破色

破色是用不连贯、零星破碎的方式，将一个厚涂层遮盖到另一个不同颜色的涂层上去。底下涂层的颜色通过破碎涂层透上来，用肉眼看去就好像两个或者更多的颜色混合在一起。使用破色法要比直接在调色板或者画布上将颜色混合在一起的表现力更加丰富细腻。左边这幅图中，木头墙的材质就是用破色法表现的。

▲ 颜色应用

画面颜色的最终效果取决于三个元素：第一，调和的颜色本身；第二，画纸或者画布上邻近的颜色；第三，将颜料应用到画布上的方式。以下介绍三种基本的应用颜色的方式，这三种方式在上面这幅画中都有所应用和体现。

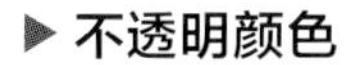

▶ 不透明颜色

不透明颜色应用在比较厚的涂层上。光线不能透过涂层，只能在涂层表面游荡。不透明颜色可以是统一而平整的；也可以像一次性速成法那样，微妙而富于变化。在上面这幅图中，画家在人物的手和背上应用了不透明颜色。

▲ 透明罩染

透明罩染就是把足够薄的颜色应用到一个涂层上面去，因其是透明的，光线可以透过上面的涂层照到下面一个涂层，涂层可以看见但同时也受到透明罩染颜色的影响，这种影响就类似于透过透明的玻璃看东西。透明罩染的颜色以及应用的顺序，都会影响画面的最终效果。

透明罩染经常被用来让昏暗的阴影变得清澈透亮，以此增加画面的深度。在不改变颜色本身明暗的条件下，运用透明罩染颜色，让光线透过它照射到底下的白色画纸或者画布上面，再反射回来，可以增加画面的亮度。在左上方的图中，为了制造深度与距离，透明罩染被应用在从窗户透进来打在人物身上的光线上还有阴影中。

数码绘画

根据自己的喜好，你可以选择数码绘画。而在专业的数码绘画系统中，苹果Mac系统受到较多人追捧。不过，大多数软件都有Mac版和PC版，而大多数PC操作系统也都自带图像编辑软件，可以实现画图、上色以及图片编辑等功能。比如说作为Windows的内置软件Microsoft Paint，虽然功能相对简单，却是初学数码作图的好工具。扫描仪也会自带基本的图片编辑和作图软件包，或是某个更加专业的作图软件的简化版。

工具和设备

当你开始探索屏幕绘画的可能性时，你可能会想要进行更复杂的软件升级。这其中可选用的软件非常多，虽然有些比较贵。然而，由于这些软件都在不断地修订和改进，总是有可能买到很便宜的旧版本。Painter Classic1就是其中之一，它相比更复杂的升级版本来说较容易使用，且提供了大量的绘画工具。另一种就是Photoshop Elements软件，尽管它只是照片编辑程序，但也可以用来进行图像创作。

另一个非常重要的设备就是触控笔和绘画手写板。用鼠标绘图很不方便且较为笨拙，因为它和铅笔或钢笔的构造都极不相同，而触控笔却可以传递自然的绘画动作。手写板根据大小不同，相应有不同的价格，小一点的手写板还是多数艺术家都买得起的。

指压、多触感的复合型绘画设备与电脑连接可以成为便携式的数位手绘屏，用途也比较多样。同时，这种数位手绘屏也配有各式APP程序以及数字笔刷效果，这样画者可轻松地将电脑作品转到速写本上。

▲ **扫描仪**

多数扫描仪都有较高的像素数，足以将线条作品扫描进去，进一步对其进行数码上色。

▶ **电脑**

苹果iMac是数码艺术家的理想电脑机型。

◀ **数位手写板**

手写板能提供比用鼠标绘图更自然的工作方式。

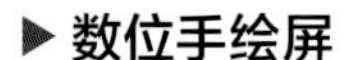

▶ **数位手绘屏**

结合了敏感性较高的输入显示屏及台式电脑的功能，形成了非常实用的轻便手绘屏。

专业术语

扫描 通常通过一台带有平台的扫描仪，将打印出来或者其他纸质的图片转化成电子版。

输入 将文字图像或者其他数据从一个软件转录到另一个软件。

调整图片尺寸 数码图片可以被压缩或者放大，例如，扫描一幅指甲盖大小的速写，可以将其放大成最终画面的主体。

选择 通过剪裁工具，将图片中想要处理的部分裁剪出来。

图层 数码作图的一个重要特征就是透明图层的堆叠，每个图层都能够独立编辑。

合并层 将成稿发送给印刷商，或为了避免以后对图像进行再编辑，要把所有含有数码图像的图层合并成为一个图层。

RGB 模拟颜色发光原理得出的三原色（红、绿、蓝），它们混合以后可产生其他各种颜色。

CYMK 被称为印刷色彩模式，是用来印刷的。通过混合四种基本色可产生各种不同的颜色，这四种基本色分别为纯青、洋红、黄色、黑色（是黑色而不是蓝色）。

灰度 将真实的色彩转换成为黑白照片风格的单色。

▶ Photoshop

在Photoshop软件中，有三种选择颜色的方式：从色板面板（1）；用颜色面板调色（2）；从彩虹颜色条中选择颜色（3）。通过单击吸管工具（4），然后再选取自己想搭配的颜色，也可以很容易地配置与自己的作品相符合的颜色；工具箱中的调整前景色和背景色（5），用较大的拾色器（6）可以控制大块的颜色，还有多种标准笔刷和绘画工具以及自定义选项（7）。工具箱中还有常用数码设备，包括选择、绘画和复制（8）。

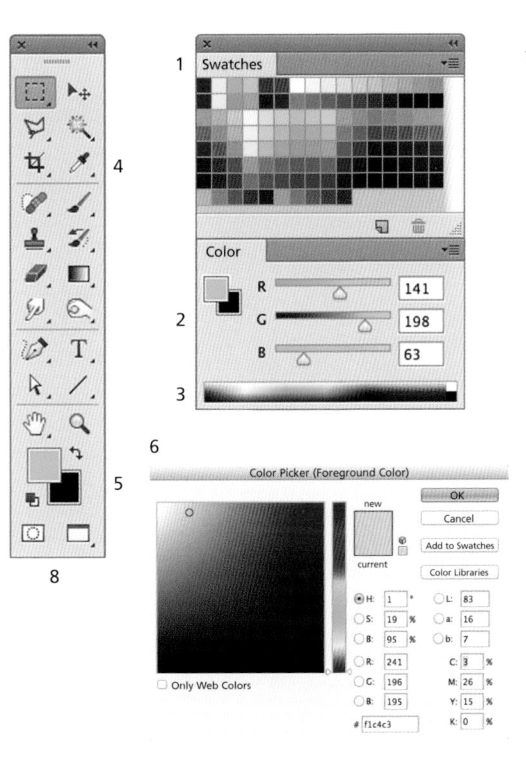

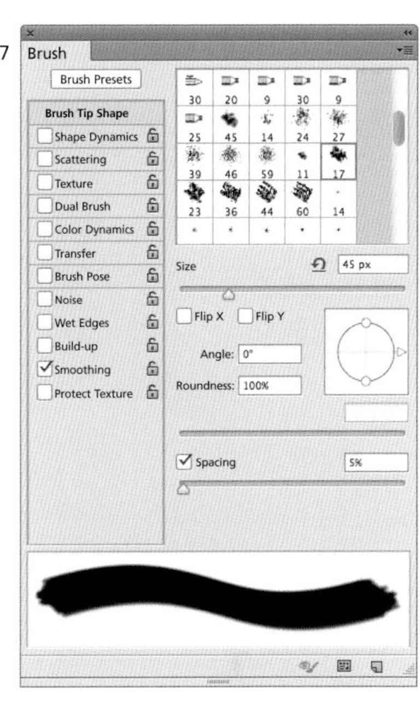

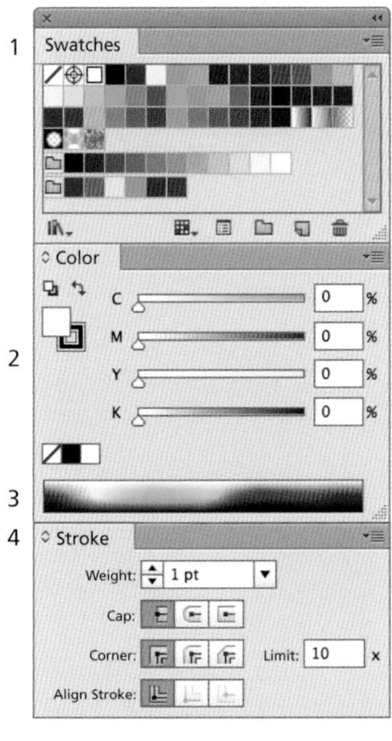

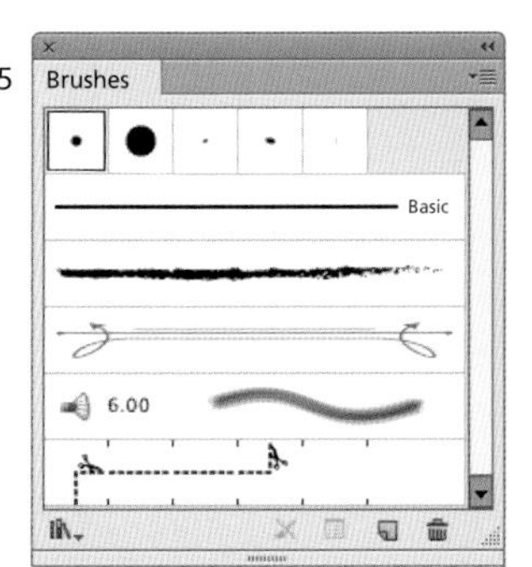

◀ Illustrator

Illustrator软件提供了画线条和大块区域的颜色选项。可以用三种方法选择颜色：通过从色板面板（1）中选择；用颜色面板（2）上的滑块，或者从彩虹颜色条（3）中选择。还有用来定义线条的粗细和填充图案的选项（4）。设有常用的标准范围或自定义的笔刷（5），其他数码工具也有如选择、绘画、变形和复制工具（6）。

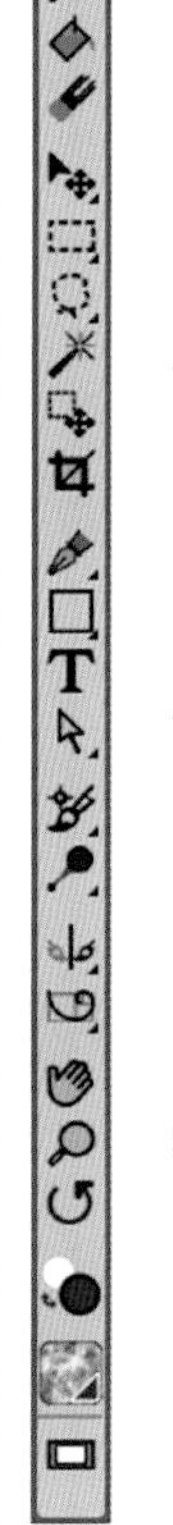

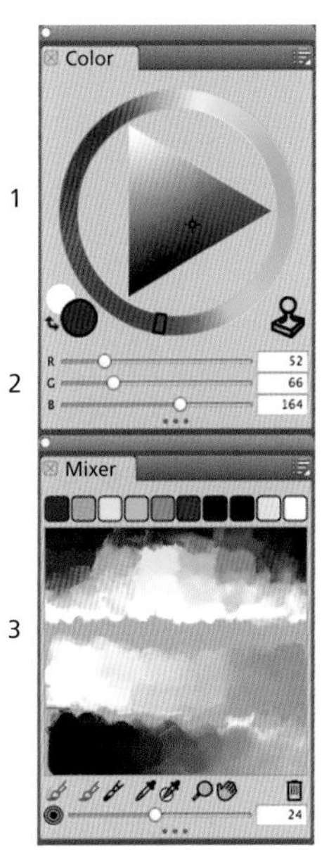

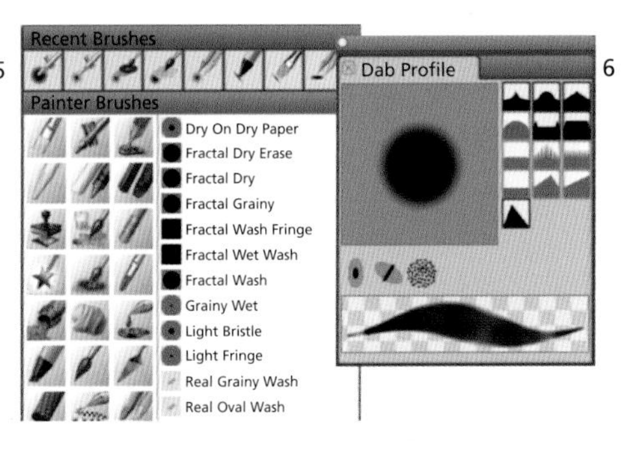

◀ Painter

在Painter软件中的颜色选择比在Illustrator和Photoshop软件中更加复杂。颜色选择器（1）让你可以用中间的三角选择色调并用外围的色轮控制色度。颜色也可以用滑块（2）选择，然后在示例窗口（3）中测试。你可以用吸管工具（4）搭配颜色。各种下拉菜单（5、6）可以让你控制界面、绘画工具和这些工具的锐度和质地。

位图和矢量图像

大多数编辑图像和图画的应用软件都用位图。但是有些程序通常使用线段和曲线描述图像——支持矢量图像。对于那些基于像素的软件，多数人用Photoshop软件，但是Painter软件可以提供较好的诸如水彩或彩色蜡笔画之类的绘制效果。像Adobe Illustrator或Macromedia Freehand这样的矢量程序非常适合绘制平面色彩图像和勾画精确的线条。Corel Draw在一个程序包里同时提供像素和矢量工具。

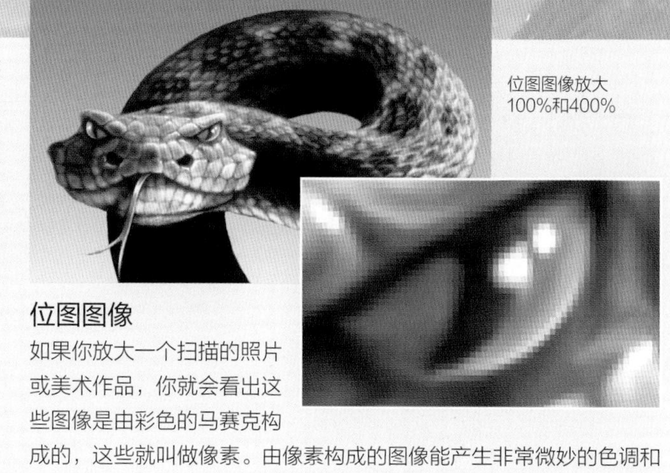

位图图像放大
100%和400%

位图图像

如果你放大一个扫描的照片或美术作品，你就会看出这些图像是由彩色的马赛克构成的，这些就叫做像素。由像素构成的图像能产生非常微妙的色调和色度分层。然而，每一个图像包含一定数量的像素，如果放大的倍数过大，它们会丢失细节和显得像素化。要避免这种现象，你应该在足够高的分辨率下制作美术作品以适合最终作品的大小。按实际大小300dpi（每英寸点数）就足够了。在Photoshop软件中你可以在“图像”“图像大小”“文件大小”里设置这一选项。在开始画之前，输入你想打印出的最终作品的宽度和高度，然后将分辨率设为300dpi。

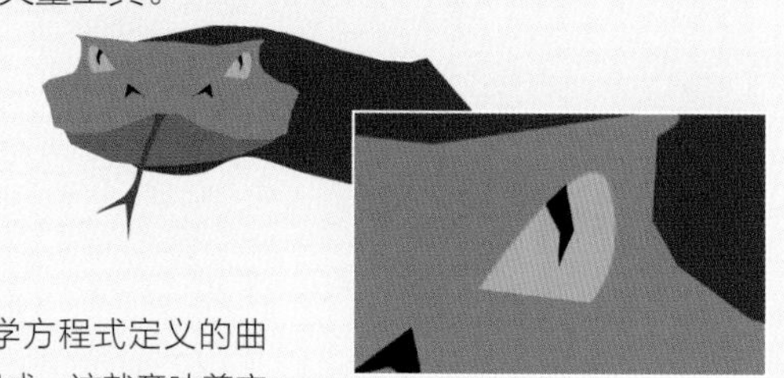

矢量图像放大
100%和400%

矢量图像

矢量图像由用数学方程式定义的曲线、直线和形状组成。这就意味着它们不受分辨率的影响，可以放大且不影响清晰度。

这条龙的侧面影像是用Corel Draw画出的。小方块是可移动的固定点，它们之间的直线可以拉伸为曲线。这种方法用来画简单的线条图像非常理想。

绘画和彩绘工具

任何为绘画而设计的软件都会提供许多工具，从钢笔、铅笔、蜡笔和彩色铅笔到各种笔刷。例如Painter就有多种笔刷和绘画工具，使你可以选择喜欢的工具进行工作。在Photoshop软件中，喷笔工具通过改变透明度和压力可以产生不同的效果，且允许你将一种颜色喷洒到另一种颜色上。

软件各不相同，但是多数都有一个样本工具，可以从中选择颜色。吸管工具使你能够在作品创作中从图片上选择特定的颜色用在其他的地方。Photoshop软件里的减淡和加深工具能让你冲淡或加深前面画好的地方的颜色，产生阴影和亮部。

在学习一个新软件时，可以通过用这些工具乱画来熟悉它们的功能和效果。也许你会发现，用手在纸上画一个初稿，然后把这个图像扫描至电脑进行上色是再容易不过的事情了。

◀ **Painter笔刷**

Painter软件中有许多能够产生真实绘画效果的笔刷。此例展示了不同的笔刷，包括油画刷、喷笔、丙烯画笔、水彩刷和炭刷。

◀ **Photoshop笔刷**

在使用Photoshop软件中的笔刷时，你可以在笔刷工具条中设置笔刷的类型和大小。要查看这一功能，点击Photoshop顶端的工具条上“Windows”里的“笔刷”。绿色标记代表不同喷枪笔刷型号。蓝色的标记表示某款马克笔笔刷。红色的标记表示特殊效果笔刷，可以多次尝试。

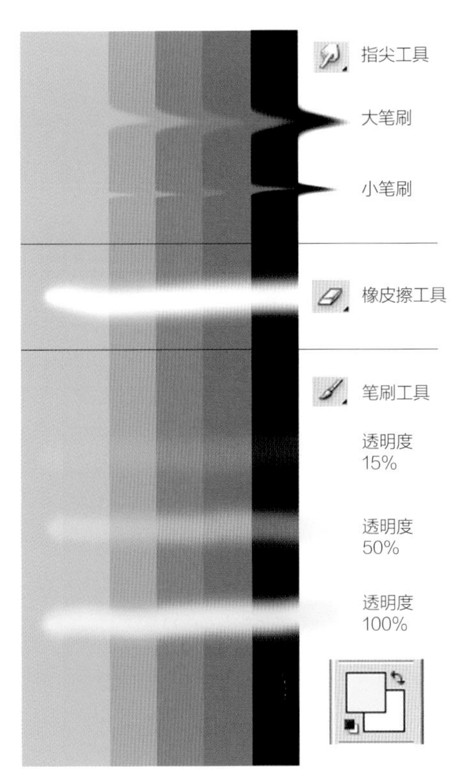

◀刷子斑点

在Photoshop软件中有许多种彩绘方法。这里的样本展示了斑点工具，它可以用来混合或移动颜色块。此外，还有橡皮擦工具及刷子工具。刷子工具可以改变大小和透明度。透明度设得越低，所添加的颜色就越透明。

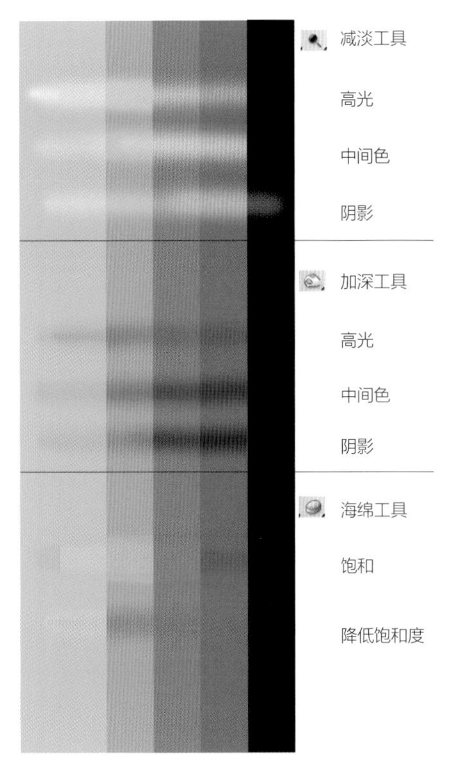

◀减淡和加深

减淡和加深工具非常适合用来给现有色块增加亮度和阴影。高光、中间色和阴影的设置会改变色调受影响的程度。海绵工具可以增加或降低现存颜色的饱和度。

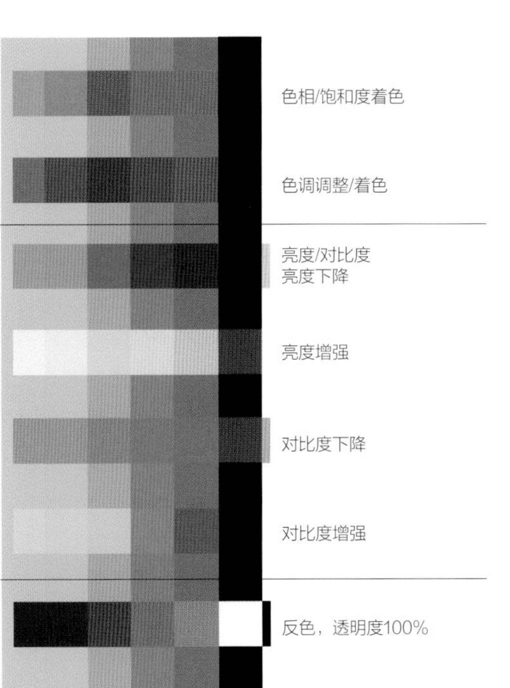

◀色度亮度

通过选中特定色块，你能改变其颜色的明度、亮度和饱和度。单击图像、调整按钮，就能找到这些功能，然后再寻找你想要的功能。

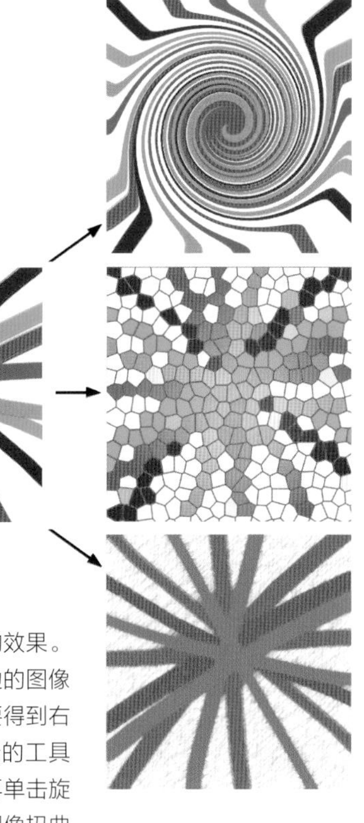

▶滤镜

可以将滤镜用于一个图像以获得有趣的效果。以上的图像都是用笔刷工具画的。右边的图像是同一个图像在不同滤镜下的样子。要得到右上的图像，可在Photoshop软件顶端的工具条中找到滤镜，然后单击扭曲按钮，再单击旋转按钮，就可在出现的对话框里调整图像扭曲的程度。右中的图像是纹理滤镜中的彩色玻璃滤镜下的效果。右下的图像是用素描滤镜中的粉笔和炭笔滤镜得到的效果。

用Photoshop上色

1. 这头野兽是先在画纸上把草图画好，然后再扫描到Photoshop软件里的。若是在电脑上绘制，用图形手写板也很难得到流畅的线条，所以许多艺术家更喜欢用手描画。这条龙是从白色背景上剪切下来的，背景是用魔术棒工具选中的。头部图像被放在另一图层以便后续的操作只影响头部，使背景保持白色。

2. 通过改变色相与饱和度，整个头部都被涂成了粉红色。之后用套索工具将要涂不同颜色的主要部位选中，然后单独使用色相与饱和度调整颜色。

3. 用加深工具将阴影添加在前面画好的平涂区域。

4. 用减淡工具添加亮部，然后用橡皮擦和涂抹工具清除边角。

5. 以20%的透明度用笔刷工具把不同的颜色加在图像的上部以得到更多的颜色。选中头部以免影响周围的区域。选择减淡与加深工具并选择较小画笔可以完善细节。

6. 最后加上背景，图片就绘制完成了。单独的白色背景是龙头后面单独的图层，因此能够在不改变龙头的情况下进行调整。用一个大号笔刷工具把各种橙色色调喷上以制造火山云的效果。这些颜色都是从样本盒里选出来的。在窗口中勾选“样本”选项，就可以挑选颜色。无论你单击什么颜色样本，都可以用笔刷工具刷出来。

图层上色

多数绘画彩绘和照片编辑软件都能让你用层叠法对不同的效果和构思进行试验。你可以将每个图层想象成多张堆叠起来的透明胶片。当你绘画或扫描照片就会得到背景层，我们叫它画布。如果你在这上面再新建一个图层，就可以在新的图层上进行操作而不改变背景图层的图像，因为每个图层都是独立的。同样的你也可以在油画布图层操作而不会影响其他图层里的图像。

层叠法特别适用于拼贴类的构思。在此类构思中，图像、形状或纹理都可以相互叠加。这种作品需要进行选择操作。相当于在数码操作中用剪刀剪出形状。假设你把一幅画或一头野兽粘贴到手绘的效果的背景上，你就可以把背景设为油画布层，用套索工具将其选中，然后在选中的图像周围描画，再把它放到新的图层中。通常，你可以找到一个类似于选中图层的菜单。

选择是数码操作中的主要基本功之一。用它可以隔离你想要对其进行操作的区域。你可以在一个图像中联合使用许多选中操作，而且它们不必是手绘的图画或照片。你可以用电脑上色的或加了花纹的纸，再或者找到诸如树叶那样的物体扫描到电脑中进行拼贴。要尝试不同的合并效果，你可以在任何时候改变图层的顺序，而且还可以给其中的某一图层增加各种效果，改变其颜色和透明度。

▼ Painter

图层控制面板可以帮你组织作品，即使操作错误，也很容易更正，因为你一次只对一个图层进行操作。如果你建了许多图层，就得给它们重新命名。选中工具包含普通选框工具（1）、圆形和环形的、套索工具（2）、魔棒（3）、颜色选择器（4）用来选择颜色相同的部位，还有一个重量选中区域大小的工具（5）。

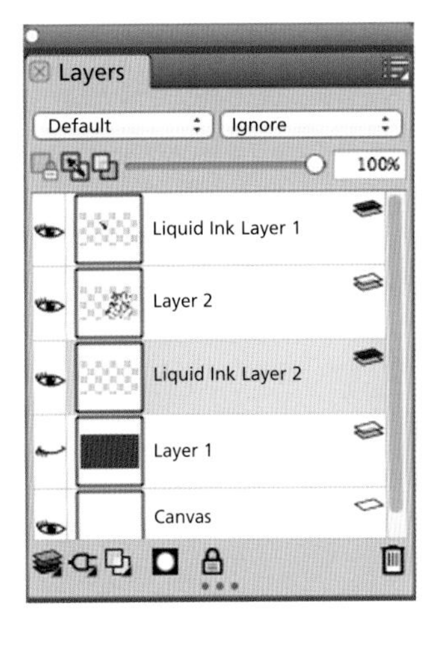

▼ Photoshop

Photoshop软件中最有用的功能之一就是可以将不同的东西存至不同的图层上。图层窗口（见下图）让你可以打开或关闭每一个图层的可视效果，还可以用透明度百分比滑块调整透明度。有许多工具可以用来选中图像的不同部位。这些工具都在工具条（1）上。选框工具（2）是用来画简单的几何图形；套索工具（3）用来在选中部分周围描画；魔棒工具（4）用来选中颜色和色调突出的部分；吸管工具（5）用来取样，选取一种与选中对话框相连的颜色，使你可以用模糊度滑块调整选中的范围；快速蒙版工具（6）可以让你给选中的部分上色。

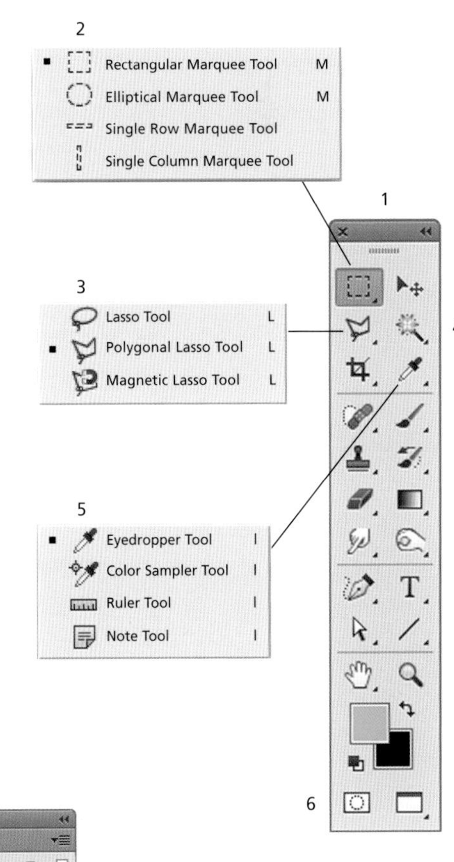

在Photoshop中使用图层

这条龙是用4个不同的图层绘制的：龙层、蛋层、沙漠层和背景层。

先在Photoshop软件顶端的菜单栏中找到“窗口”，就可以找到“图层面板”，然后单击“图层”选项。你就可以在每一图层的控制面板上看到一个小小的大拇指般的物体，操作中的图层就会是蓝色的。要换图层，单击选中的目标层就可以了。你可以通过拖动图层到另一图层上面或下面来改变图层的顺序。当上面的图层覆盖下面一层时，它会将其后所有的图层都覆盖。因此排列好各图层的顺序是很重要的。例如，此例中天空是在后面的（在所有图层的底部）。沙在这一层上面，然后才是蛋层和龙层。

此图中蛋层被隐藏了，露出了它下面的背景层。

隐藏图层

要隐藏某一图层，只需单击窗口左边的眼睛符号即可。此图中你可以看到蛋层的眼睛不见了。要让这一图层可见，再次单击眼睛符号，它就会出现。

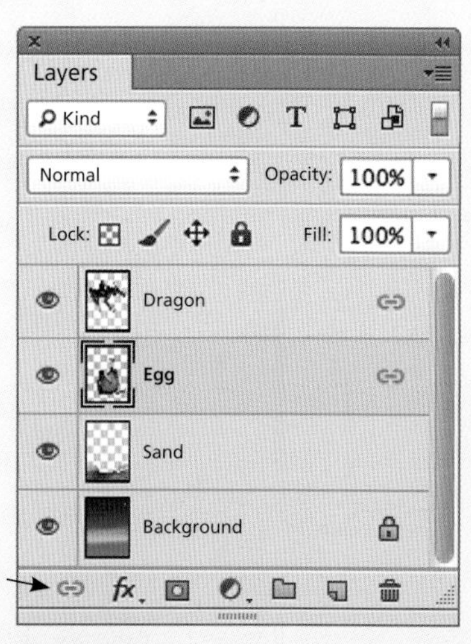

链接图层

此图中两图层被链接到一起。你可以在龙层里看见链接符号，表明它与蛋层相连。如果蛋被挪动了，龙也会跟着挪动。要增加或移除这一链接，只需单击链接符号即可。

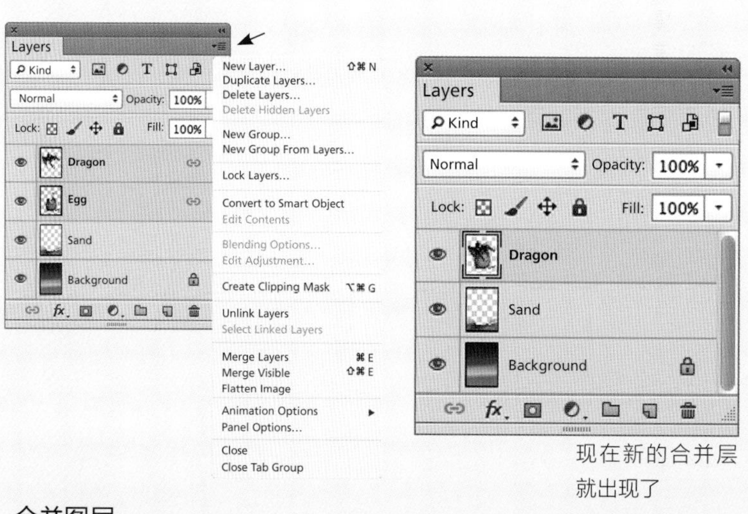

现在新的合并层就出现了

合并图层

相链接的图层可被合并成一个图层。要实现这一功能，在操作前要确保这两个图层是相连的，然后单击图层对话框右上角圆圈中的小箭头，再单击“合并链接图层”合并链接。

选中颜色区域

用魔棒工具你可以选中特定的颜色区域。此工具通过调整容差数值的大小来改变选取范围。在右上角的图像中，魔棒选中了眼睛的蓝色部分，容差数值是80，从而选中了这一区域所有蓝色的部分。然后在此选中部分制作效果。可以在下面的图像里看到，色调及饱和度变成了绿色。

你也可以用套索工具选中你要制作的区域，把你想选中的区域放大可使操作更精确。你可以选中该图像的不同部分然后将其放到不同的图层上。之后你就可以在不同的图层上进行操作和添加效果，而不会改变图像的其他部分。

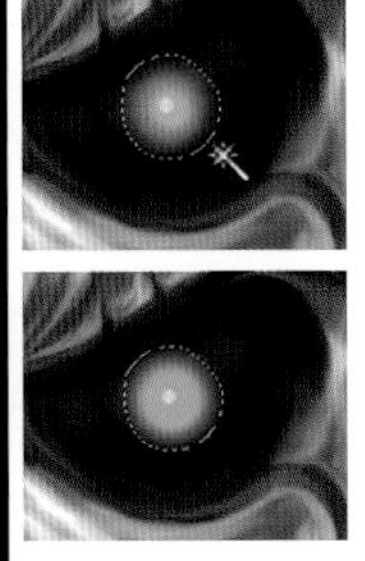

制作对称图形

在Photoshop软件中，可以复制和翻转图像，为制作对称图形提供了更大的潜力。这一功能可以用来制作一个有对称头部的野兽或产生一对手臂之类的对称图像。

1.要确保一个图像是对称的，最容易的方法就是先画一半，然后再复制它，并将其水平翻转。此图中半个盾牌已经画在了不同于背景图层的单独一个图层上。要复制这半个盾徽，你得确保你在正确的图层中操作（在图层对话框中选中的图层会是深蓝色），然后进入编辑图层下的复制图层。图层对话框会显示出不同的图层。

2.要生成右边的一半，首先选中要复制的图层，然后进入编辑、变形，再水平翻转。将翻转的图层移动并与已有的图层并列，形成完整的盾牌。在移动图层时按下Shift键，可以让图像停留在同一水平面上。放大盾牌确保两半并列正确，然后把两图层合并成一个图层。

3.要使盾牌更加立体化，可以为其增加特效。进入图层蒙板，单击层叠风格，然后勾选斜角和浮雕，这时会弹出一个对话框，在此你可以设定斜角的大小和深度。图层对话框会显示设定了斜角和浮雕功能的那一图层。要改变这一设定，可单击图层下面的白色效果命令。

4.装饰后的龙就将是盾徽的一部分，把它添加到另一层上。

5.复制和翻转这条龙，然后把它放到盾徽的右边。

6.为了完成这一徽章，还得添加各种图案。每一个图案都在不同的图层上，因此你可以随意移动它们，直到得到了满意的平衡为止。

灵感

你很可能是因为热爱幻想题材而学习创作幻想卡通的，但从自己喜爱的题材里寻找灵感并不总是最好的方法。尽管它是一个好的起点，但要使幻想题材艺术保持新颖，还需要新思路的补充。

艺术书籍

幻想艺术受到古典艺术的极大影响，许多最受欢迎的幻想艺术家都是从传统画家那里学习绘画技能的。例如，19世纪拉斐尔前派的艺术家就对幻想艺术产生过重大影响。艺术书籍是技法与图像的主要来源，但它们通常都很昂贵，除非你能在二手市场或图书馆里找到它们。

教材教辅类书籍

用艺术类书籍提供思路非常不错，但它们有时会充斥着流派与技法的术语。因此，积累一批普通参考书是非常有益的。这些书通常是学校的教科书，很容易找到二手货。不必要求它们印刷多么精美、图像多么无可挑剔，因为你所需的是数量而非质量——重要的是有多种多样的图像可供选择。一旦从你上学时觉得乏味的书中寻找到可以转化为其他东西的图像，课本就突然面目一新了。如果你需要一幅蛇或蜥蜴的参考图来变形为地狱魔鬼，教科书的整个世界就突然间变得有吸引力了。

▲《舞蹈的鸢尾花》

作者：迈拉·珀蒂（Myrea Pettit）

一个好的参考书阅览室能从我们周围的世界中激发出无限的有趣思路，例如这个花卉仙女的混合体。

▲ 教材教辅类书籍

教材教辅类书籍可以是幻想艺术家的理想参考书。这套七卷本的二手书《各国民族》（Peoples of All Nations）有从20世纪20年代起的服装、盔甲、化妆品、珠宝等任何有关人类的信息，其价格大约相当于一本“资料集”。

资料集

其他能够提供灵感的书包括《星球大战》《指环王》这样的资料集。这些书明确地指出电影工作人员的目标，但避免落入老生常谈的陷阱也很重要。这些书通常也是价格高昂，而且不容易买到二手货。

博物馆

大多数大城市都有很好的自然历史博物馆，可作为两种参考信息的优秀来源。第一种是动物解剖方面的。动物的骨骼尤其是头骨，是绘制幻想怪兽的最佳起点。同样，兽皮、动物的保护色为我们提供了服装、盔甲和皮肤类的绘画思路。第二种参考信息是人种学和人类学方面的收藏，包括世界各地的部落服装、武器与盔甲、人类进化以及各种怪异、奇妙的人工制品。这些收藏品中有些惊心动魄，常常比小说更奇特。如果你附近有博物馆，通常也就会有网站。

◀ 博物馆明信片

博物馆通常经销大量的明信片，买明信片是个既能积累有趣的素材，又无须购买昂贵的博物馆指南的好方法。

剪贴簿

收集有趣的报刊、杂志剪辑，将它们保存在剪贴簿中。不要太刻意地将图片安排成某种秩序，否则你在翻看图片时有趣的思路就会泯灭。

纪念品

一件纪念品可以是任何东西，从颅骨的雕像到漂亮的松果，或一块色泽华丽的布块。每件细小的东西都讲述了一个故事。人们为何制作它？它象征着什么？它的主人是谁?来到我手中之前它都游历了哪些地方？这样的问题必定随时会出现在我们面前，因为我们就生活在故事构成的世界里，魔法、幻想的神秘是我们日常生活的一部分。我在身边摆满了各种各样的物品，它们可以让我保持好状态，提醒我：我的工作是为世界创造或重新创造一种幻想感。

▲ 剪贴簿

在剪贴簿里贴满零零碎碎的包装纸和图片，别管它们看起来多么不相关，为剪贴簿涂上自己的信笔涂鸦。

◀ 纪念品

纪念品也许不能经常直接作为参考，但它们能营造出适于工作的气氛并能激发灵感。

拓展思路

在一场暴风雨或是约会中，在绘画台上或者是从酣睡中醒来，捉摸不定的灵感可能突然来袭。这时候，你该怎么办呢？怎么才能把稍纵即逝的灵感捕捉下来？

▼ 速写本

随身携带速写本，首先观察和描绘周围景物，然后可以夸大透视并组合各项元素，最后完善成为一幅幻想类风景画。

速写

最简单的答案就是用任何能想到的方法及手头的工具，将灵感记录下来。毡笔、丙烯颜料、水彩颜料、水粉颜料或者是优质的老款铅笔，这些都是最常用的工具。不管你选择的是什么，有个原则必须遵守，那就是工具必须用得顺手，而且还要适合所要表现的内容，这样才能表达出自己的想法，符合自己的需求。不管最初的想法是否会被应用到最终的成品中，在使用工具的时候，都要寻找到最舒适的感觉，而最高境界就是感受不到工具的存在。你可以自由自在地表现自己的想法而不受客观因素的束缚。了解手中的用具，潜意识中知道希望达到什么效果，以及它们能表现出什么效果。这并不是说你已经无所不知、无所不能，因而可以骄傲自大、沾沾自喜，这仅是希望自己不受工具的束缚，在选择什么用具和怎么达到效果这些技术性问题上不会止步不前，苦苦挣扎于艺术实现手段之中，而忘却了原本的创作意图，体验不到创作本身的快乐。创作就应该不断地体验，不断地挑战自我，并且从中寻找到乐趣。

在绘画过程中，速写是最重要的部分，这是因为：想让作品真实可信，唯有立足于生活，从现实中收集素材。特别是关注速写物体的韵律和样式。如山峰上如同台阶一样的岩石，这样的形象会一直浮现在你的脑海中，历历在目。一旦你熟悉了它们，就能创建出一个自己想象中的世界。

使用照相机

在野外，一台照相机，特别是数码照相机，也可以成为一个不错的工具。不过，照相机毕竟是机器，最终拍摄效果也许会比肉眼看到的东西更平淡和扭曲。因为我们平常写生的时候，不可能把所有景物都记下来，必须筛选过滤掉一部分内容，通过自己的编辑将原始景象转移到二维平面上。因此，不要太依赖照片，它会限制你的思路、禁锢你的想象，让你成为资料的奴隶。艺术创作的魅力，不在于如何真实地再现照片的场景，而在于如何发挥艺术家的想象力，通过个性化的选择编辑，让作品真正打动人心。

◀ 电脑速写

电脑是便捷、灵活的工具。先进行快速的速写，将所有元素整合到一张纸上，尝试各种可能性，然后从一大堆速写中挑选出以下三张，以较低的分辨率扫描进电脑。用电脑添加简单的渐变色和快速的喷气笔刷特效，用以营造氛围——让人第一眼就能感受到强烈的视觉冲击，似乎这些图片在某个杂志或者书中见过。

◀ 大体速写

早期的速写可以非常粗糙，只抓住物体的大致形态。等回到画室以后，这样的速写能够作为备忘录使用。

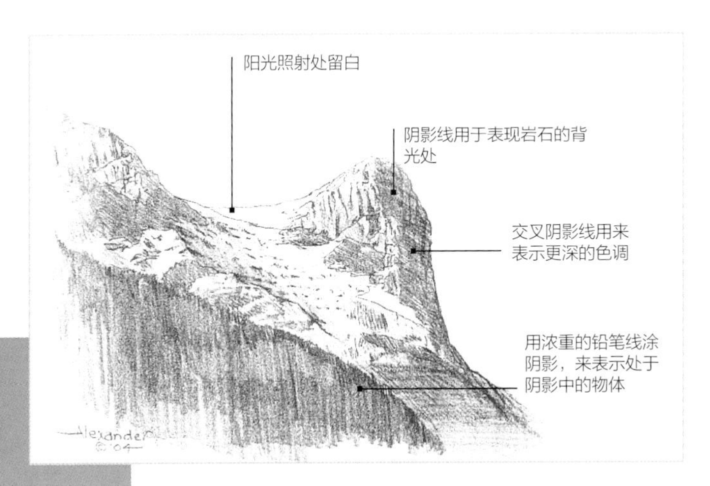

▲ 细化速写

更详细的速写有助于确定明暗色调和风景的纹理。

◀ 明暗速写

画家已经决定在场景中出现一座废旧的古塔，接下来就要考虑古塔是主体还是背景。最后，画家决定把古塔作为主体。因此，画面中的所有元素都要凸显出古塔来。

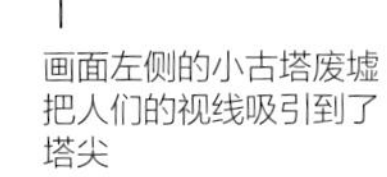

画面左侧的小古塔废墟把人们的视线吸引到了塔尖

速写中深色和亮色用来标示明暗——深色是暗部，亮色是亮部

视觉线把人们的视线沿着塔向上延伸。古塔是整幅风景的主体，从山顶上直耸云霄

▼ 最后成稿

最后的成稿使用的是热压水彩纸和格雷厄姆水彩颜料（用蜂蜜而不是糖生产，因此比较湿润而且溶解力也比大多数颜料好）。

角色拓展

创造幻想类人物时对他或她的性格有所设定是有益处的。从做笔记开始，将人物的技能、个性、弱点和动机等内容归类。

所有的人物都有“戏剧性要求”。这就是在他们的个性中激发他们做事的东西。这有可能是他们生活中发生的某件事、他们的个性弱点或是影响宿命的力量。促使人物去冒险的正是人物的戏剧性要求。例如，哈利·波特是个对父母没有任何印象的孤儿，所以他的戏剧性要求是弄清自己的真实身份，自己来自何方。这点在他的个性中，尤其是在他的神情中得到了表现——他显得充满好奇，乐于接受新事物。

一旦对人物的性格有了想法，你就可以着手规划人物列表了。这是一种原始素描，用来考察不同的外貌，找到最适合人物性格的一种形象，并完善、修饰这些轮廓，这个步骤对动画而言至关重要，对所有的艺术家也都是有用的。

▲ 人物参考表

这套人物参考是为动画片《天方夜谭》绘制的。对贝多因式、印度式和伊朗式等不同风格的面纱做了尝试。

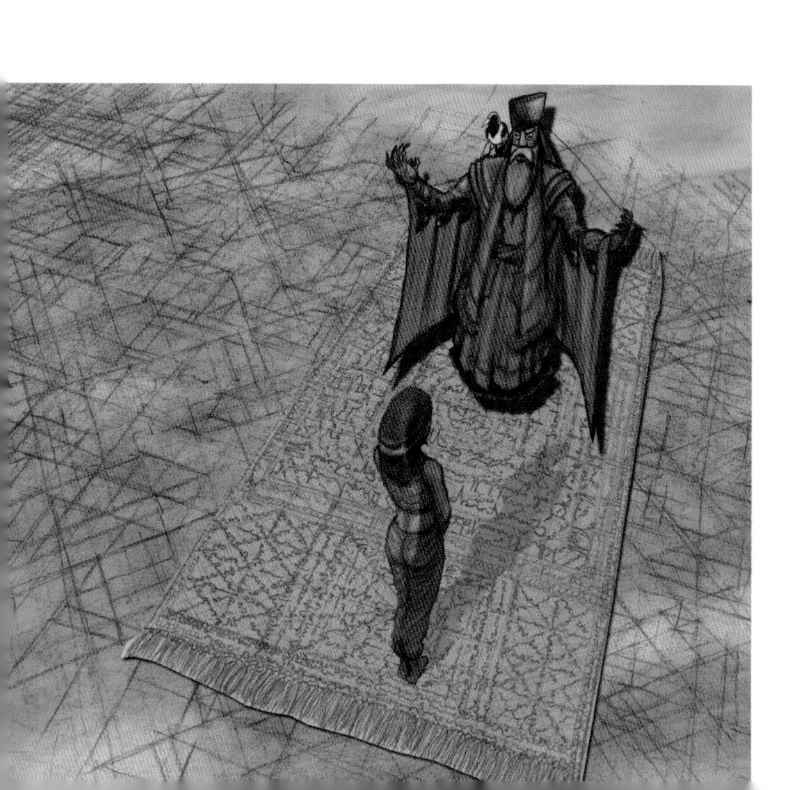

◀ 构图

动画人物的原始构图清楚地表明这名女子是魔法师的囚犯，这幅画中人物的地位通过地毯的花纹得到了强调。背景有意留白，好让观者们将注意力集中到人物身上。

▲ 色彩测试

水彩是制作一系列快速色彩测试的理想工具，这些测试对完稿的最终效果会产生巨大的影响。这些测试是以小幅水彩画的形式绘制的。描摹每张画的铅笔线条也提供了改进图像元素的机会。

用马克笔绘制人物

从事电影、广告业的设计师们广泛使用马克笔绘制图像。用马克笔绘制图像是任何电影设计人的基础技能之一，被用于为人物、服装、场景快速提供思路。绘制出的马克笔作品通常是全灰的，或是采用中性色彩。为了获得更多色彩，可以用Photoshop图像处理软件进行修改，或使用不同的色彩设计重新绘制。

如本例所示，黑色线条绘制在另一张纸上，再借助Photoshop图像处理软件覆盖图像。这个步骤不是必须的，但它能单独调整马克笔的色彩而不牵涉到黑色墨水线条。

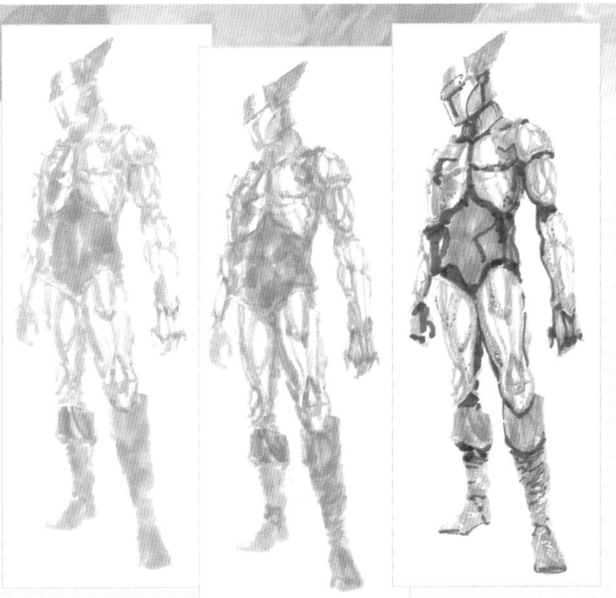

马克笔速写

先在普通的纸上画出铅笔素描。所有设计图都应该这么画——本例调整了盔甲与头饰的不同细节。将铅笔素描置于拷贝台上，在素描稿上覆一张防渗的马克笔绘图纸。使用浅色的马克笔为基本形象着色，留出作为亮区的空白部分。这些重要步骤能使完成的图像具有深度感。用同色系但颜色更深的马克笔再次润饰全图，手法要随意而快速。用颜色最深的马克笔进行第三次全图润饰，在盔甲的下边缘部分添加阴影。某些记号笔有三个独立的笔尖。用最细的笔尖随意添加一些斑点和瑕疵，使盔甲显得更旧些。用白色的马克笔添加最后的亮区。从这个特写能够看出细节部分是粗糙的，但总体效果是连贯、均匀的。

色彩选择

用细笔尖的自动笔再次勾勒原有线条。坚持不添加阴影和不必要的细节。用笔尖更粗的马克笔勾勒外形线和盔甲的主要部分，这就大大增强了图像的效果。从完成稿中能看出马克笔的效果很随意，添加钢笔线条后图像就更流畅了。整体来看画面是严密而具有动态的。原设计图可以用来创造多种不同的色彩设计，电影设计通常会有这种要求。它也是一种迅速修改原稿的方法。本例用Photoshop图像处理软件改变了色系。

特洛尔

生理档案

大小：高达7英尺（2.1米）

重量：658磅（298.5公斤）

皮肤：深绿褐色毛，随着年龄的增长，会变成斑驳的灰白色

眼睛：淡蓝绿色

信号：爱在桥下筑巢；乱放的小石堆，因为它的粪便与空气接触后就会石化

扭曲现实

大多数的幻想艺术都在现实中有一个出发点，对于幻想怪兽的创造来说尤其如此。不想象那些真实存在的动物，你就不能创造出活生生的幻想生灵。你所创造的怪兽，无论它们的结构、习惯和环境多么奇怪，它们必须看起来仿佛能移动、吃食、捕猎以及做所有鲜活动物所做的事情。即使你绘制的动物是以一个真实的动物或几个真实动物的组合为基础的，也可以通过改变大小或把它放在不同的环境中，使其获得幻想的色彩。在真实生活中很微小的生物，在你的创造中可能变得很庞大，或者只存在于海洋里的东西被挪到另一个背景，就会改变它的某些特征和功能。水母在沙漠里不可能活得很久，但是通过保留它的基本形状，同时给它装上结实的骨架和一个不同的表皮，就能创造出一个全新的生灵。当然，你还可以用“混合”的方法，用一种生物的眼睛和另一种生物的耳朵搭配。例如，一匹马有着狗的毛发和猪的耳朵及尾巴。

◀关键信息

正如你处理人物角色那样，你也应该为幻想怪兽列出一个关系信息表，譬如身长体重、饮食习惯、气味，以及出没活动的地点和时间等。

故事脚本

故事串联指的是将一个故事中的情节分割成一系列独立的镜头，这是每个幻想艺术家都应掌握的有用技能。

绘制故事脚本要求行动迅速，参考资料丰富。它也鼓励你诠释其他人的思路，培养讲述流畅故事的能力。故事脚本并不特别依赖于煞费苦心的艺术技巧和风格，这些是需要多年积累才能改进的。它需要的是对基础设计、解剖学和视觉故事讲述能力的良好掌握。任何对幻想艺术题材感兴趣的人都需要这些技能，因此从浏览故事脚本与学习故事讲述的基础知识开始是个好主意。

镜头术语

用以描述一连串事件的语言，如何将其展示给观众将影响故事讲述的方法。因此开始前就让我们来看看典型电影中用来描述镜头的基本术语。即使你打算将自己的作品用于插图或电子游戏，用故事脚本的术语思考也能帮助你在将作品绘制在纸面之前理清思路。

- ECU（**大特写镜头**）突显互动性的极近镜头。
- CU（**特写镜头**）人物的面部、头部或物体的表面、上部。
- MCU（**半身特写**）头部与肩部。
- MS（**中景**）头部到腰部。
- MLS（**中长景**）头部到膝部。
- LS（**长镜头**）从头到脚。
- WS（**广镜头**）展示地点的布景镜头。

战争片段

1.淡入广镜头，镜头从左往右拉 为观众提供了地点与事件的概览。我们可以看到一群士兵向地处海岬的围城前进。

2.切换到攻城塔楼的仰拍镜头 在前一个镜头的帮助下，观众能够理解士兵已经跳到了海岬的另一端进行战斗。仰拍镜头突出了士兵们顽抗逼近的动作，耸立在他们身后的则是攻城机。

3.切换到另一个攻城塔楼的仰拍镜头 现在观众能看到围城的城墙。一个箭头符号表示攻城机正向城墙移动，这个符号是不太必要的，因为移动已经得到了暗示。仰拍镜头使观众们明确知道攻城机顶部有士兵，因为我们的下个镜头是关于他们的。

- High Angle（**俯拍或鸟瞰**）俯视演员或物体。
- Low Angle（**仰拍或从下面较低的位置所见的视野**）仰视演员或物体。
- POV（**视点**）代表人物视点的镜头。
- OS（**越肩**）越过人物的肩膀看某物。
- Tracking（**推拉镜头或移动摄影车**）“摄像机”（即取景器）向前、后、左、右移动，也包括“前移镜头”和“后移镜头”等。
- Zoom 摄像机/取景器保持静止但变换画面使影像放大。
- Tilt 斜置，摄像机/取景器上下倾斜。
- PAN 摇镜头，摄像机/取景器在转轴上向左右转动。
- Crane Shot 摄影升降机镜头，摄像机/取景器安放在摄影升降机上，可以向整个场地的各个方向移动。

转换

以下是用来描述从一个镜头换到下一个镜头的基本术语。

- Cut 切换，一个镜头到下一个镜头的突变，这是最常见的转换方式。
- Fade In 淡入，图像在黑色或白色屏幕上逐渐显现。
- Fade Out 淡出，图像逐渐从黑色或白色的屏幕上消失。
- Wipe 换景，一个图像出现在另一个图像上，第一个图像逐渐消失。

4.切换到攻城塔楼和准备跃上城楼的士兵的长镜头 观众又一次确认我们现在处于攻城塔楼的顶部，面向围城的壁垒，因为前一个镜头明白地展示了这一点。长镜头让我们对正在进行的事件有了总体印象，然后在下一个镜头中可以靠近观察动作。

5.切换到越过隘口的英雄的鸟瞰特写镜头 这个特写带我们的英雄进入酣战中心，告诉我们他是第一个跃过隘口的人。俯拍为的是展示其身下很深的落差，突显这个动作的刺激性。

6.切换到仰拍、越肩中景，拍摄敌兵被英雄杀死的镜头 这个镜头的仰拍视角突出了行动中的英雄的戏剧性效果。中景将观众置于行动的关键地点，增加了兴奋感。以越肩镜头拍摄敌兵就不会让人看到洞穿其身体的利剑，使暴力因素不至于太鲜明。

7.切换到四面张望的英雄的中景 中景能使我们看到英雄身后受他鼓舞而涌进城内的军队。素描上增加了许多泥点、血沫、烟雾和箭矢，突显了环境的混乱，也赋予该片断一种充满速度感与动感的总体印象。

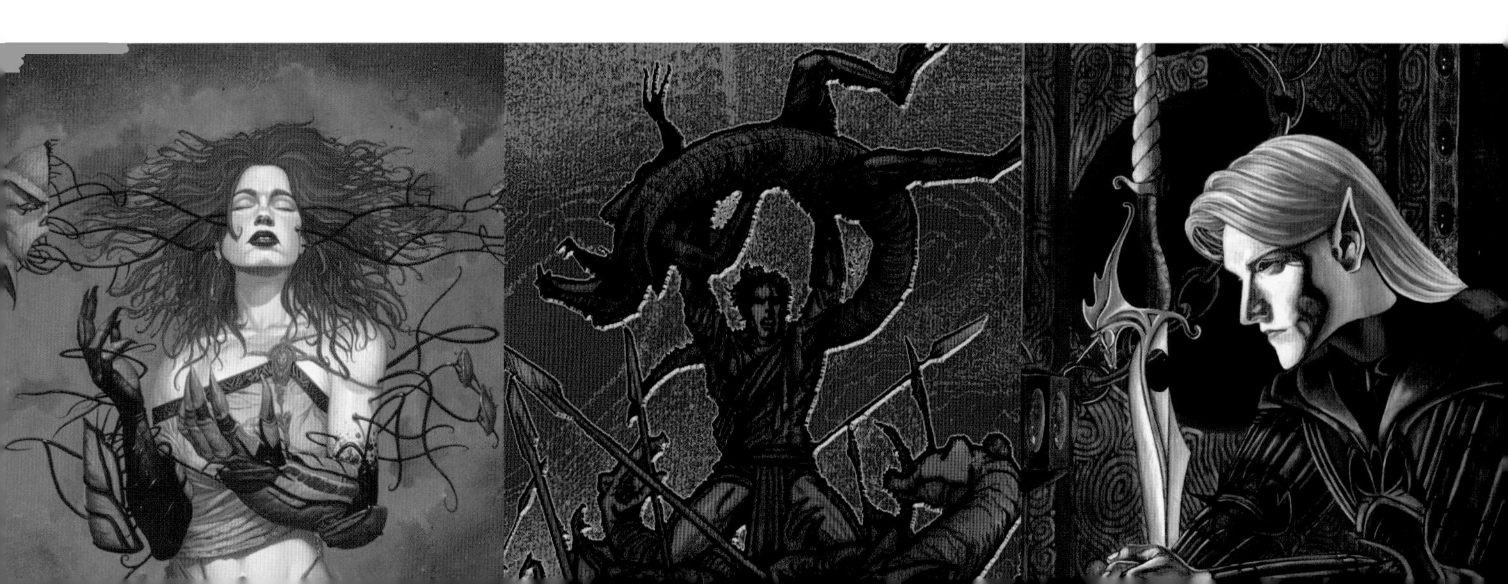

CHAPTER TWO

幻想角色设计

幻想世界里的角色丰富多彩，从男、女主人公到术士和兽类，各具特色。你在本章中将学习到如何绘制他们的面部与体型；如何装饰他们的服装、盔甲和其他装备；如何将他们变成动画里的角色。此外，还有一部分内容是教你如何绘制角色栖息的幻想世界，包括透视画法的原理以及创作建筑物细节的技法。

男主人公 面部

男主人公（或女主人公）是故事的核心人物，他们为故事与观众提供了关键性联系。如果没有主人公，我们就无法和故事产生联系，也无法产生兴趣。男主人公的面部通常为他的性格提供了视觉基调。

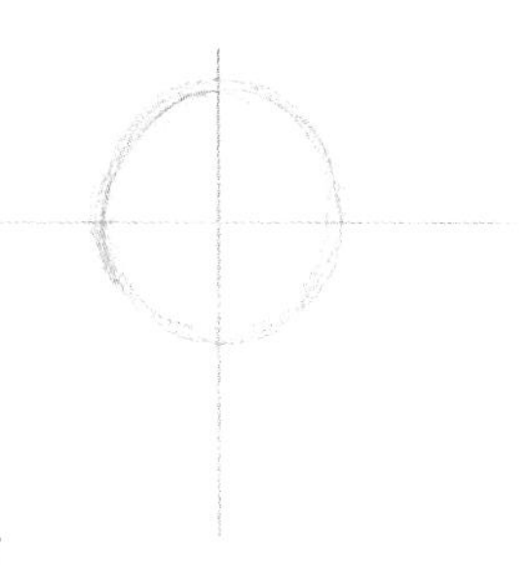

正面

1. 画出面部的十字线，再加上一个略方的圆来控制后部头骨。

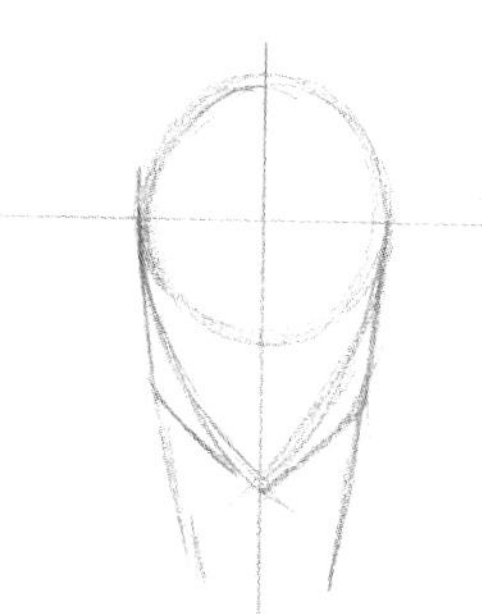

2. 增加一些线条来画出颧骨、鄂部和颈部。注意在这个步骤中下巴与颧骨在某点相交。

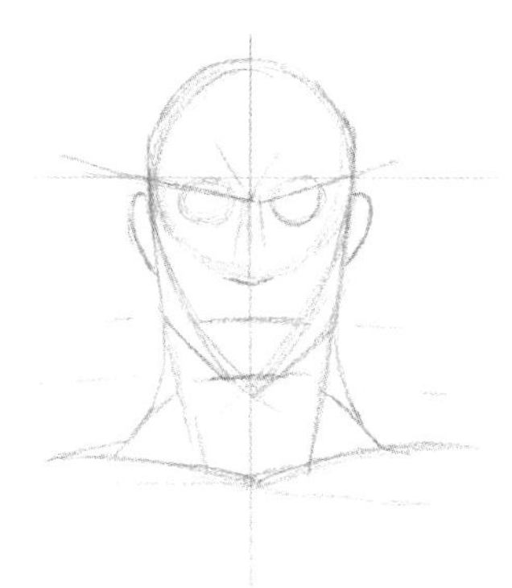

3. 大致画出面部轮廓，要先画嘴部的线条——如果你先画鼻子，就可能画得过长或过短，把嘴挤到下方。用圆圈画出眼睛，这样随后便可为它们增加深度，画眉毛时要让它们与眼窝重叠。随后再加上颈部与锁骨。

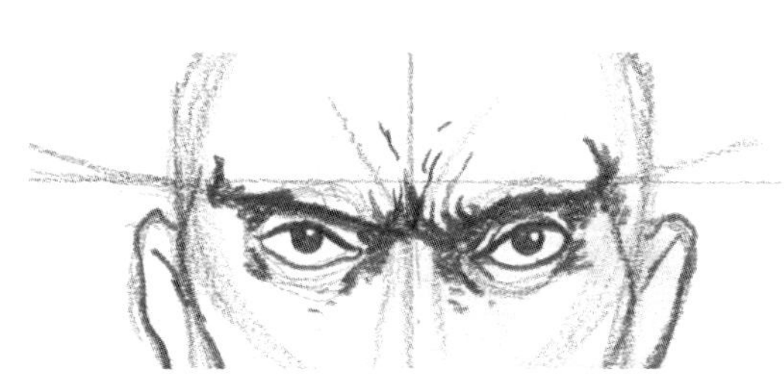

4. 加深轮廓线。画出瞳孔，然后将眼部空缺的形状“裹”在眼球四围。为眼窝部分画出阴影并突出瞳孔。别怕画坏，要多试几次，使眼部带有某种表情。

5. 画出基本发型，发型能够完全改变人物的外貌，所以在增加过多的细节之前要先画出一些可供参照的线条。感到满意之后再加粗线条并为面部与头发交接的边缘增加阴影。

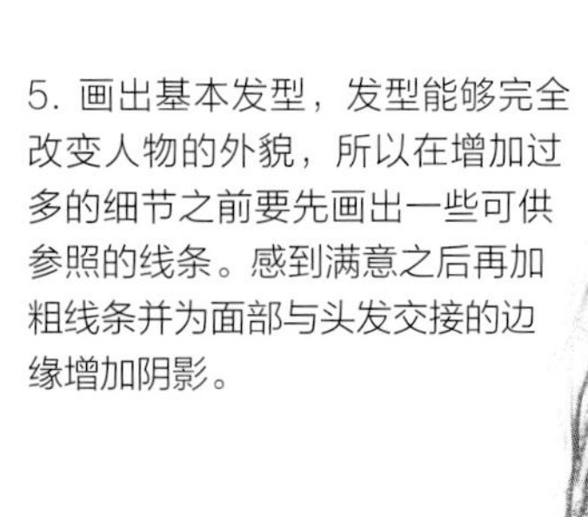

6. 如果你很满意人物的外貌，就不要在素描步骤增加太多细节。相反，你可以用色彩来增加深度与细节。本案例是用Photoshop图像处理软件上色的。

侧面

1. 开始先画一个略向前倾的扁椭圆形，加上面部的前部使其微微后倾。画出下巴的轮廓，使其在耳部与椭圆形相交。然后再添加颈部轮廓和代表胸部的线条。在这个例子中颈部前倾，胸部凸出的部分超过了脸的前端。

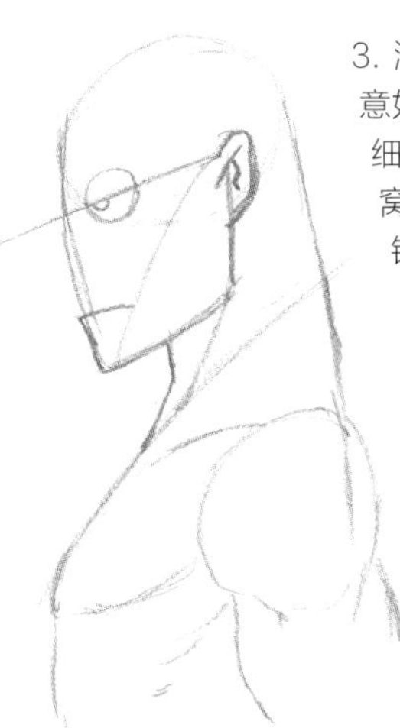

2. 加上耳朵的轮廓，然后，从耳部顶端画一条线到脸的前端，这将是眉毛的线条。再从耳部到下巴的尖端画另一条线表示颧骨。

3. 添加嘴部的线条。注意如何在此处增加唇部细节。然后，画出眼窝与瞳孔，最后添加锁骨与上半部身体。

4. 画出眉毛。本例强调了凸出的眉毛，为素描增加了力度。在眼睛与眉毛的位置勾画，突显轮廓与表情。加上鼻子与耳朵的细节。在此处你可以看到为了使其轮廓更鲜明，颧骨的线条改动了，下巴的艺术效果也增强了。

5. 画出表示头发飘拂、下垂的基本线，然后再添加上衣领、束腰外衣或者其他种类的服装与装饰品。

6. 继续加深线条，使素描颜色鲜明，然后为头发与面部增加上暗面与细节。

作者的话

- 将同一个人物多画上几次，并提供分析人物的速写。这能帮助你明确人物的性格。
- 选一张速写，用墨或颜料上色。然后借助拷贝台描摹一份，这样你就可以保留着原有的铅笔素描稿，在接下来进行试验时不必担心弄坏了原稿。
- 扫描其中一份铅笔素描稿，在电脑上进行着色。这种方法使你能够尝试多种不同的方案。

◀《罗伊本》(Royben)

西奥多·布莱克（Theodor Black）

这显然是个托尔金风格的英雄，他长着尖耳，拥有细致的鹰状轮廓、苍白的皮肤与头发。他的坐姿呈冥想状态，双手紧握，像是在祷告，但盔甲与剑也说明他是个斗士。

男主人公 表情

绘制时必须使自己创作的男主人公面部带有表情，这样才能突出故事中的戏剧性动作，也使你创造的人物更有深度。完善人物面部唤起情感的技法需要多年时间，但简单的关键表情的绘制还是容易掌握的。

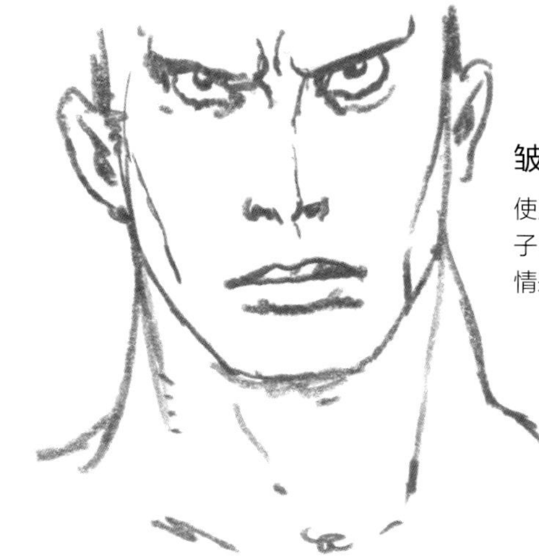

皱眉

使眉毛向面部中央聚拢，在鼻子上方汇合，画出皱眉的表情来。

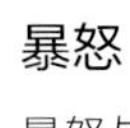

暴怒

暴怒与皱眉的表情相似，不过眼球要增大，面部肌肉也更加扭曲。在鼻子两侧增加线条，使面部看起来更残酷或更愤怒。

怀疑

描绘怀疑或深思的表情时，可以将眉毛画得一高一低。让一侧的嘴角向上扬起，也能产生思索的表情或讽刺意味。在本例中瞳孔转向一侧，男主人公似乎在暗自思忖。

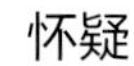

震惊

将眼窝画得很大，显出附在眼白上的瞳孔。在本例中眉毛下倾，这不是必要的。

笑

嘴巴要张开，牙齿要又白又亮。笑的时候眼睛会变小。

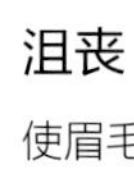

沮丧

使眉毛在鼻子上方上倾，以表示出悲伤或沮丧。

作者的话

- 设想出两个性格特征十分不同的英雄，并写下他们的技能、长处、个性、弱点和动机。
- 设想一个场景，让两个角色对同样的挑战做出不同的反应，描述这样做如何能支持或否定对他们的设想。
- 描绘出场景的大概，考虑你的素描是否能体现每个人物的差异。

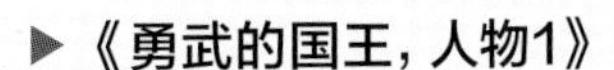

▶《勇武的国王，人物1》

作者：马丁·麦肯娜（Martin McKenna）

细致研究面部骨骼，善于应用镜子对获得特定表情而言至关重要——本例是混合了愤怒与震惊的表情。

国别

幻想世界中居住着一切国度的英雄。以下一些例子告诉大家如何稍作改动就能使面部出现不同的特征。

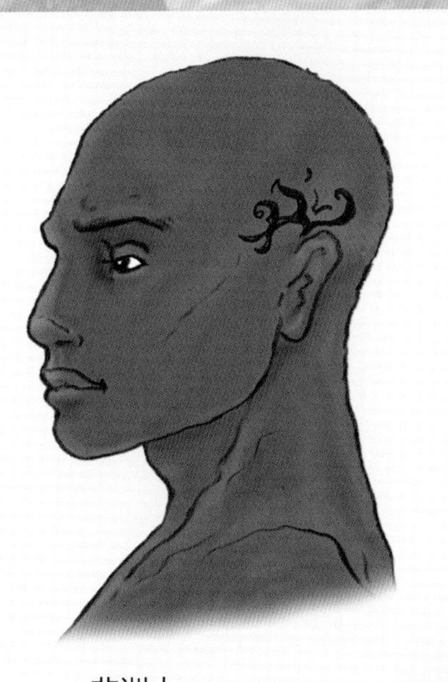

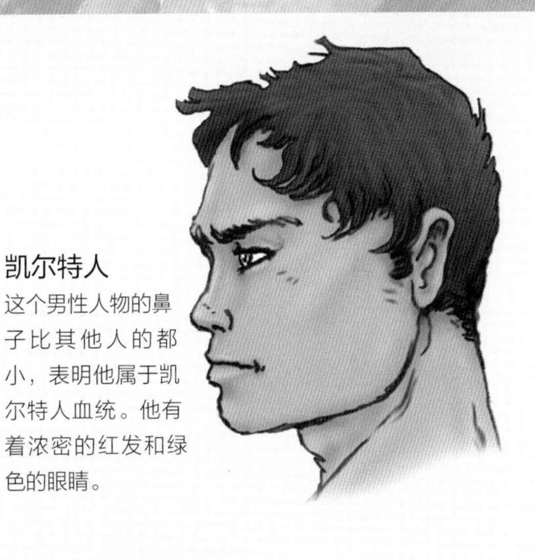

凯尔特人

这个男性人物的鼻子比其他人的都小，表明他属于凯尔特人血统。他有着浓密的红发和绿色的眼睛。

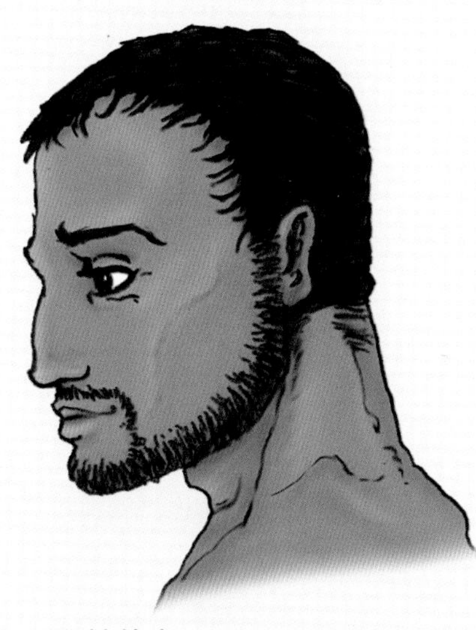

非洲人

典型的非洲面孔具有宽鼻子和大而饱满的嘴唇。这个男性人物看起来性格坚强、沉着冷静。头部的一侧添加了文身图案。

阿拉伯人

这个男性人物年轻英俊，长着轮廓鲜明的鼻子。加上短髭与胡子使他具有骑士的魅力。他的黑发特别短，使他显得更成熟、更男性化。

印第安人

这个人物的鼻子和颧骨与众不同。他的头发又浓又黑，嘴唇苍白。

男主人公 肢体

创造幻想人物使艺术家能够拓展想象力，设计不可思议的人物。但基本的人体轮廓是趋于一致的，这使观众能更容易地认同幻想世界中的人物。

比例

比例是通过测量直立人物的高度，按头部高度的倍数来测量的。普通男性的身高通常为7头身，但画成8头身会显得更准确。幻想人物相对而言在各方面都更高、更大，肌肉既夸张又要遵循解剖规律。

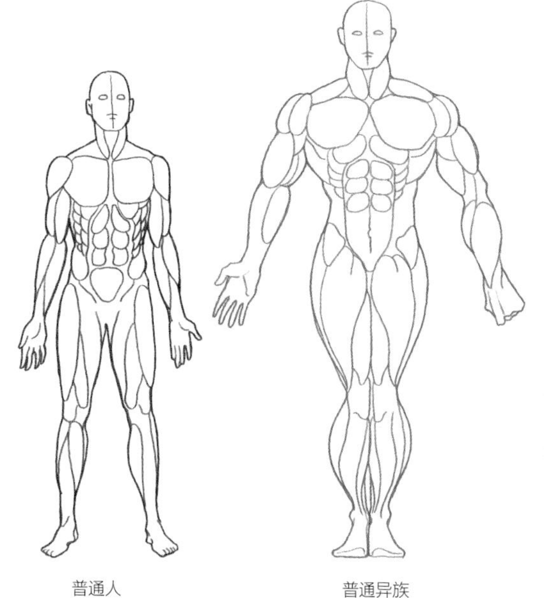

普通人　　普通异族

运用透视图

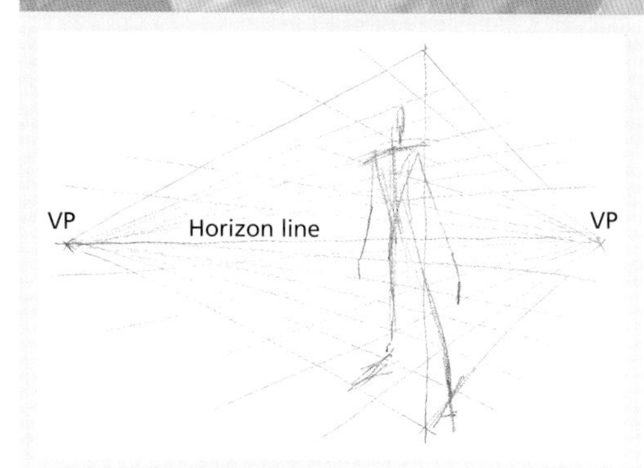

你可以运用透视辅助线完成角色设计。绘制一个两点透视辅助网格,可由一条水平线以及两个消失点组成。然后从左右两个消失点出发，向角色所站立的重心垂直线分别画出一组散射线。辅助线条相互形成网格，虽然不会完全与角色动态吻合，但也可以辅助你完成极为生动的角色造型，这个方法可以非常有效地帮助你完成俯视或仰视的角色造型。

建构身体形态

1. 绘制人物的一个窍门是先画几条透视线，这样就能增强图像的力度，为绘制男主人公的身体线条提供参照。开始时先画出随意的概括线条来表现人物的整体形态。在棍状骨架上刻画出肌肉群，这个步骤可能要经过多次修改，并尝试不同类型。在本例中，右腿被移到离左腿比较远的位置上，从而调整了图像的平衡。你无须为肌肉添加过多细节，但是它们会影响衣物垂挂的形态。

2. 加上衣物就能给予一个人物明确的个性。注意这个人物的衣服是紧身的，衣服的线条是在原来的轮廓线外画出的，并加上一些小皱褶以表示肢体变换方向时，衣服上产生的褶皱。接下来，继续处理整个形象，不要太早地去关注细节。

3. 给自己信笔涂画的自由——粗略的线条能创造出后来会用到的细节，最后你可以把所有不需要的东西擦掉。完成素描时要用拷贝台描出整洁的轮廓线，或简单地理清铅笔素描的原稿。这里用了许多粗略的线条以增加衣服的质感，突出人物的表情。

能量流

整个身体的造型，尤其是四肢的造型具有一种能量流。这种贯穿身体的流畅线条使造型协调连贯。这些线条显示出臂部与腿部的肌肉群是如何向主要手指或足趾（食指或大脚趾）的方向呈现出一道优雅弧线的。

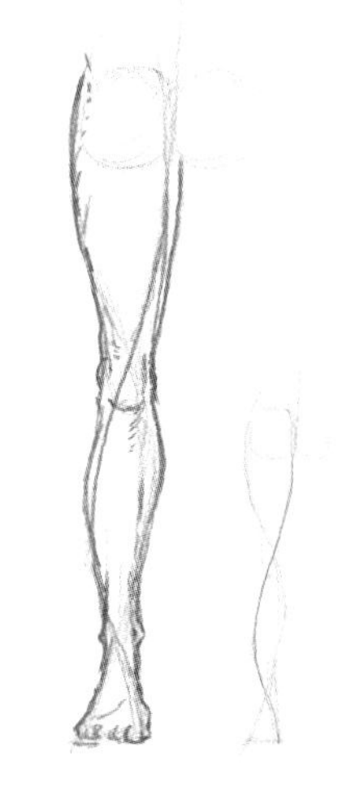

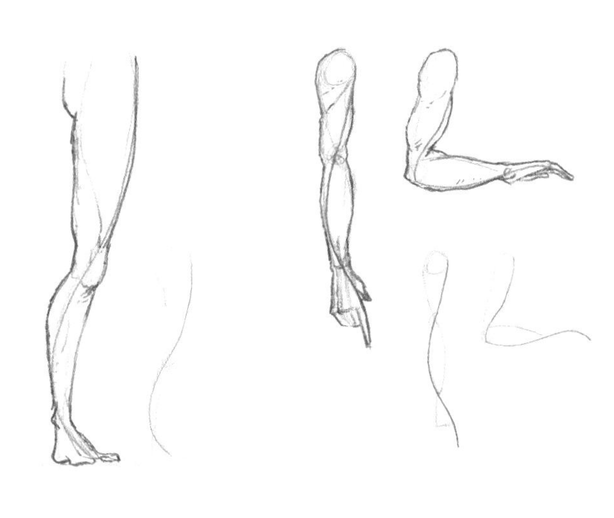

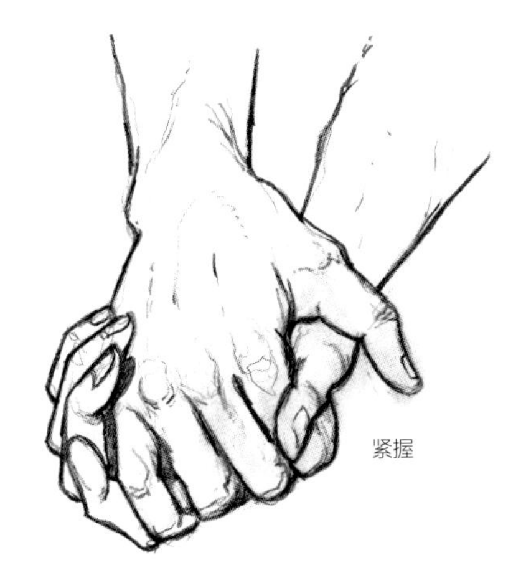

紧握

手

手和脸是最有表现力的身体部位，因此通常需要像重视整个形象那样重视它们。用绘制身体的方式绘制双手，先画出粗略的线条，用简单的轮廓线建立基本形状。绘制时可参照自己的手来画，并准备一面小镜子以便在画别扭的姿势时用。

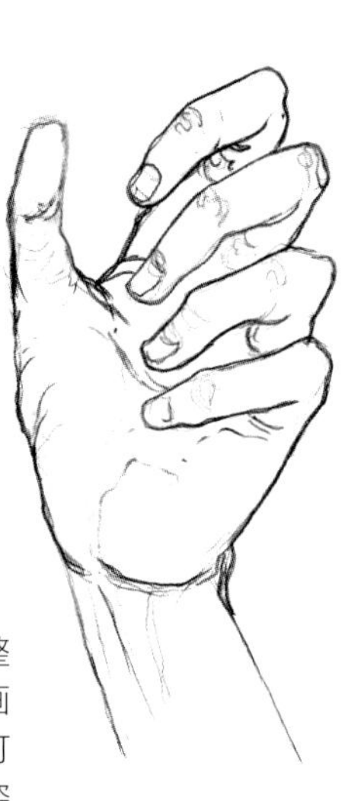

抓

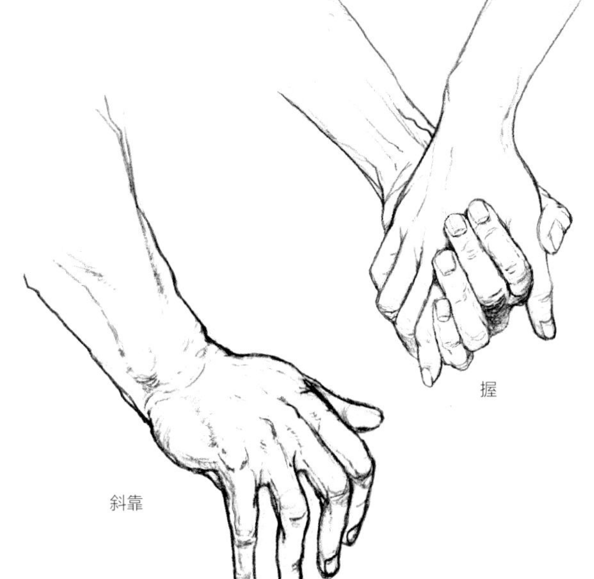

斜靠

握

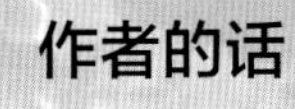

作者的话

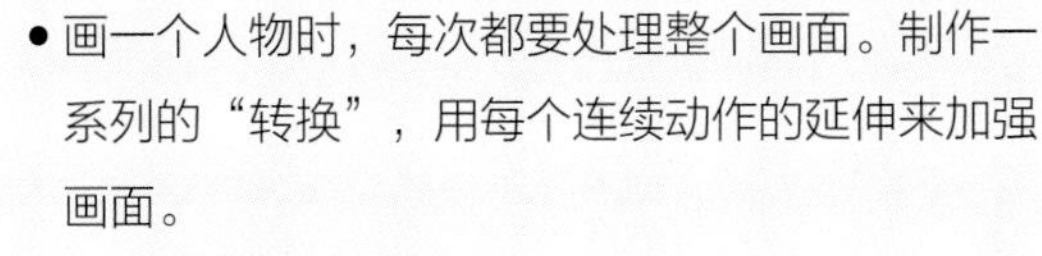

- 画一个人物时，每次都要处理整个画面。制作一系列的“转换”，用每个连续动作的延伸来加强画面。
- 事先准备好对线条进行多次润色，强化人物的某些方面，尤其是外形。
- 画素描时要随意，你可以最后再进行整理。

◀《罗尼》(Ronin)

芬利·考恩

这个插图画的是被驱逐的封建时期的日本武士，其特征是肌肉组织高度程式化，偏离了解剖学原理。

男主人公 原型

有各种模样与高度的男主人公，只要想想《指环王》中的弗罗多·巴金斯（Frodo Baggins）就知道了。半人半兔的形象或许不是创造男主人公时会首先想到的形象，但托尔金受灵感启发的幻想杰作就是围绕这样的人物撰写的。

男孩主人公

男孩主人公的头部与身体的比例比发育完全的男子略大。清澈的大眼睛和光滑的皮肤都说明了他的纯洁品格。

冰上漫游者

用简约、鲜明的色系就能轻易确定一个人物。这个冰上漫游者从头到脚都裹在片状的服装里，他的物品放在衣服的夹层中。图中的人物带着类似冰球棍的武器，使他带有现代意味。

武术家

武术家一般具有瘦削、协调的体型。他们蓄发或将头发披散，其物品可能放在紧贴背部的小包中以免碍事。这个人物面带大胆无礼的笑容，说明他属于外粗内秀型。

沙漠之狼

热带地区的男主人公或士兵戴着防尘、防晒的头巾或围巾，他们还穿浅色或深色的服装。

雇佣兵

一个雇佣兵或海盗，年纪更大，人也更粗暴、冷酷。由于生活艰苦，他的身体强健而瘦削。

托钵僧

男主人公不一定非得肌肉强健、身强力壮。这个人物上了年纪，但还是动作敏捷、充满活力。他一副农民打扮，但其表情意味着智慧与狡诈，他穿着踢踏舞鞋但并没有加深这种印象。

体型

矮胖、高瘦等标准体型可以作为多样化的幻想男主人公体型的基础。

半身人

半身人指在接近自然的边远地区生活的矮壮人类。半身人的肌肉与盔甲更少，他们穿质地粗糙的简单服饰。

北欧海盗

北欧海盗的体型比典型男主人公更壮实。他有结实的胸膛和稳健的造型。这种原型也适于雷神、巨人、野蛮人和重金属摇滚乐吉他手。他披着斗篷，穿着束腰外衣和软靴，戴着厚厚的护腕。他也可以有长发、耳环和文身，很可能还带着剑或斧。

精灵

将这个体型与北欧海盗对比，这个体型更苗条，四肢与双手更纤细，整个形象显得更轻盈。精灵有优雅的轮廓、尖尖的耳朵和漂亮的服饰。这是个托尔金风格的精灵，传统的小精灵则更小，更像鬼怪。

胖修道士

这种体型也适合富商和国王。巨大的肚子是整个形象的中心，头部和肢体似乎都在支配性的球形后不见了。服装强化了这种效果，特大号的腰带结和衣服的褶皱仿佛使身体向各个方向扩展。便鞋使这个形象略具东方或相扑手的特征。

侏儒

侏儒是肌肉发达的矮壮人物。这个人物范例看来很笨重，他的双脚稳稳地扎在地上。侏儒通常长着胡须，穿着沉重的盔甲。他们的衣服上或许带有装饰品，以显示出他们的手工艺。

男主人公 动作

幻想人物在忙碌的一生中有许多行动，他们不断对自己的处境作出反应和反抗。他们静止不动的时候很少，所以你必须能画出多种多样动感十足、令人激动的造型。设定人物的动作时要记得考虑人物的性格，每一个英雄都以独特的方式挥剑或将魔鬼的脑袋劈成两半。

▲《你们无法破坏梦想!》

芬利 · 考恩

构思这幅插图的灵感来自于20世纪70年代的艺术家吉姆 · 斯特兰科（Jim Steranko）的经典肖像画《美国船长》。其以刚毅、平衡的站立英雄的造型将一个敌人高举过头，与他周围狂野的攻击者的身体形成反差。

中心线

在画行动中的人物时，你必须要先画出“中心线”。这个线条提供了体态的弧度与旋转，以及在行动时身体的重心。画一条从头到脚贯穿身体的线条，在添加肌肉等细节之前围绕中心线画出棒状形象。中心线使你的素描具有流线感并显示出整体节奏，使人物体态协调。

1. 虽然四肢与剑的位置都偏离了中心线，但身体的主要轮廓仍然具有整体节奏。

2. 中心线几乎相同但体态相反，造型凝固在挥剑的一瞬间，加强了动态紧张感。

3. 蹲伏着准备跳跃的形象，中心线表明了跳跃的方向。

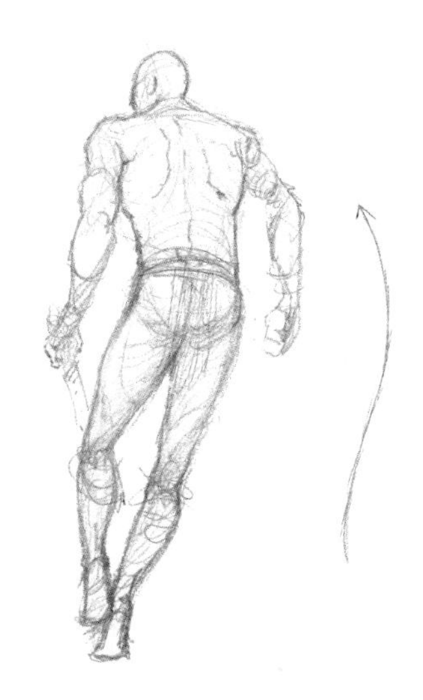

4. 人物在慢跑，脊骨上部体现出了“大步慢跑”的感觉，中心线在脊骨部位往回扭曲着。

扭曲

身体极少处于平视位置。它常常呈扭曲状，以这样那样的方式转动，即使是在步行这样的轻微运动中也是如此。画好处于各种可能姿态的身体要花费毕生的时间，但你可以将身体简化成几何图形来练习。

将腰部与躯干想象为分离的两块，试着将其形成不同的角度。透视画法在这里派上了用场，但所绘制的线条不一定要尽善尽美。围绕基本的块状结构画出身体的外形。运用好这种技法有助于将形体的透视进行缩小或放大。

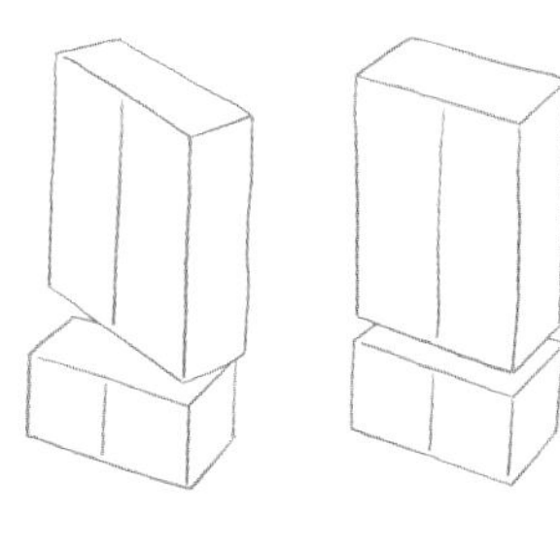
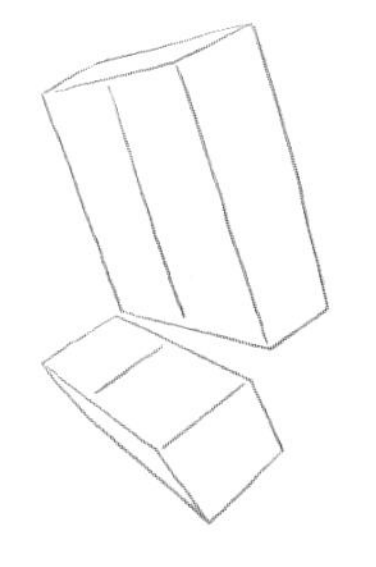
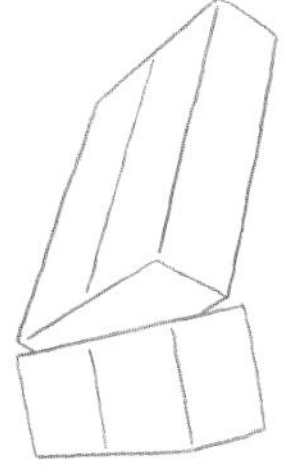

夸张

整个幻想题材的几乎每个方面都与夸张有关。我们看到的一切都比曾经见过的更大、更快、更狂野。这个规则也渗透到动态造型中。左图两个例子显示出夸张的人物造型是如何使人物更具冲击力的。

作者的话

- 进行人物写生时将形体简化为块状，这样能够帮助你更好地理解身体的透视和其占据空间的情况。
- 如果你画块状有困难，试着用些木块或儿童玩偶来帮你更好地弄清人体转动与扭曲的动作。

◀《为了这一个》

作者：亚历山大 · 彼特科夫（Alexander Petkov）

这幅水彩画描绘出典型的《指环王》场景。前景中牺牲者与攻击者的身材形成了对照，突显了攻击者的威胁性，他们的目标背向柱子，显得畏畏缩缩。

男主人公 透视缩短

按透视原理得出的缩短画法是指代物体偏离观众时，显得后退或变小了。这种画法使你的人物具有深度并突显出他们的动作。缺少这种技法，你的作品看起来就会显得单调、呆板。

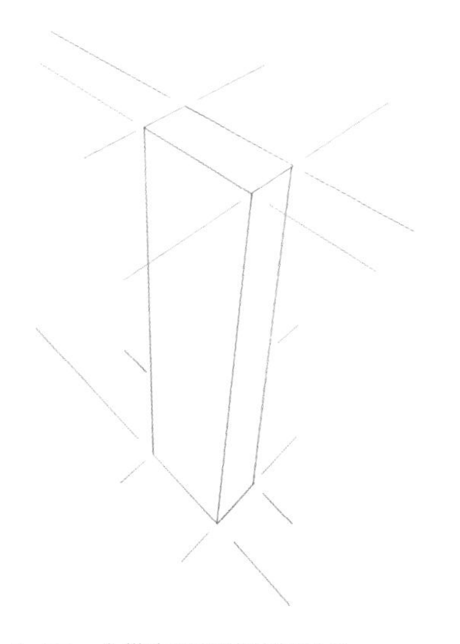

1. 画一个带有透视线的简单盒子，并以此为起点从俯瞰角度绘制人物。

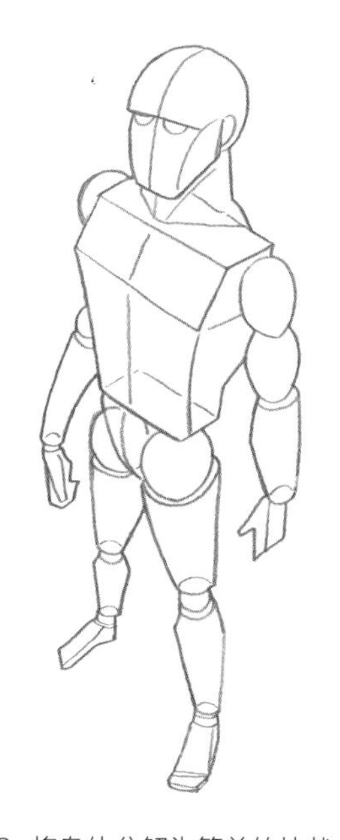

2. 将身体分解为简单的块状，人物肢体会随着与观众的距离增大而变小。

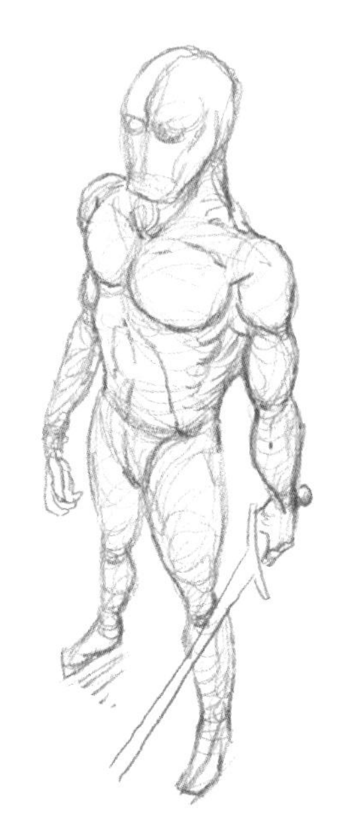

3. 补充弧线和肌肉细节。别担心画得不对，继续尝试。这张画里的头部太大了，应该缩小一些。

4. 这个人物穿过空间下落，很可能边移动边与一只飞龙作战。图中可以看出块状技法是如何展示角色身体的扭曲与旋转的。

5. 补充完细节之后，增加一些“速度线”来加强画面的透视。

作者的话

- 描摹具有动作的人物照片来帮自己建立绘制复杂体态的信心。务必使画面保持随意、流畅。在纸面上增加许多线条，通过不断修饰找出适合的线条。
- 看出不对劲时不要急于使用橡皮擦，反复润饰同一幅画，直到它成了丑陋的大杂烩，这都是很好的练习。
- 相信自己的直觉。有时画面的透视不正确，但看起来会不错。

◀《通往虚空之旅》

作者：马丁·麦克娜

斜躺着的身体按透视原理缩短了，你也能看到上身是如何扭曲的。前景与背景中的桶增强了环境中场地的深度。

角度

俯瞰视角

注意人物的体态与组合是如何影响画面冲击力的，俯瞰视角突出了巨蜥的大小。因其与观众之间的距离很小，增强了这种效果。相比之下，极限透视使英雄看来很小，也强化了他准备跳跃的动态效果。被打倒的人物张开双腿，巧妙地完善了构图的整体和谐感。

广角

这个广角镜头清楚地呈现出处于行动状态的不同人物。它表现出将要发生的事件而不是正在发生的、直接的身体动作。英雄处于画面的中心，高耸的建筑物与下陷的建筑物突出了他的险境。他保护同伴逃走，自己对抗着逼近的下界部族。他成为朋友和敌人间设立的一道屏障，建筑物的安排符合了这个图像的整体中心线。可以看到另一个反面角色穿过远处的桥梁逃跑，强调出了塔楼的落差。

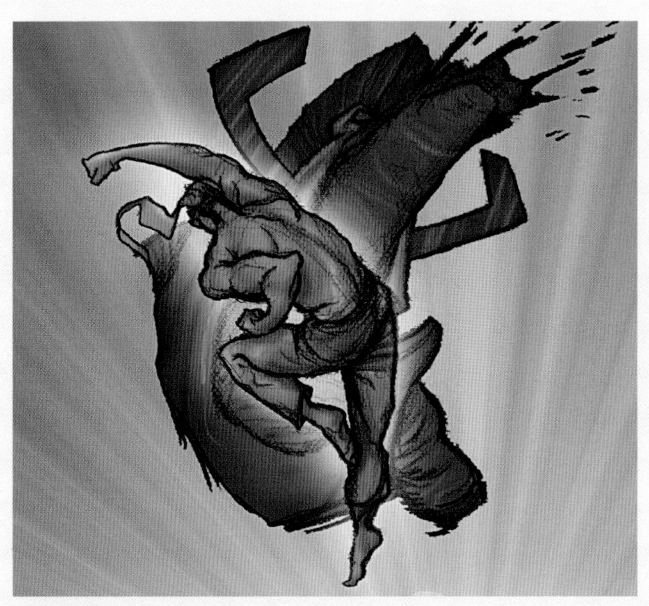

仰视视角

这幅图中观众的视觉角度换成了仰视视角，强化了英雄打倒敌人时向上的推进力。英雄与敌人的中心线向相反的方向弯曲，营造出整体构图的紧张感。

连续前移

男女主人公的中心线一起扫过了船的甲板，营造出二者间的显著联系。他们的组合姿态表现出其向后斜靠来抵挡船只向前的推进力。船的所有线条都是向前推进的，飞过人物的杂物强化了这种效果。旋涡的位置形成了另一个重点，旋涡陡急的倾斜角度增加了紧张感，使人物显得更加无助。

案例分析：空战

这个空战片段是为名为《梦盗》的动画电影制作的。这个作品突出了整个故事的精彩结局。在大结局中一群英雄与爬行武士大军战斗，主人公与失散已久的母亲团聚。

这个作品展示了多种动作造型的范例。因为所有人物都在半空中，我面临着要以多种不同视角绘制英雄与敌人的挑战。我先把每个人物都分别画在纸上，并将其扫描到电脑里，然后用Photoshop软件处理图像，将它们整合成一件作品。

母亲

母亲向英雄伸出手。她的造型优雅、流畅、不具攻击性。她看似采取了瑜珈的姿势，由飞行的书本托在高空。

武士

这个武士正在与爬虫类士兵打斗。仰视视角表现出他的位置高出对手之上，处于胜利的姿态。垂下的头部表现出高度专注的状态。那只被打倒的爬虫向后倒去。

书塔

漂浮的书塔穿过了地平线——也就是说观众向下观看塔底的书，向上观看塔顶的书。这意味着素描技法必须被认真地运用在完成的艺术作品中，其他人物的姿态必须与书塔有联系，这样整个作品的透视才有意义。

女主人公

女主人公即将把一只爬虫类士兵击垮。她看起来既威严又优雅，她的造型既协调又有力。服饰的线条流畅、优美，与身体的线条和动作相称。爬虫士兵相比之下显得畏畏缩缩、孤注一掷。

歹徒

这个歹徒是个邪恶的魔法师，被几本飞行的书解除了武装。他的举止显得无能为力。

男主人公

男主人公则向母亲伸出手。他的造型既威严又沉静，与一个胜利者的形象相称。张开的手臂与对称造型表现出他的自信和对行动的掌控。

老英雄

枯槁的老英雄与两只爬虫类士兵对阵。两侧的爬虫平衡了他的对称造型。它们的举止显然是勉强进攻，老英雄的姿势造型处于优势，充满自信。

男性天空冲浪者

这个天空冲浪者是用极限透视缩小处理的。因为几乎是从他的正下方仰视。相反的是向反方向倒下的爬虫士兵，营造出凝固时间的动态张力。

女性天空冲浪者

天空冲浪的女英雄是从下方以极度透视缩短的技法绘制的。爬虫士兵与她完全相反，头部朝下的身体极度地扭曲，爬虫士兵的长矛形成了两个人物之间的组合线，是惟一未被扭曲的物体。展示的是冲击发生后一瞬间的动作，强化了两个移动身体所产生出的冲突。

背景

背景只是粗略的素描，这样就不会干扰复杂的人物安排。背景通过多次复制才获得所需的宽度，它的独特设计是独立进行的。

歹徒的同伙

歹徒的同伙是一只会偷东西的喜鹊，其与另一本飞行书产生了冲突，喜鹊显得惊慌失措。

友善的犀鸟

一只俯瞰视角中的友善犀鸟，它飞扑下来对付邪恶的喜鹊。

胖英雄

这个胖英雄似乎是对着刀刃直冲过去的，爬虫士兵看来姿态稳固。胖子的动作让这个时刻变得轻松了，增加了喜剧意味。胖英雄长着滚圆的五短身材，爬虫士兵则呈优雅的长“S”形。

装饰盔甲

研究武器和盔甲的资料数量庞大，所以发现灵感并不困难。中世纪欧洲的式样成了大多数幻想盔甲的基础模本，但你也能以部落武器、现代武器和来自动物王国的特征为基础，添加独创的修饰。

作者的话

- 研究动物的甲壳样本，包括鱼类与爬虫类的鳞片，甲壳类动物的壳，猛禽的爪、喙以及刺、角状物和卷须类的细节。
- 绘制一些基本的盔甲，再添加你从动物研究中搜集到的元素。

▼《燃烧兽》

作者：罗布 · 亚历山大（Rob Alexander）

这只燃烧兽既新颖又壮观，表现出了设计盔甲的有趣方式。

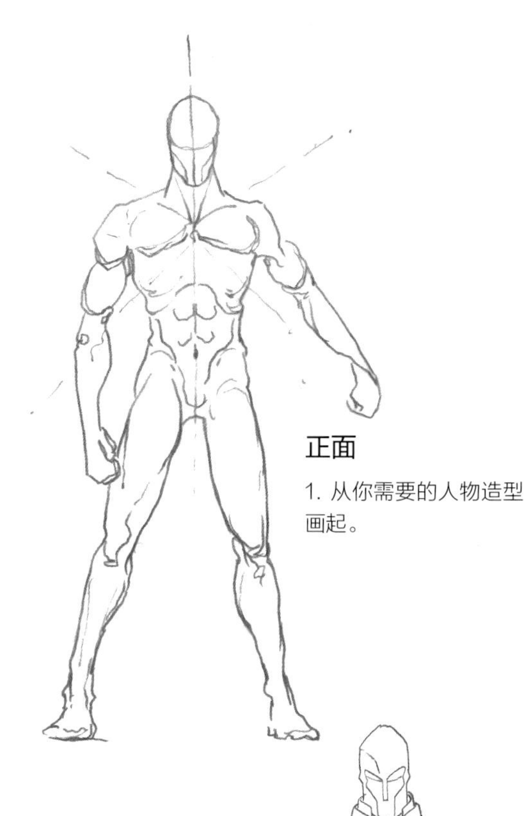

正面

1. 从你需要的人物造型画起。

2. 使用拷贝台与描图纸将盔甲裹在人物身上。我画了许多重叠的金属片，灵感来自于甲壳类动物。腰部周围通常会有一块短裙或锁子甲裙状物。注意该步骤中添加了许多细节，之后再添加阴影时许多细节会消失。

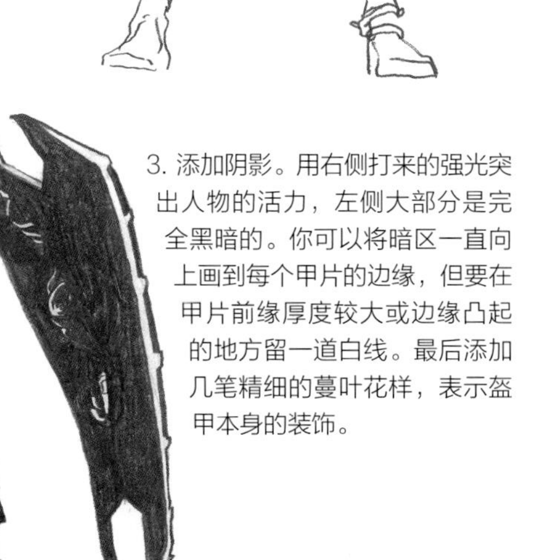

3. 添加阴影。用右侧打来的强光突出人物的活力，左侧大部分是完全黑暗的。你可以将暗区一直向上画到每个甲片的边缘，但要在甲片前缘厚度较大或边缘凸起的地方留一道白线。最后添加几笔精细的蔓叶花样，表示盔甲本身的装饰。

侧面

1. 这个图像更随意，更像连环画中的一个镜头或是电影中的一个场景。使用灯箱和描图纸，添加标示线条来制造盔甲包裹身体时所产生的流畅感。

2. 开始绘制出盔甲的基本样式，使其能突显、夸张下面的肌肉。添加一些带扣和带子（下面的铅笔线条稍后可以擦去）。

3. 为盔甲的一些前缘添加隆起物来增加重量，如在肩部、大腿部等处的甲片。开始绘制下缘处的阴影，表现盔甲下的暗区，制造出悬垂的感觉。在甲片上添加一些图案。注意面颊部位护甲上的随意图案，这样的细节不必完全精确。

4. 添加更深的阴影，重复加深每道线条。这个步骤很大程度上依靠技法。技法水平会随着时间的推移而提高。你必须学会像雕刻一块黏土那样去处理线条，逐渐找到最好的形状。在防护手套上添加一道线条使其更具金属效果，包括一些增加逼真度的小刻痕与凹痕。

头盔

亚历山大大帝式

这个头盔似乎是以添加了双角的豹头为模本制成的。亚历山大被称为“长着双角的家伙”。这一方面是因为他的头饰，另一方面是因为他拥有地狱之魔的名声。

希腊重装步兵式

亚历山大大帝的军队就戴这种头盔，比其他式样早了几个世纪。因此除了奢华的羽毛之外，它的装饰很少。眼窝与护颊的切割式样表现了强大的斗士形象。

日本武士式

半球形的顶部是金属制造的，但两侧部分是由金属和织物混合制成的。盔甲还带有厚镶边式的绳状织物，系在下颚和护颈上。显然它能提供很好的保护，样子也很美观，但与伊斯兰式相比显得较为笨重。

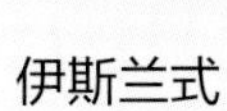

伊斯兰式

锁子甲兜帽保护了颈部与头部的两侧又不限制活动。双角是头盔设计的常见特征，令人想起经典的北欧海盗头盔。

武器

从美洲到远东，从非洲到太平洋和澳大拉西亚，人类为了毁灭他人而设计的原创工具显示出了最不可思议的想象力。

矛

你可以从这些来自瑞士的样品上看出武器不必使用对称结构。刃部有精巧的弧线，手柄两侧形状不一。画面上的手柄是细木所制，线条相当粗糙。你也可以为手柄添加金属鞘和装饰性流苏来增加一抹明艳的色彩。

锤

魔人与其他下界的黑暗居民通常以锤为武器。剑具有优雅的象征意义，而锤则显得更接近魔人类更原始的本能。在牺牲者身上产生的效果也反映了这种品位——锤击造成的死亡可不像剑伤出血那么少。本图展示的两柄锤都有旋转带。你可以尝试不同的锤头。这里展示了不同的锤头，一个木质的、一个金属的和一个钉状的。目的是制造出能造成最多血量的设计。

匕首

这些来自印度的匕首带有一些由徽章发展起来的繁复装饰。一把匕首的特色是带有黄铜雕成的手和豹头状的柄。另一把匕首的柄上刻有大象和老虎。

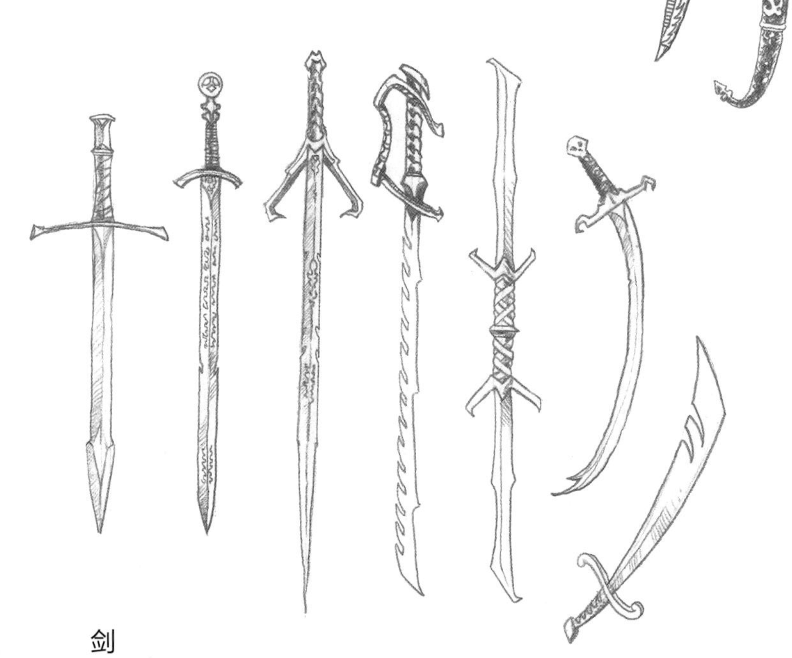

剑

1. 剑主要是男主人公的武器，象征战胜邪恶的正能量。带铭文的剑说明了它的神秘来源，通常可以靠其来使男主人公摆脱困境。许多剑都有自己的专属名称，如亚瑟王的“截钢剑（Excalibur）”。

2. 你在右图中能看到不对称的剑柄是如何与剑相配的。你无须顾虑保持绝对对称制造出装饰繁复的印象。非洲与亚洲的剑具有弧形的刃。

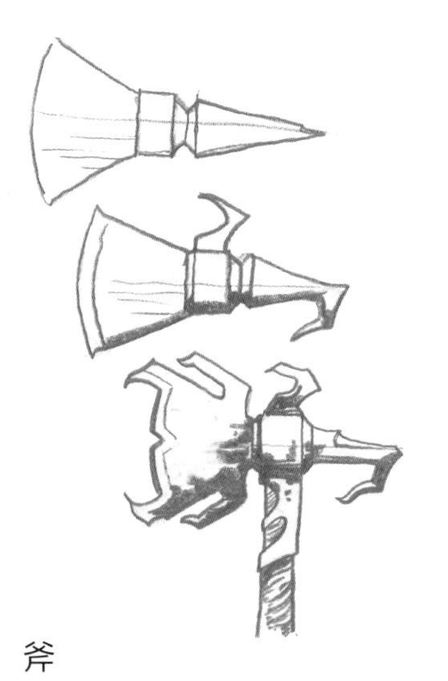

2. 在手柄上添加鞘，斧头就画好了。手柄可以用麻绳缠着兽皮或金属鞘，如果远粗于它所包裹的手柄，这样就会显得更自然。

3. 这些来自非洲的掷斧，其刃部形状很有趣。它们是由一整块金属铸造而成，没有任何手柄与装饰。

斧

1. 斧头的刃部具有基本形状，你可以做些改动使之更显精巧，绘制这把斧头的灵感来自于蝎子。

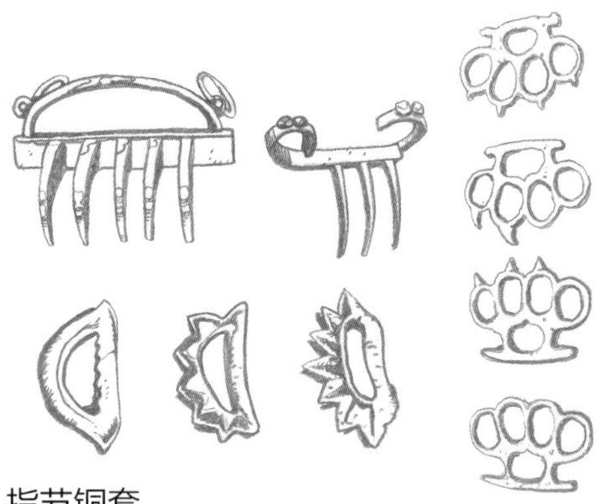

指节铜套

这些指节套的样本都来自亚洲，展现出丰富的差异。有些显然受到虎爪的启发，其他带有尖刃。为魔人、小妖精和其他邪恶兽类的形象添加指节铜套，可以使它们从外表上看起来更具有攻击性。

钉头锤

1. 钉头锤具有许多与锤相同的外形特征。不过它们带有锁链，使用者可以更夸张地将这件武器甩出去。以绘制锤或矛杆的方法来绘制锤柄。钉头锤的锤头必须带有许多阴森的钉状物。

2. 锁链和锁子甲一样难画，但它们常常出现在幻想艺术中，所以学习绘制方法非常重要。首先画出中心线，展示你需要的悬垂链条的方式与走向，然后再添加两条与之平行的外形线。随后你可以将线条大致再做划分，标识出每个环节，最后添加阴影完成链条的绘制。

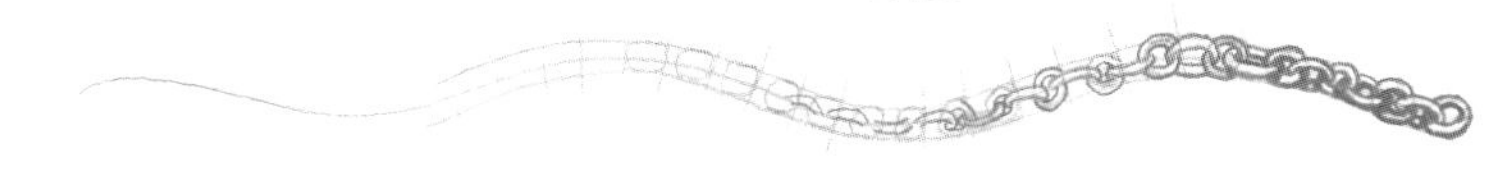

作者的话

- 回到对兽甲的研究中，试着从动物的爪子、鸟喙和肉食鸟类的爪子中寻找灵感，创制不同的刀刃形状。
- 练习添加阴影线条，使用橡皮擦来创造刃上金属状的高光区。

◄《悲哀的化身》

R.K. POST网站出品

这个独特的人物使用一套奇异的武器与盔甲，她那优雅、美丽的外表使其更具威胁性。

案例分析：用3D技术绘制英雄与怪物

许多使用数码技术的艺术家都会使用能够设计静止图像与动画的三维图像创建程序。市场上有一些易学的便宜软件，如Poser三维动画设计软件，它具有强大的功能。无须多言，这里空间有限，只能大致展示如何合成图像。本页的例子是由数码艺术家尼克·斯通创造的。

Poser三维动画设计软件

设计软件主要用于创建三维人物，这样的人物可以穿上服装，以任何所要求的姿势活动。虽然软件中有许多基本模型可供选择，但他们并没有非常适合你所需要的角色，没有非常个性化，也没有那么具有幻想色彩。不过，这些要求是可以通过图像变换技术加入到你所选择的角色模型中的。如果需要你还可以购买附加安装包去创造三维动物模型。Vue d'Esprit三维自然景观创作工具软件是制作背景、布景的软件，能与Poser三维动画设计软件搭配使用。

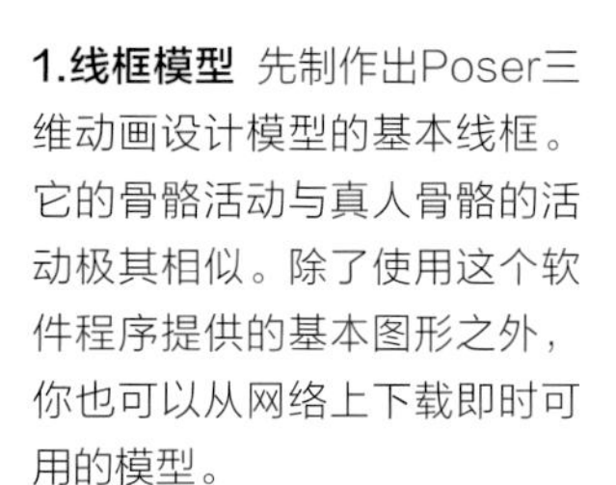

1.线框模型 先制作出Poser三维动画设计模型的基本线框。它的骨骼活动与真人骨骼的活动极其相似。除了使用这个软件程序提供的基本图形之外，你也可以从网络上下载即时可用的模型。

2.运用皮服 再选择合适的材质添加皮肤。

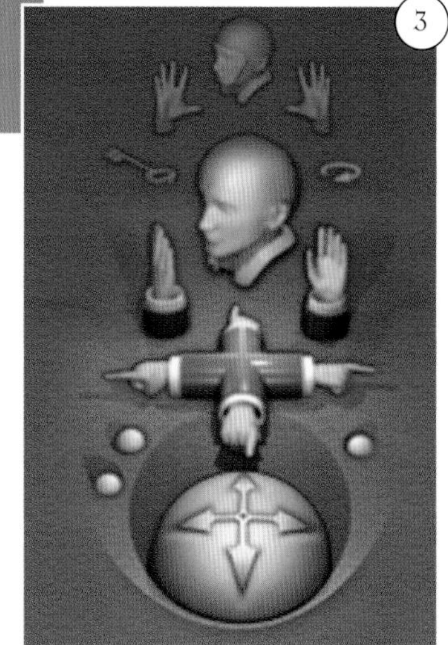

3.位置图 Poser软件有许多相当浅显易懂的工具程序。这个面板展示了各种置放人物的控制项，身体上的任何部分都能单独移动。

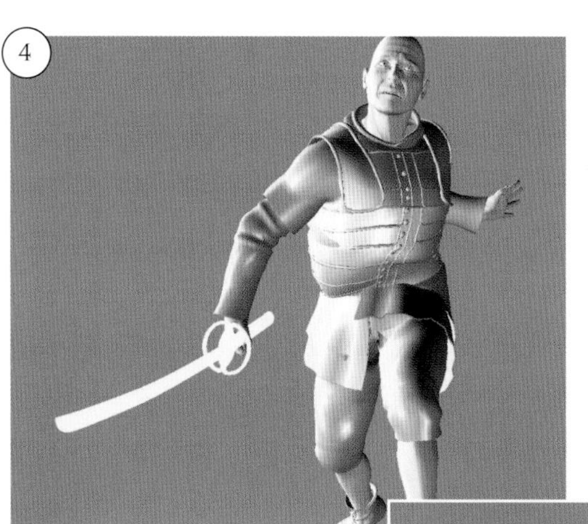

4.衣服图 你可以添加特制的衣服以搭配人物。此处展示的服装可从网上免费下载，你也可以加上道具，如剑。

5.纹理图案 这个面板展示了能够添加到人物不同部位的表面纹理，可以找到大量的材质库。

6.运用表面纹理 现在你可以专注于模型的表面质地了，选择表现肤色、服装的质地和道具。

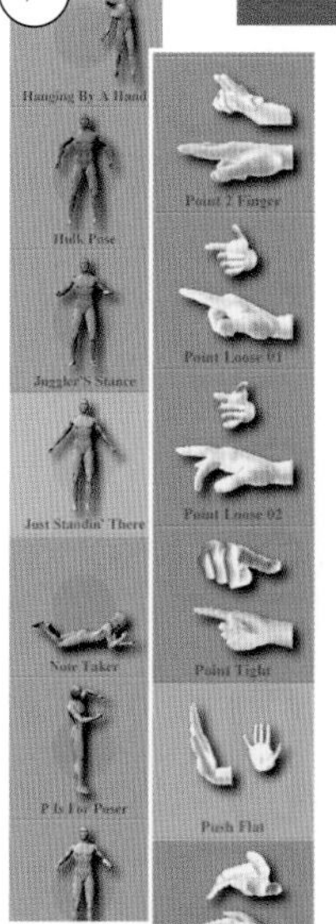

7.确认动作与细节 你可以继续操纵人物的动作造型使之与背景图像相称。这个面板展示了控制手部动作的工具。左图中你可以看到不同造型的选择，每个造型的控制键都在右边。

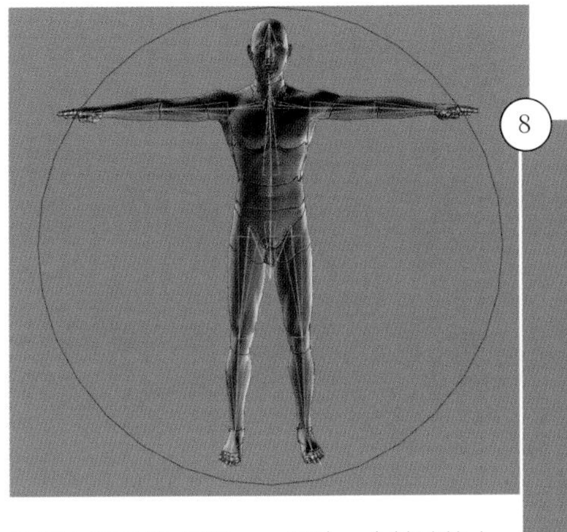

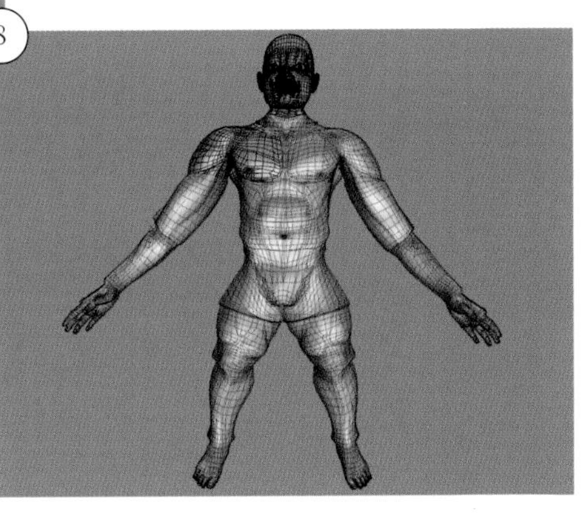

8.魔人的身体 用Poser设计一个基础的人形，同时添加上皮肤。你可以改变身体比例来构建魔人的身体。本例中增长了手臂，增加了上身的肌肉组织。腿部同样充满肌肉，但这次缩短了腿部来构建出魔人不成比例的身材。

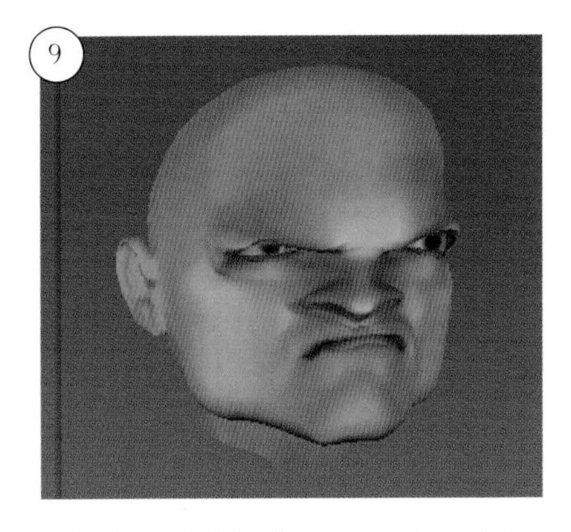

9.头部变形 被称为“Morph Putty（形体匹配）”的工具使你能够改变头部与其他身体部位的形状。

10.修改姿势 对人物满意后，你可以从动作库里选择人物的姿势。你可以像摆弄模型那样更改造型。

11.确定魔人相对应的背景 满意人物的外形后，你可以将其作为“目标”文件置入到景物中。本例使用了Vue d'Esprit三维自然景观创作软件来设计景物，但Poser软件与多数动画设计软件都是兼容的。可以根据背景引入、置放、按比例变化这个魔人文件。

12.魔人的肌理 此处选用适合的材质来覆盖魔人的表面。软件能将材料裹在你选择的目标上，产生一种逼真的效果……如果你称此为逼真的话。

13.添加主人公 这个完成图像中的人物可以调节，再经过渲染环节使之完善。这需要很长时间，取决于图像的大小和复杂程度。记住你始终能回到这个图像，随心所欲地改变人物的造型，因此它需要很大的储存空间和很长的着色时间。到这个阶段你就停止工作，到户外晒晒太阳吧，让你的电脑继续工作。

女主人公 面部

相对而言，绘制面部并不难，因为面部总是由相同的基本元素构成的……除了有时要多加一只眼睛或一对獠牙。发型与装束很大程度上能够表现出女主人公的不同个性与特征。你还可以用类似于给男主人公添加表情的方法赋予她们不同的表情。

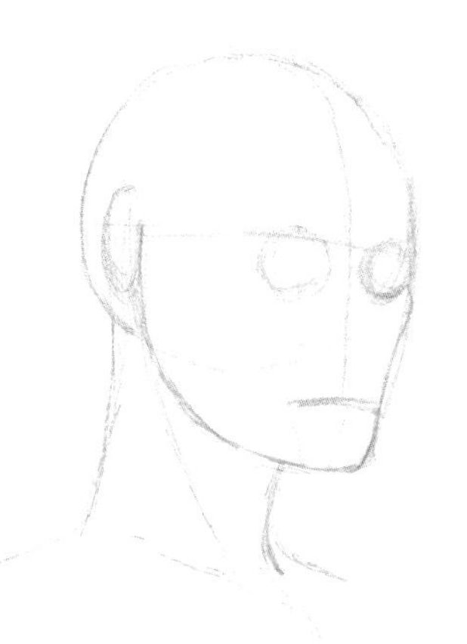

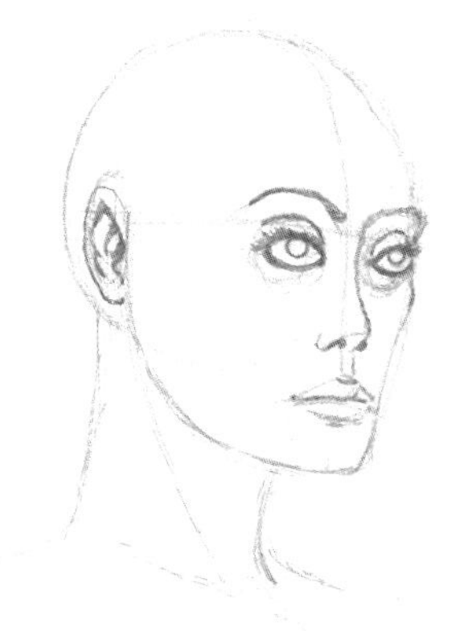

四分之三侧面

1. 绘制面部时最常用的角度是四分之三视角。在一个球体的表面上画一个面具，构建出基本的轮廓。然后画出指明面部朝向的中心线。永远在画鼻子之前先画嘴部的线条。

2. 如前所述，加上嘴巴、鼻子和眼睛。绘制眼睛的技巧是先确定眼球的位置，再具体描绘瞳孔。之后需要将画作拿远一些，观察两只眼睛瞳孔之间的关系是否准确。最后，你也可以再画上眼睑，这可以使角色看起来更真实。

3. 画出块状的头发能够使头发具有质感和外形，然后一边画一边不断修饰眼睛与眉毛。

4. 加上发型的其余部分时加深头发块的线条，为了增加变化，我还加了辫子。之后，用质量好的橡皮擦做出头发上的高光区，并重复这一步来强化色调与深度。根据女主人公的性格，这张脸被显著增亮了，发际边缘添加了阴影。最后围着整个头部画出轮廓使其更具有力度，服装上的细节增添了人物的风采。

国别

作为女主人公，你也可以创建一些简单的符合不同国别、民族的角色。

欧洲人
鼻子又长又挺，下巴又大又有棱角。

印第安人
这张脸上长了大鼻子，还有显著的眉毛与靠近鼻子的上翻嘴唇。

非洲人
这张脸具有饱满的嘴唇、扁平的鼻子和宽阔的额头。

日本人
宽脸庞、眼睑较厚，鼻子又长又挺。

作者的话

- 先考虑你想画的女主人公的性格，绘制几张草图。尽量将每张画好，对自己说“现在画张正式的”，然后重新开始绘制。
- 画坏了也别泄气。这里展示的正面视图是我第三次尝试的作品。了解自己的人物才能在不同的场景中将其自信地画出来，尝试是这个过程的一部分。

◀《脱下面具》

R.K. POST网站出品

这个女主人公散发出优雅的魅力，但她身上的须状物与道具说明了她性格中的阴暗面。

3. 加一些从鼻梁部发散出的线条。这些线条可以使面部轮廓更具有深度，并确定出装饰品的位置。反复润饰眼部，加上睫毛并逐渐加深眼睑，它们一般是越润饰越美观。然后开始用橡皮擦清理构图线，但不要清除得太多——那些混乱的线条会派上用场的。

正面

1. 画一个十字形，顶端带有一个略扁的圆形，将其当做头盖骨的形状。将面部“悬挂”在十字形上，可以用面具的形状作参考。注意下巴的线条在一点上会合，画一条穿过下巴的线条以表示其形状。

2. 加上嘴巴、鼻子和眼睛。画眼睛的窍门在于先画出整个眼球再画瞳孔，然后稍坐得远一些来检查自己素描中的两个瞳孔是否对称，并将眼睑“裹”在眼球的形状外，这样能让眼球显得更真实。

4. 为了使装饰品尽可能有质感，要先画出装饰品的基本形状，在对整幅作品不断进行修改时，每次都添加一点细节。润饰装饰品时可用橡皮擦将其一点一点地擦去，然后再重新绘制，不断加深外部线条。

5. 在所有的珠宝和下巴轮廓的下面增加阴影。继续用橡皮擦清理画面，直接处理线条。若作品看来还不满意，可尝试另一种发型。我决定将羽毛图案从头饰改换到耳环上，并且再换个衣领。

女主人公 肢体

除了显而易见之处，女主人公的肢体与男主人公差异显著的地方在于女性的腰部更窄，臀部更宽，因此腹部显得更长。相同的肌肉群同样适用于女性，但画女性则需要更多的弧线和更流畅的手法。

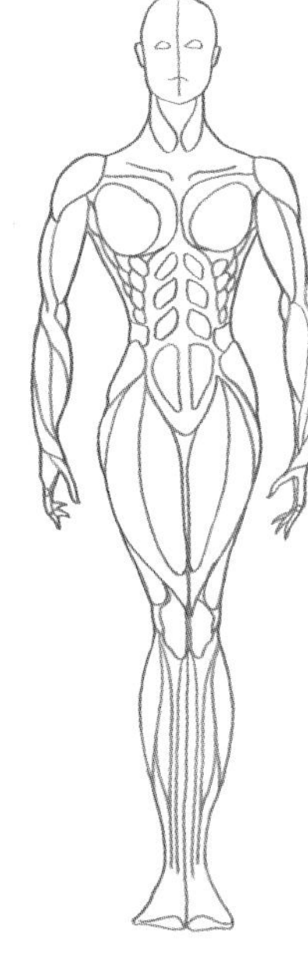

普通女性　　普通的勇武公主

比例

和成年男性相同，普通成年女性的身高比约为7~8头身。女性幻想人物和男性一样得到了夸张。她们被画得更高，所以从身体的比例来看头部比较小，身材同样是严重程式化。例如，在日本的漫画艺术中，女性形象都具有程式化的纤腰大眼。

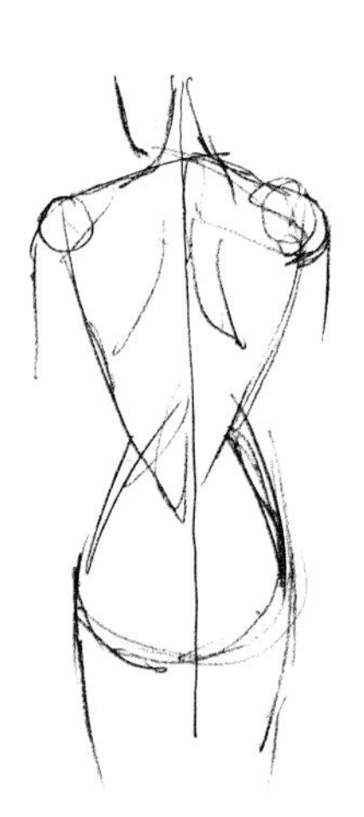

身体构造

1. 画躯干部分时，可以先画出以脊骨的末端为底角的倒三角形。注意臀部线条向下延伸到膝部，线条流畅，形成一个弧形（表示时而出现的波状起伏），向上则一直延伸到肋腔。

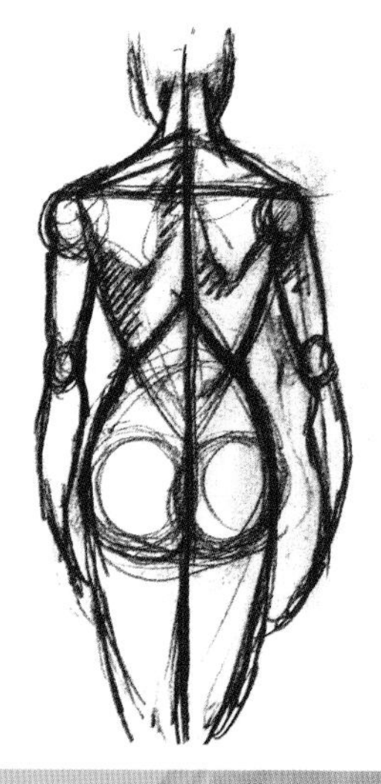

2. 画臀形的技巧是在倒三角形的正下方加一对略微重合的圆。它们能提供出臀形和“球窝”，以球窝为中心就能画出腿形。

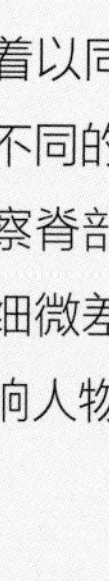

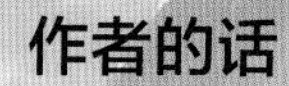

作者的话

- 观察Pink Floyed乐队组合的招贴画，试着以同样的造型绘制人物，但要画成不同的姿态。
- 观察脊部与背部肌肉是如何随着姿势的细微差异而变化的，观察这将如何影响人物的性格。

◀《背部目录》

斯托姆·索格森、芬利·考恩和托尼·梅（Tony May）

在这幅为Pink　Floyed摇滚乐团创作的肖像画中，你能看到6个不同人物是如何具有相同的基本造型，且又具有细微差别的脊部与肩部形态的。

▲《玛格狄埃尔》(Magdiel)

R.K. POST网站出品

人物的造型与所处的场景很相称。她左臂的紧张度与身体的扭曲显示出了艺术家对人体构造的良好掌握。注意人物身后翅膀的影子，使人们对她的个性产生了质疑。

扭曲与透视缩短

线框

人物的透视缩短是借助线框技法做到的。人物由水平、垂直于身体的环形线条构建而成。

块

另一种安排扭曲和透视缩短的方式是将人物分解成简单的块状。注意大腿部分的极度透视与上身相对于臀部的弯曲，这种方法可能不易使用。

螺旋线

采用更流畅的手法，先画一条中心线，然后用概括的线条刻画人物。绕着基本线条画螺旋线生成人物形状，很像描绘线框模型。这会给人一种能直接看透人体后背的感觉，有助于加强人物的艺术效果。

平衡

1. 画出中心线，描绘出线状人形。从臀部画起，画出人物形象，这样能突出人物的平衡。在这幅素描中，上身与腿部呈弧形偏离了臀部，营造出造型感。

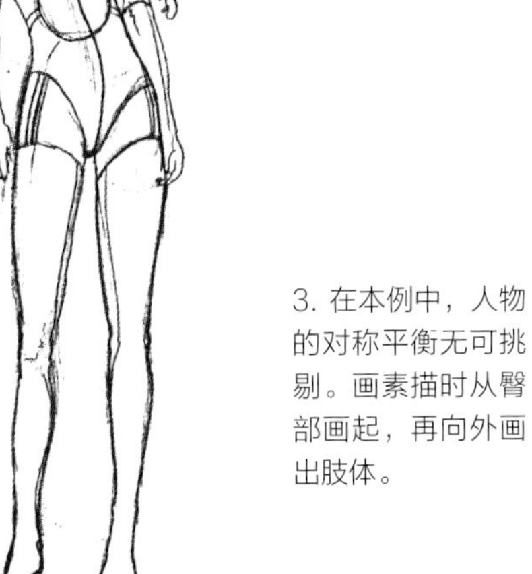

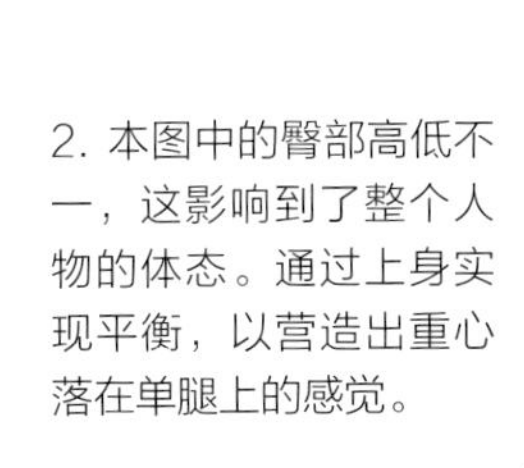

2. 本图中的臀部高低不一，这影响到了整个人物的体态。通过上身实现平衡，以营造出重心落在单腿上的感觉。

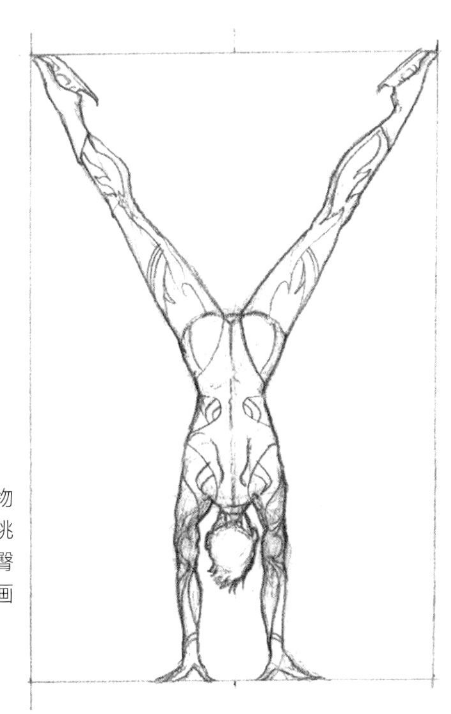

3. 在本例中，人物的对称平衡无可挑剔。画素描时从臀部画起，再向外画出肢体。

女主人公 动态造型

除了写生之外，观察雕像是学习绘制幻想人物的最好方法。雕像不会动个不停，他们具有强健的体魄，常常塑造出神话中的场景……和真人不同的是他们经常是裸体的。雕像包含了绘制幻想画面的所有基本技法。人物高大、扭曲的身体促使艺术家学习透视技法：他们通常处于良好的光线下，突显了阴影与肌肉的形状。

舞者

1. 印度庙宇的雕像给舞者素描带来许多灵感，为突显人物、极度扭曲的体态以及充满表现力的手与头提供了很好的范本。先从基本的线状形象画起。

2. 本图进一步添加了服装，你可以看出原稿中人物的体态是如何决定衣服的附着方式的。用斑纹纸扫描的背景使画面更加古香古色。

3. 造型基本相同，但这次是从正面绘制人物。从线状形象入手时，你通常会发现能从任何一面绘制人物。

4. 舞者的姿态在本图中略有不同。她的头部更端正，动作也更匀称。你能看到服装发挥了多大的作用——使她更具有动感。注意右腿的姿势，表明这是一种含蓄的舞蹈动作而不是在跑动。

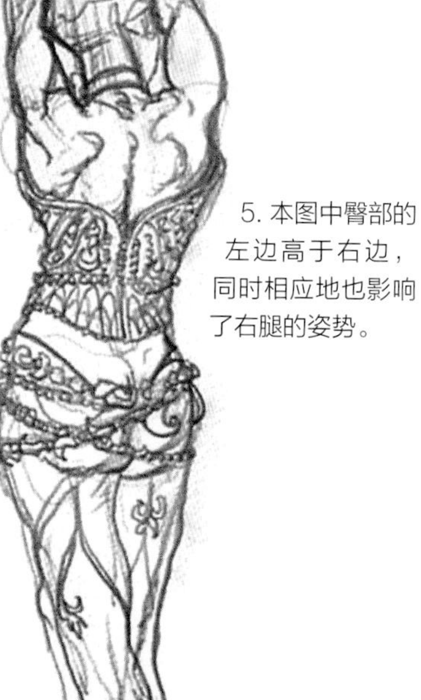

5. 本图中臀部的左边高于右边，同时相应地也影响了右腿的姿势。

6. 现在肢体略微偏转，因此我们能看到人物上身的更大面积。

作者的话

- 雕像为我们提供了从不同角度描绘同一造型的机会。选择一座雕像，然后从三个不同位置进行写生。
- 现在集中精力从不同角度绘制一些雕像的细节。雕像为如何使脚趾显得有趣这类最难学的身体结构细节提供了最佳参照。你还会别有所求吗?

◀《门前的卫士》

作者：卡罗尔·海尔（Carol Heyer）

对称的柱子突显出了天使坚实、对称的造型。放在背部下方的双手增加了图像的力度与稳定性，与服装的流畅感及翅膀的柔软形成了对比。

雕像

奔跑的女人

我们能从研究和刻画日常动作的雕像中学到很多东西。这个奔跑的女人塑像非常明确地显示出了服装的褶皱，及披巾在她身后飘荡的样子。

飞翔的女人

史诗般的神话场景，如本图中带着一名年轻男子飞翔的女神，工艺精巧的双翅很好地体现出动态的张力。

三人组合

这座令人痛苦的雕塑刻画了抱着受伤儿子的父母，构图有力、细致。

天使

本图所示的古典造型，是人物、服饰以及阴影与外形细节绘制的灵感之源。

女主人公 装束与发型

人物在很大程度是靠他们的外形和服饰决定的。以《缪斯》（Muse）图像为例，说明在润饰过程中如何只对服饰和发型进行少许改动，就能改变一个人物。

缪斯

1. 缪斯通常指能为艺术家、诗人、冒险家带来灵感的女性。受弗雷德里克·莱顿（Frederic Leighton）、古斯塔夫·克里姆特（Gustav Klimt）等艺术家作品的启发，这张速写中的缪斯是个拉斐尔前派或新艺术风格的年轻女性形象。自由飘扬的长发与花朵、树叶编制的花环给予其明确的女皇装扮。

2. 在第二种处理方法中，这个人物变得更像基督教中的天使，整体形象因此更具哥特风格。头饰使人物显得更庄重，又长又显眼的袖子突显了她居高临下的造型。

3. 最后一种处理方式是回到最初更年轻的缪斯形象的构想。她的袖子和衣领此时十分简单，反映出她的静思神情，她的头发无力地垂在背部。

4. 注意从原稿到完成稿的润饰。右手做出调整，增加了头发的数量，使人物形象发生了显著变化。最明显的是服装变化，从圆领礼服变成了一种透明的薄纱。

作者的话

- 如果真正了解人物的身份，设计时就容易多了。从神话里选择一个女性人物，尽可能地收集有关她的资料。例如，你可以选择亚瑟王传奇中的摩根（Morgan）仙女来进行尝试。
- 画一张人物单，展现你的女主人公以不同服饰、发型出现的样子。然后进行少许改动就能画出不同的外貌，比较和判断哪种最适合你的人物。

◀《消化不良》

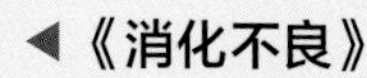

R.K. POST网站出品

这个拜物教风格的人物显然与场景融为一体，她的装束也一样。不对称的头饰出人意料，激发了想象力。

发型

发型范例教你如何通过简单改变女主人公的发型或去掉头发，戏剧性地改变她们的特征。

布料与发型

1. 画几条交缠的线条，再为基本形状增添多一些线条，使其具有质感。最后在一些线条上加上阴影，以营造褶皱效果。

2. 试着以不同的线条创造出不同的布料与毛皮效果。为了获得不同的效果，本图中使用了一些重叠的锯齿状线条来构成基本结构。

3. 为幻想人物设计发型时，辫子是至关重要的元素。没有哪个公主会不梳辫子就离开城堡。用两条交叉的平行线就能画出最基本的辫子，然后再添加一系列对角线，反复润饰它们，并在中间部分增加阴影，把它们画成小股辫子。

女主人公 装饰品

设计非常繁复的饰品与珠宝开始时会显得比较困难，但你所要做的也仅是从基本的元素画起，然后逐渐改进，最后补充精美的细节。

珠宝

1. 用清晰的中心线画出基本形状。透视线要一直保留到最后——它们为补充细节提供了参照。

2. 画出表示眼睑、嘴和鼻子的线条，并表明它们的形状（稍后你可将这些线条擦去）。用铅笔与橡皮擦反复修改轮廓。如果某处画得不对，不用害怕去改变它们，也可以稍后再做处理，这一步可去掉法衣使画面更对称。

3. 为珠宝增添更多细节。在这一步骤中仅是增加基本的平面细节。用肩部的流畅线条创作出胸部的珠宝图案。有许多细节我还不确定，只是用铅笔尝试勾勒，看会出现什么样的图案。

4. 在面部周围加上发际线并加深轮廓。开始在主要部分之间的空隙里填入更多珠宝。轮廓四周仍然还有许多增加色调的线条。

5. 开始加深自己满意的线条。这涉及到加深一些线条，并擦掉另一些。反复润饰珠宝每个环节的外形，加深其线条。为每件珠宝添加阴影与线条。不断加深线条再将之擦去，直到画出图像的力度感。

6. 为珠宝添加下垂时的阴影。每个环节的内侧都有一条更粗的线条。清除最后几条透视线。

7. 在你认为重要的外部轮廓与其他部分另外添加一条粗线，它能使图像更清晰。最后用质地细腻的橡皮擦为唇部与珠宝增加高光。这些修饰确实能为画面增添生气。

作者的话

- 从世界各地的古代和部落珠宝、饰品图片中寻找灵感。和幻想艺术的许多事物一样，这涉及到采用并夸张现实世界中存在的东西。
- 复制你喜欢的图案并将其运用到三个不同的幻想人物上。之后你可以看到，在某些情况下饰品决定了人物的性格。

◀《新》

特里萨·布兰登

这张丙烯色彩画受拉斐尔前派艺术的启发，在服装上灵活使用了精妙的细节，面部与臂部的文身与细节相仿。头发上的花朵成为了另一种装饰。

文身

这个女主人公的装饰除了精美的珠宝之外，还有面部的文身图案。优雅的发型突显出了她的皇室贵族气质。

▲《蓝色人鱼》

坦尼亚·亨德森（Tania Henderson）

在这幅画中，身体、头饰与画面的蓝色基调形成了反差，绘制身体、头饰的不同色彩强化了这种反差。

花朵

只加一件饰品就能赋予人物显著、难忘的特征，如这名头发上簪着黄色大荷花的东方女性。

女主人公 原型

世界上的各种文化都包含了能够提供灵感的众多神话人物。从欧洲仙女到卡利（Kali）等印度破坏女神，神话传说为我们提供了适合幻想题材的种类惊人的女性角色。

大地女神

1. 瑞典歌手艾达（Ida）为这个人物提供了范本与特征。鲜明的轮廓和修长的四肢表明她不是林中仙子这种轻盈的人物。她更像大地女神的女祭司，有惊人的自然威力。粗略的速写是根据艾达本人提供的冥想造型的照片绘制而成的。

2. 本图中腿部的姿势由东方的瑜珈改成了跪式，并添加服饰。选用简约、优雅的公主式服装。

3. 在拷贝台上描摹出最终画面。揣摩人物的个性，用两棵树和身后的一轮大月亮将其框住的思路，更符合这个人物的整体感觉，使画面具有新艺术风格。背景是用Painter软件单独处理的。

作者的话

- 研究在书籍、网络和博物馆中能找到的神话故事。你可以在欧洲神话中找到仙女、女巫和女妖等人物原型。埃及、罗马、希腊神话则充斥着女祭司、女神与命运之神。美洲土著神话中有地母神和其孕育的精神。以这些为参考创作出自己的人物角色。
- 观察你熟悉的人，思考如何将她们的外貌、个性与神话人物相联系。选择一人并以其照片为基础设计你的幻想人物。

◀**《光明仙子的呼吸》**

安妮·萨得沃西（Anne Sudworth）

这个仙女具有典型的优雅特征与纤细的线条，但强硬的下巴轮廓与充满探索欲的双眼透露出人物内在的力量。

▲《佐芭芭公主》

芬利·考恩

这个公主拥有可操纵沙漠的沙粒、随心所欲地制造沙尘暴的能力。她的服装带有沙粒的色彩和蜿蜒如沙丘的条纹，反映出了她的力量。

仙女

仙女应该体态轻盈，与她相关的一切，包括她的服装，都是轻灵飘逸的。其体型娇小且优雅，宛如芭蕾舞者。

致命的女人

女妖

这个魔鬼般的女诱惑者会降临到熟睡的男子身边，并与他们发生关系。现在她似乎在巢穴中休息。卧在床上的姿势突出其浑圆的臀部，并将注意力吸引到了尾部的刺上，表明了她的色欲。

女精灵

本图为一个女精灵从古卷上升起。人们认为东方神话中的人物是魔鬼般的精灵，会引诱男人和女人。因此她外貌性感，而下斜的眼睛与弯曲的长指甲则表明了她的邪恶。

亚马逊女王

女王总是具有皇家风度，本图中的对称造型就表现出了这一点。色彩鲜艳的服装支配着她的外貌，亚马逊人通常身材高大。

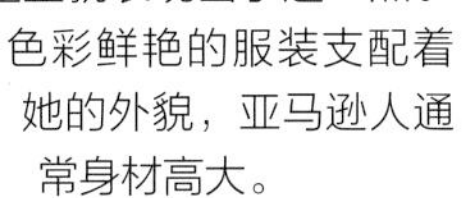

善武的公主

善武的公主骨骼粗壮、模样粗野，穿着相称的服装。注意其与仙女的反差。一群模样粗野并且善武的仙女看起来如何？

阿拉伯公主

这个女主人公显然又强壮又自信，她的外貌显示出了某种智慧。她是《天方夜谭》中的谢荷拉扎德（Scheherazade）那类最擅长讲述故事的人。

女主人公 动作

绘制行动中的女性与绘制行动中的其他角色都遵循着同样的规律。可以说行动中的女性人物比男性人物的线条更优雅，但这并非一成不变。女性形象无疑有更多曲线，但在重重的盔甲下显示不出任何区别。

打斗

1. 画一些透视线，再添加赋予整体形象动态的中心线——在本案例中是一条弯度非常大的脊椎线。

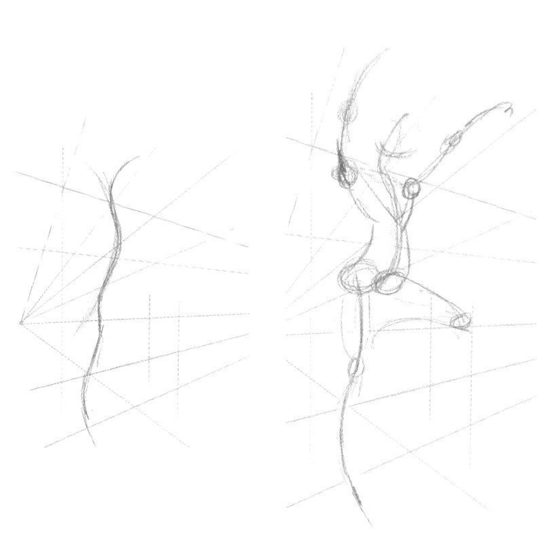

2. 画出线状形象，表现肢体与躯干的姿态。

3. 画出身形，本例中使用了螺旋形的线条。

4. 润饰形象细节，注意如何突出背部的弯曲。头发的画法也使人物更具立体感。然后再依次添加手与手指的细节，用透视法刻画出右手与右臂。

5. 添加服装。服装的飘拂要遵循草图原有的螺旋效果。营造出服装包裹着身体并在身边飘拂的感觉。最后，添加衣角来突显动感。

6. 完成的人物以数码技术上色，随意地添加一些产生质感的阴影与高光。

2. 妖精跃起。我们能看到下半身是如何全然朝上，而后扬的手臂又使躯干前倾。对面的人物现在已经后退得更远了。

动作片段

1. 这个片段表现的是一个妖精从古书上升起。她远远高出了坐着的人物，对面的人物因震惊而后倒。未受强调的背景细节与取景使我们更能关注到人物的动作。

3. 这将我们自然地引到下图，改变的视角展现出妖精将牺牲者按倒在地上。这个角度让我们可以看到妖精脸上的恶意，突显了与人类相比她有多么巨大。

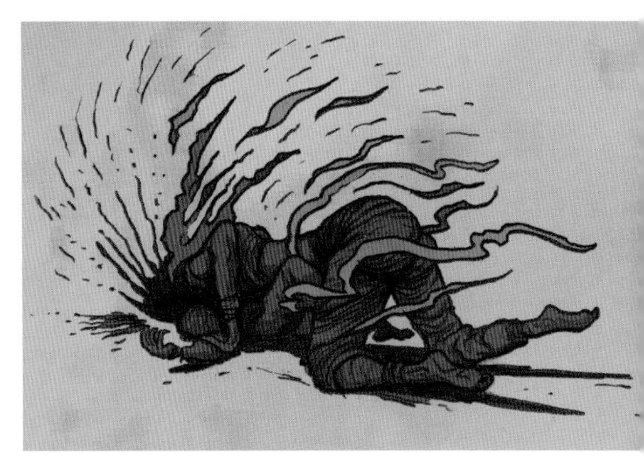

4. 最后转换到原来的视角，表现妖精咬掉了牺牲者的头。这个角度使我们不必看到一些恐怖的细节。

作者的话

- 幻想题材中并非所有的女性都属于固定不变的舞者、公主角色。从神话传说世界中寻找一些强大的女性角色来获得灵感。
- 阅读一两页有关你选择的女性人物的描述材料，准备展示这个场景故事的脚本。
- 观察芭蕾舞女、花样滑冰表演者和运动员，弄清女性肢体的运动方式，将一些肢体动作应用到自己的故事脚本中。

◀《闪电天使》

R.K. POST网站出品

这个头发呈火焰状的善武天使摆出了稳健的造型，表现出处于密集猛烈力量中的自信与勇气，是闪电在支配她呢？还是她在操纵闪电呢？

案例分析：图书馆中的女神

这张由斯托姆·索格森和我本人共同改进的插图原是为故事《缪斯女神的教育》而设计的，修改后用在唱片《交响的莱德·泽普林》（Led Zeppelin）的封套上。后来又为动画故事《梦盗》而再度进行了修改。

《缪斯女神的教育》

在缪斯女神还年轻的时候，有一次她在未知的时间在地中海南岸的某处散步，看到远处有一座云霞掩映的山峰。好奇的她就向其走去。路途花费了几天时间，因为山峰比它看起来更雄伟。终于来到山脚下时，她发现这根本不是一座山，而是巨大的一堆书。她看了看自己的脚，蹲下身拾起了第一本书开始阅读。

读完这本书之后，她将其整齐、小心地放在身后，又拿起了第二本。她看完每本书都将其放在身后越来越高的书堆上，并完全沉浸在阅读中。几个世纪过去了，但时间在这个地方毫无意义。一本又一本地读个不停的同时，她在自己身边建成了一座巨大的书籍宫殿。壮丽的穹顶、扶墙和装饰性的拱门从她的阅读成果中逐渐产生，所有这一切都是用她钟情读完的每一本书建成的。

这些画面描绘了女神教育的完成。她读到了最后一本书的最后一页：源泉之源，一切知识的起点。这一页是空白的，只是中间有一个点。就是从这一点生发出第一条线，线又成为第一个单词的第一个字母，单词又形成了段落，记录了人类在永恒的时间长河中的每一句话。插图中点的位置显示了这一切。它与整个画面的灭点，也与女神灵魂所在的脊骨、骶骨排成直线。

1.**最初设想** 最初对书房的构想是尽量使柱子显得庞大，同时又要表现出它们是由书本构成的，以此来展现图书馆的巨大。本图使用了三点透视技法。

2.**对称图形** 在图一中流浪者般的女神显得不合适，因此我们试用了不同的女性类型。本图则为更强大、更匀称的女性形象。

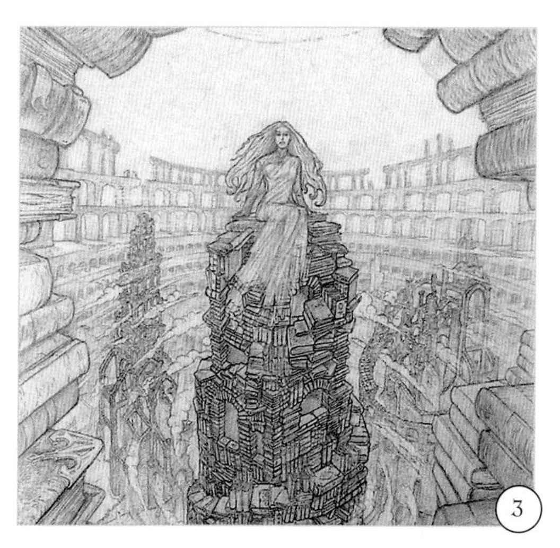

3.**神话中的女神** 强大的女神形象的构想是引人注目的，它也产生了凯尔特、罗马神话中的古典“白色女神”（她的许多化身中包括了阿斯塔蒂与伊希斯）的形象。背景被修改成了一点透视，增加了对称感与强烈的空间效果。

4.唱片封套 被唱片封套选用时，这个图像经过了重新设计以符合方形格式，拱门也增大了。整个背景用清晰的铅笔线条重新绘制，增加了近景中书塔的高度。

5.最终画面 在另外的画布上画出了大许多的人物，这样可以在按比例缩小的同时保留细节。随后用数码相机对作品加以摄制，再发送给负责润饰的艺术家贾森·雷迪（Jason Reddy）。

6.数字修饰 以电脑润饰为职业的贾森·雷迪，同时也是一名技法高超的超现实主义油画家，他为数码图像制造出了色彩透明度，使之臻于完美。最终选用的是绿色基调。

7.最终修改 事后我察觉到这幅作品有三个缺陷。第一是没能很好地按比例缩小到CD唱片的尺寸，我本来应该考虑到这个问题。但海报版看起来棒极了，因此似乎没人注意到这个缺陷。第二个缺陷是色彩。我本来期望用沙漠基调来配合原故事中的地点。最后一点是我对人物不满意，人物本身看来不错，但无法融入背景。当这个创意被动画故事选用时，我修改了色彩并添加了新人物。

术士 面部

皱纹满面、声若莎士比亚剧中人物的老人已经成了电影和电视世界中充满魅力的角色。在充斥着青春与美貌的时代，这些老人杀了个回马枪。在数码特效的帮助下，他们能够做到年轻搭档所能做的一切，并且演技更佳。

▲《瘟疫巫师》

马丁 · 麦肯娜

这个游戏中的人物令人印象深刻，部分原因在于他那惊人的角状头饰和奢华的斗篷。

年龄效果

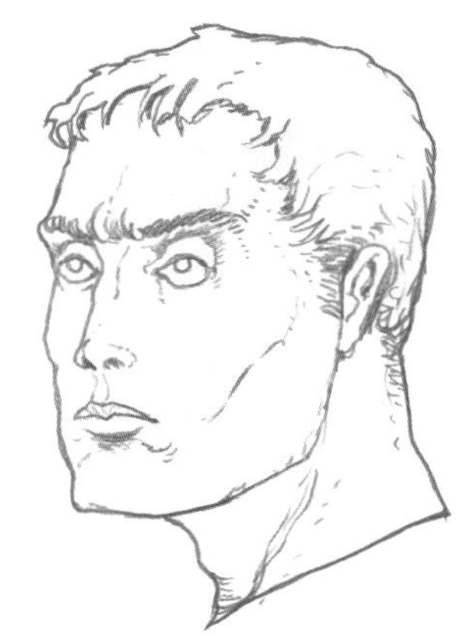

德鲁伊特教僧侣

1. 这些画面展示了如何绘制变老的效果。这个年轻人的颧骨、下巴部线条清晰，眉毛浓黑。

2. 现在看同一人物年老时的模样。我们也能看出他的眉毛变得更杂乱了。耳朵与鼻子在一生中不断生长，所以它们相对变得更大，鼻子也更松弛。

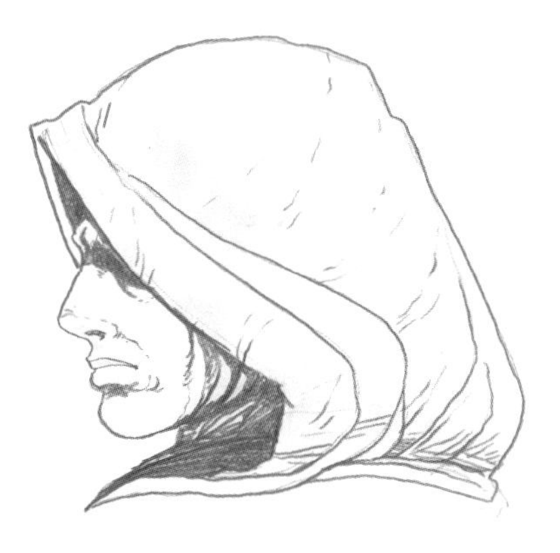

3. 你也可以让他戴上风帽，让人物显得更神秘。

绝地战士

1. 本图描绘了绝地战士类年轻人。他有着光滑的皮肤和强硬、清晰的下巴轮廓。

2. 上了年纪之后，他的眉毛变细了，鼻子和耳朵变得更大。眼角有了皱纹，眼下多了眼袋。老年人的皮肤一般会变得更生硬，所以你可以多添加线条，使颧骨的轮廓变得更鲜明。此外，在鼻子周围添加线条容易使人物面带忧郁。

作者的话

- 选择一名你想创造的英雄人物，并做第54～65页的人物形象练习。在他身上制造年龄增长的效果，创造出亚瑟王传奇中的梅林（Merlin）或莫德雷德（Mordred）那样典型的术士。
- 阅读关于北美印第安文化中的药师、非洲巫师、圣人与先知的材料，寻找灵感并创造非常不同的术士。使用这些信息将你的男主人公转变成不同的术士，再将创作的两个人物进行比较。

▶《恶魔研究者》

作者：马丁·麦肯娜

专注的目光表现出人物正在沉思。术士清澈的双眼标志着他的智慧，但他是好人还是恶人呢？

原型

喜剧性术士

这个术士看似流浪的傻瓜，或许还马虎大意。他穿着沙漠居民或游牧民族的袍子，独特的三角胡刻画出了他的身份。

疯狂的魔法师

这个干巴的老人放弃了一切世俗之物（甚至他的衣服），像禁欲者那样过着简朴的生活以寻求启示。他的原型是真实人物哈萨·萨巴赫（Hassan Sabbah）一世，此人11世纪时在自己遥远的波斯城堡里策划暗杀活动。他因儿子饮酒将其处死，“刺杀”这个词就是从他的追随者那里衍生出来的，但是他并不因裸体腾跃而著称。

邪恶的巫师

这个术士显然是个歹徒，像拉斯普廷（Rasputin）一样带有俄罗斯式风格。爪状的手指使他的长相更加吓人，发光的眼睛表明了他具有催眠能力。

术士 胡须

幻想艺术的世界中没有不长胡子的术士、占星家、贤人、先知和预言家。每个40岁以上的男性都应该有胡须。胡须是权力、智慧、聪颖或恶魔般的狡诈象征，是许多幻想人物的典型特征。但胡须必须合适，看起来必须自然。有两种方法能保证所画的胡子栩栩如生。第一，使它们质量或体积化；第二，使其个性化。

绘制胡子

1. 用清晰的中心线画出基本的面部结构，然后开始添加重要特征。

2. 这一步骤是添加下巴部与嘴部线条，尽管我们在最终稿中看不到它们。最后别忘了画出狂野的眉毛。

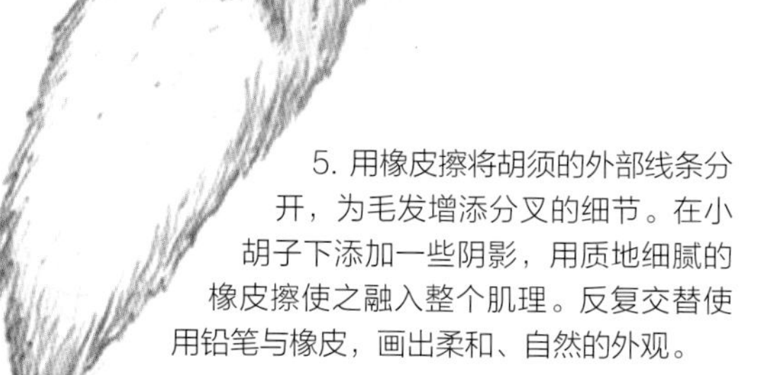

3. 在下巴线条上大致画出凸出的立体形状。胡须的两侧一直向上延伸到耳部。

4. 像画独立“物品”那样绘制小胡子。本图中的小胡子如新月般裹住上部的胡须。

5. 用橡皮擦将胡须的外部线条分开，为毛发增添分叉的细节。在小胡子下添加一些阴影，用质地细腻的橡皮擦使之融入整个肌理。反复交替使用铅笔与橡皮，画出柔和、自然的外观。

作者的话

- 胡须并不是作为构图中心的机械选择，但它可以成为极为有效的起点。选择一种胡须（或其他面部特征），并以其为构图中心。
- 考虑那是何种胡须，它有何种象征。它是善是恶？它告诉读者什么信息？

▶ 三个不同的术士，三种不同的胡须

从左至右：《伊斯兰教国家的大臣》，芬利·考恩，德鲁伊特教成员喜欢的三叉形；《巨大损失》，亚历山大·彼特科夫，飘拂、自然的长胡须；以及《魔法师》，芬利·考恩，又短又直的（当然是对术士而言）胡须。

胡须的学问

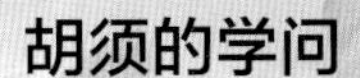

胡须是装束的一部分，用于表达有力的象征。在同一张脸上试着绘制不同的胡须，并想象用什么样的胡须搭配什么样的人物，一点点面部毛发的变动就能带来惊人的改变。

挑战者式

轮廓鲜明的胡须表明了严肃的目的性——很适合科学家、探险家与高级术士。

惊耸型

曾风靡古代德鲁伊特教兄弟会的惊惊型胡子早就过时了。现在只有年轻的德鲁伊特教成员蓄这样的胡须以示叛逆。发疯的修士、流浪的圣人和托钵僧式的狂人也蓄这样的胡须，因为它不需要或只需稍加修饰。

苏丹式

这种风格需要很多修饰，通常闲暇的苏丹和极端虚荣、妄自尊大的国家大臣会蓄这样的胡须。

德鲁伊特教派式

如此命名是因为在德鲁伊特教派和其他教的牧师中流行这样的胡须，这种胡须容易处理，也能表现出人物敏锐的观察力。

术士 装束

经典的术士原型很可能出自甘道夫（Gandalf），他的外貌是从凯尔特的德鲁伊特教成员和流浪修士演化而来的。术士通常穿长袍和斗篷，其服饰可供选择的范围是所有幻想原型中最大的。从咒语、护身符到药剂和万能药，术士有能够应对各种不测的物品。

魔杖

没有哪个术士、神秘家或预言家不用魔杖的。主要在探险的长途跋涉中当做拐杖来用，但其也是方便的武器，能够抵挡路匪，顺带收拾他们的小帮凶。我为这张甘道夫的画像选择了不加装饰的木杖，以此象征他极为有力的外表和朴实的个性。

骷髅杖

小动物的头骨与牙齿可以用绳捆在杖上，加上正确的咒语就能起死回生，赋予术士动物的力量。人类的头骨有点笨重，一般只有食人魔、食人者和女魔才会使用。

水晶杖

加上从龙窝里窃来的水晶，魔杖能使术士具备多种有用的法术，如飞行与隐身的能力。

符号杖

雕成强大魔性符号的魔杖十分流行。这个符号能表示巫术等级的成员身份，或表现与哪个半神的联系。魔杖也可用于召唤某个半神的力量，通常是雨、雷等自然威力。

作者的话

- 可以找到许多有关符号和象征的书籍。寻找到你认为适合术士的符号。
- 画出多种术士有可能携带的物品，试着以不同的方式将符号与其融合。

◀ **《术士的房间》**

鲍勃 · 霍布斯（Bob Hobbs）

在这张表现巫师书房的图中，运用了数码技术创造出具有犹太神秘哲学所宣扬的宝藏。

装备

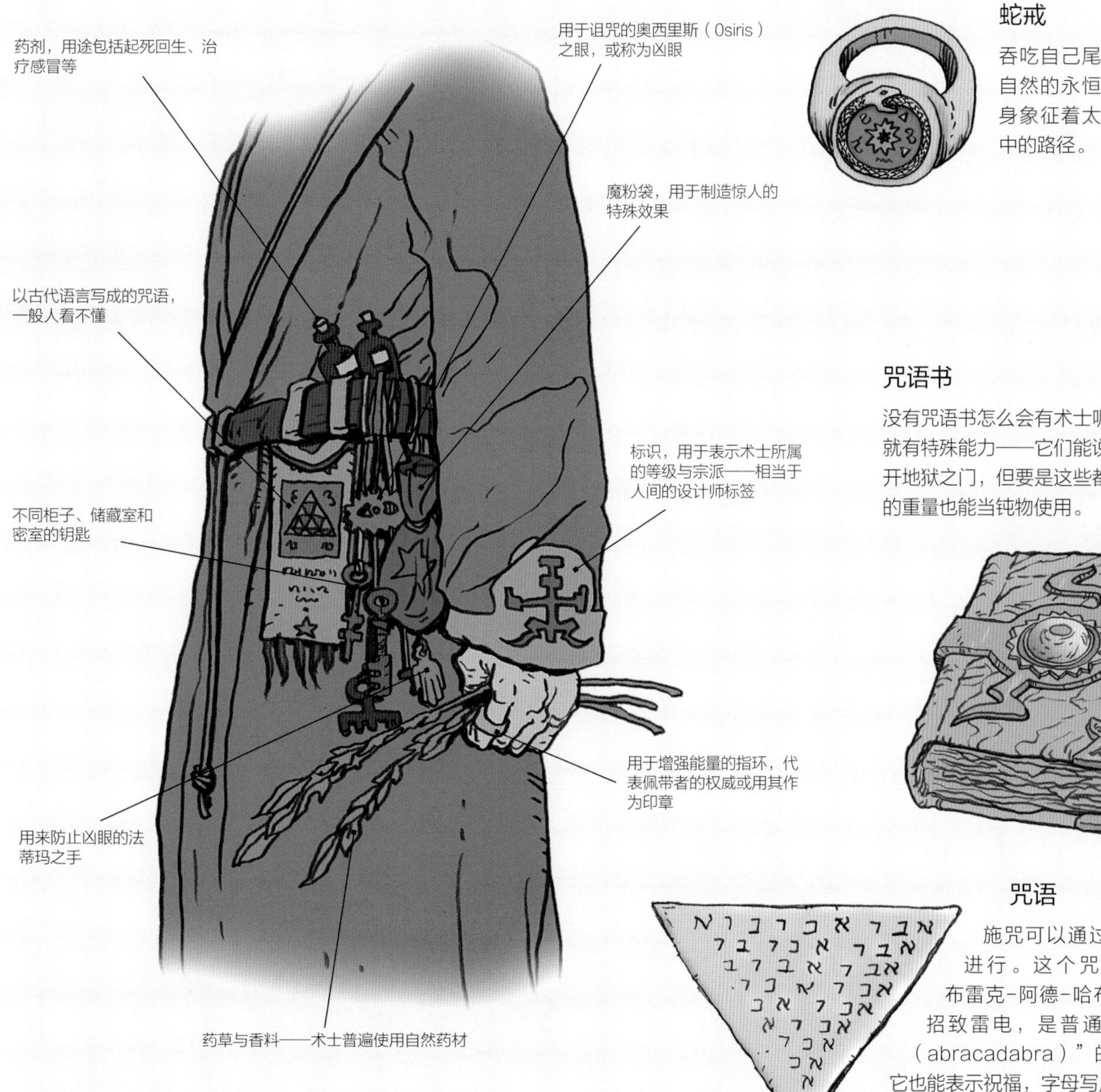

蛇戒

吞吃自己尾部的蛇代表着自然的永恒循环，指环本身象征着太阳在宇宙运动中的路径。

咒语书

没有咒语书怎么会有术士呢？许多书本身就有特殊能力——它们能说话、飞行、打开地狱之门，但要是这些都不顶用，凭它的重量也能当钝物使用。

咒语

施咒可以通过语言或文字进行。这个咒语叫做“阿布雷克-阿德-哈布拉”。它能招致雷电，是普通词组“咒语（abracadabra）”的词源。据说它也能表示祝福，字母写成倒三角形是很重要的。

法蒂玛之手

法蒂玛之手的四个手指代表慷慨、盛情、力量与至善。

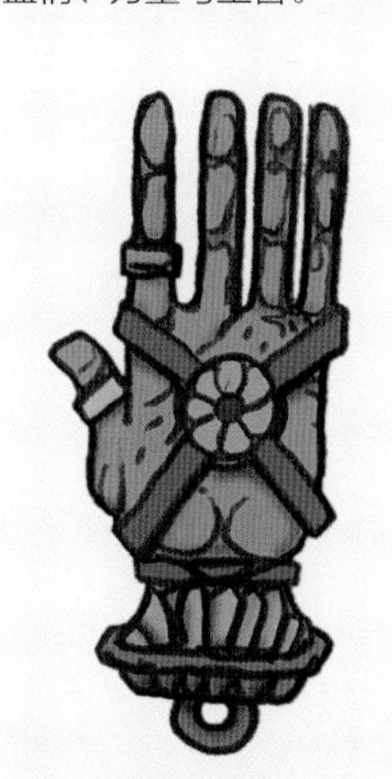

赫尔墨斯之杖

是和平、保护与治愈力的象征。

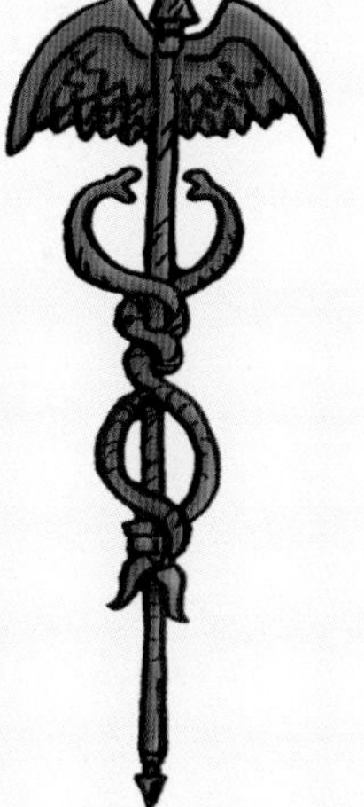

五角星形

五角星形能够限制、俘获邪恶的力量。

铭文指环

指环从最久远的年代起，就象征着永恒与立约。非常古老的指环上刻有咒语或黄道十二宫图。

术士 魔力

术士们在战斗中使用自然威力或咒语。因为掌握了自然的秘密，他们能够召唤风、雨、火、地震来助阵，将来自下界的各式兽类、恶人送回老家去。他们也可能辅以精妙的手势来念咒语。

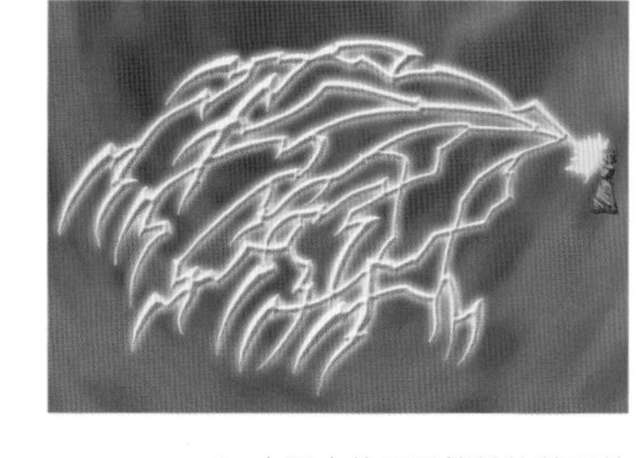

闪电

1. 先像绘制布料或头发那样画一些重叠的线条。

2. 将它们描摹到另一张纸上，画出每道闪电的形状。

3. 本图中使用了简单的数码效果。闪电与背景形成了鲜明对比，外部的闪光加强了闪电的效果。当然，你也可以用颜料创作出同样的效果。

滚滚的烟雾

1. 先画一条中心线和外部轮廓线，来表示烟雾的形状与飘散的样子。

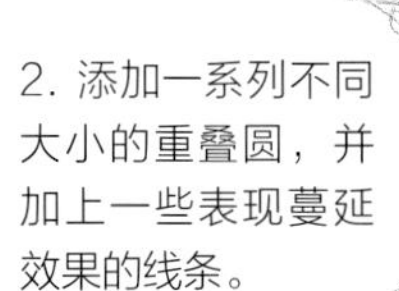

2. 添加一系列不同大小的重叠圆，并加上一些表现蔓延效果的线条。

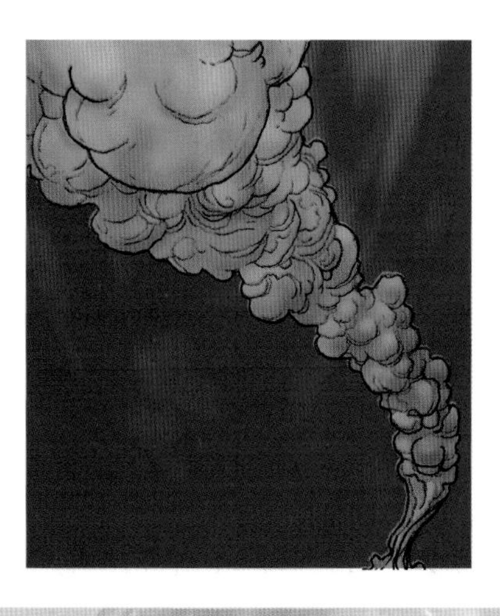

3. 画出清晰的线条，改进烟雾的形状，考虑每道烟雾是如何彼此重叠的。本图用数码技术增加了简单的纹理。每道烟雾边缘的阴影和上部的高光都改进了烟雾的形状。

作者的话

- 主要使用黑和白双色作画，制造一些云朵与闪电的效果。把作品的大部分涂成灰色，然后用橡皮擦制造高光区域。
- 现在试着用颜料，同样需要一个用明暗形成深度的步骤。
- 用数码软件完成同样的步骤，并比较不同效果。

◀《重生》

克里斯托弗·瓦切（Christophe Vacher）

这幅描绘巨变的图像，结合了绘制精巧细致的云与火的效果。

旋涡形烟雾

1. 可以任意扭曲、改变烟云的形状，或画出简单的螺旋形并粗略地添加一系列云朵。

2. 添加另一批云朵，这次旋转成不同的形状，并与第一批云朵重叠。

3. 描摹出清晰的完成稿，务必使重叠的部分显得连贯。你同样可以使用数码或色彩效果来改进画面。

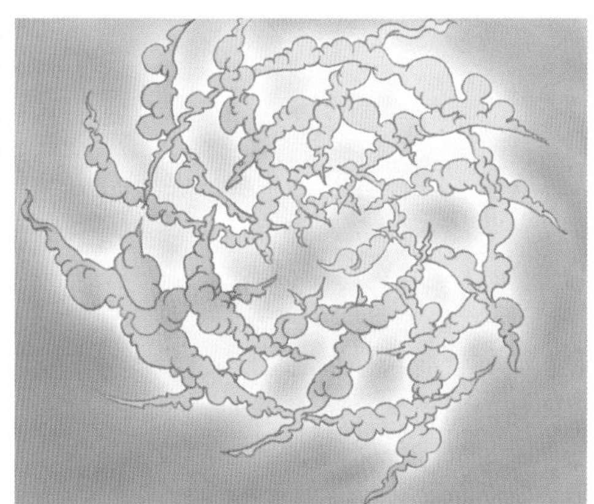

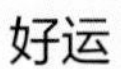

手势

对抗凶眼

手指握紧，将拇指置于第一与第二指间，这个手势是古意大利伊特鲁里亚（Etruscan）墓穴中常见的象征，用来对付凶眼。

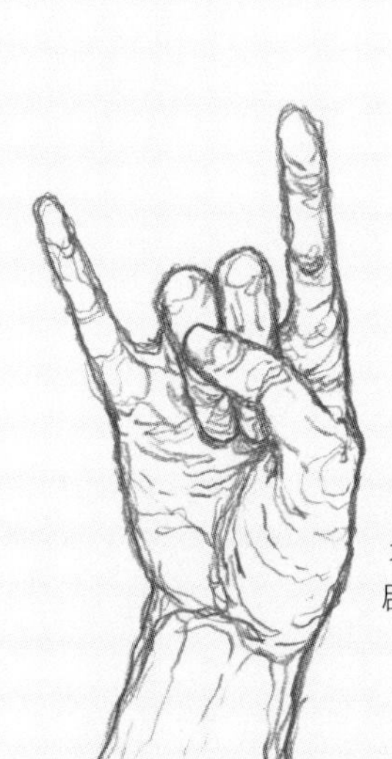

魔角

第一与第四指伸出，其余手指握起的手势称为魔角。它很可能代表着埃及女神伊希斯的角或新月，是能辟邪的保护性手势。

好运

这个手势为2世纪时，埃及异教宗派之一的迦南人所使用。注意手指上要有正确的文身才能够使这个手势起作用。

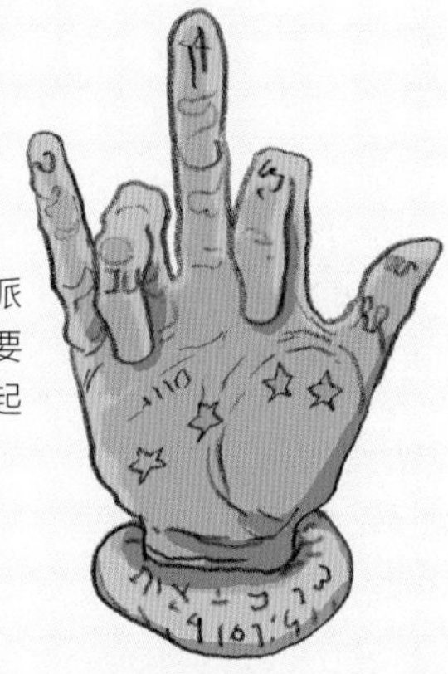

◀《替罪羊》

芬利·考恩

这个邪恶的术士像是从书页中跳出来的。爪形的手表明他能释放出巨大的可怕力量。

案例分析：人物着色

对初学者而言，用油彩或丙烯颜料为人物着色时，以准确的画面为参照是有帮助的。本例中芬利·考恩在另一张纸上绘制出了这个术士的反像，再将其反过来描摹到画布上。开始时画面处理得很随意，在连续的全图润饰中人物的色调和纹理便逐渐准确了。

色彩选择

这个人物是单独绘制的，因此必须想象背景会对其产生何种影响。从术士魔杖发出的光对整个形象都产生了强大的效果。皮肤与服装的色调时常反映出画面总体色彩的协调度。使用过多对比色，如用紫色长袍搭配粉色皮肤和黄色墙壁，会使整体效果显得不和谐。限制颜色的种类，先从同色系的色彩入手，稍后再为细节添加互补色。

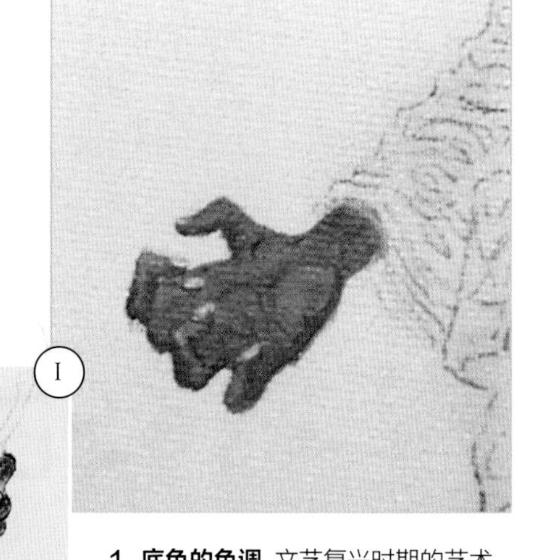

1. 底色的色调 文艺复兴时期的艺术家用绿色、蓝色和紫色为底色绘制皮肤部分。在这些色彩上添加暗淡的粉色透明色或薄薄的透明色会使颜色显得丰富、有光泽。

2. 脸上的阴影 显而易见，术士瘦骨嶙峋的轮廓特征意味着他的面部会有清晰的阴影。

3. 色调调色板 衣服上自然的褶皱是用五种不同深度的蓝色绘制的。事先调配好所需要的所有颜色。

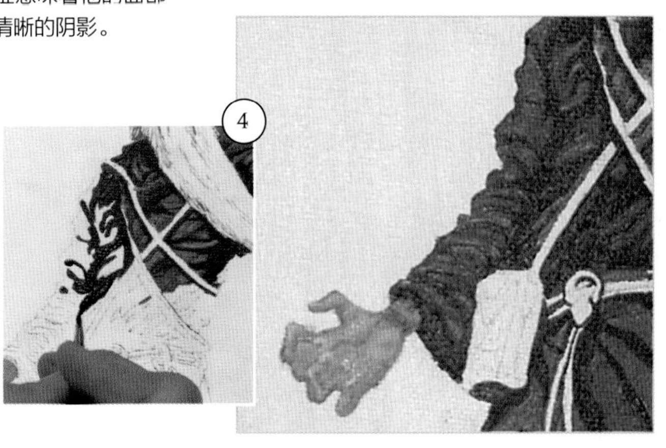

4. 从暗部到亮部 从阴影部分入手，开始要使色彩保持稀薄，再用更深的颜色绘制最后的亮部区域。浅色调与深色调形成反差就说明织物的方向突然改变了。色调的渐变能够展示出弧形的表面。

5. 混合色 虽说是个人品位问题，但许多幻想艺术家喜欢将他们的色彩混合成尽可能光滑的效果。娴熟的幻想画家最终会希望能够获得接近照片式的效果，这能使虚构的主题带有真实色彩。

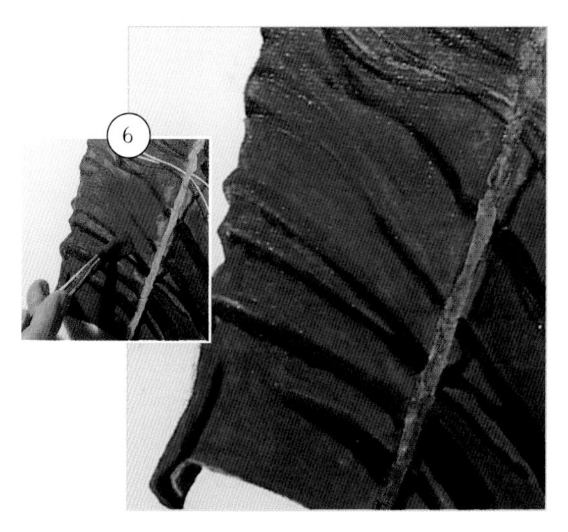

6. 釉彩效果 绘制带有强烈、特定光源的图像时，透明色能在整个图像上产生一致的阴影。透明色稀释了颜色，让底下的颜色展现出来。记住透明色会影响到底下的色彩，因此你可以用互补色做试验。例如，在黄色上添加一层透明的深蓝色会出现绿色。透明色也可用于制造天空、海洋的发光效果。

7. 绘制胡须 选非常细的画笔用多层蓝色和灰色绘制出胡须。最后添加上白色分隔及面积较大的阴影，添加卷曲的外轮廓线。

8. Photoshop软件润饰 相当小的画面绘制在便宜的制图板上，其表面的微粒影响了图像的光滑度，因此用Photoshop图像处理软件进行润饰。用丙烯颜料上色时可见的微粒会比用油彩着色时多，因为油彩变干需要更久，你可以有更长的时间来调和色彩，使混色光滑、细致。

9. 添加背景 术士与背景是用Photoshop图像处理软件调整的。为了与背景相称，应先插入了术士的图像再为其上色。术士的安插方向是从左到右，用数码技术添加了许多光线与烟雾效果。

CHAPTER THREE

幻想怪兽设计

本章将具体讲述描绘各类幻想风格怪兽的创作技法，诸如龙、狼人、吸血鬼等。同时，本章所包含的动物寓言按照不同的生存环境将动物寓言中的怪兽分为6类，给大家提供了产生灵感的构思和几种可供描绘的怪兽。每一条目都列出了该怪兽的插图以及再创造的建议。具体内容还远远不止这些，在一系列的小栏目，你还将学习到一些关键的知识，例如它重多少，吃什么食物，有什么气味，在什么时间和地点出现等。

夜间怪兽

获得灵感

许多我们知道和不知道的怪兽都用夜色来隐藏它们的活动。夜间生物可能很安静、温顺，也可能猎杀成性、危险万分。电视上的自然节目可以给你一些这样的概念。

1. 暴风雨天气和夜色一样会使人顿生灵感。它们同时出现时代表着黑暗和强大的力量。
2. 有些生物尽管在现实中没有危害，却会因为它们夜间活动而引起人们的恐惧。多数蝙蝠都是很温柔腼腆的，但是它们的名声却正好相反。
3. 通过描绘骨架来练习形体绘画技巧。到当地的博物馆参观或许会有所收获。
4. 观察完全变形的生物，例如蛾子，它的确能激发想象，使你在一个生物上找到两种幻象。

①

②

4
3

角色速写：夜龙

龙是最古老的神话生物之一。它的历史遍布世界各地，出现在几乎所有国家和大陆最原始的传统神话中。

龙可以是温顺的也可以是具有攻击性的，因此它的神态极其重要。龙的形状取决于它的四肢，而它的四肢又与其生活的环境密切相关。例如，水龙可能根本不需要四肢。其他特征，例如颈部的长度以及它是否有翅膀或具有吐火的能力等，都取决于艺术家的个人选择。

夜龙完全在夜间活动，以比它小得多的生物为食。它站起来有长颈鹿那么高，住在火山熔洞里。人们称它为“吸烟者”，因为它并不吐火。它的热源腺体位于距脖子很远的地方以至于不能使它呼出的气体燃烧起来。有一种理论宣称，吐火的能力是从这种龙进化而来的，因为它依赖秘密的行动和有毒的气体来击垮猎物。

生理档案

大小：长达69英尺（21米）

重量：2.5吨

皮肤：深蓝到黑色

眼睛：紫色（发光）

信号：大团有毒气体；附近有酸雨

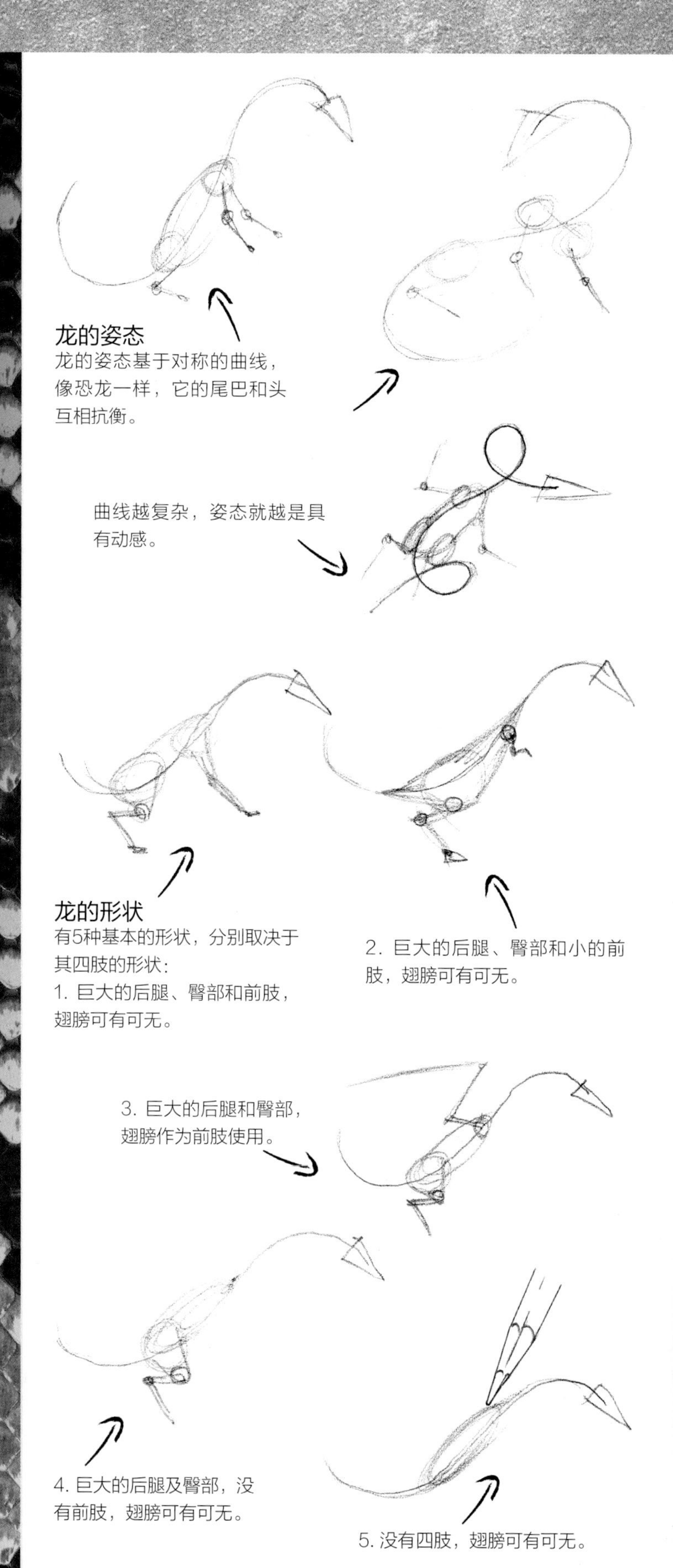

龙的姿态

龙的姿态基于对称的曲线，像恐龙一样，它的尾巴和头互相抗衡。

曲线越复杂，姿态就越是具有动感。

龙的形状

有5种基本的形状，分别取决于其四肢的形状：

1. 巨大的后腿、臀部和前肢，翅膀可有可无。

2. 巨大的后腿、臀部和小的前肢，翅膀可有可无。

3. 巨大的后腿和臀部，翅膀作为前肢使用。

4. 巨大的后腿及臀部，没有前肢，翅膀可有可无。

5. 没有四肢，翅膀可有可无。

夜龙

龙的翅膀像蝙蝠或鸟的翅膀一样，应该画成由前臂进化而成的翅膀，它应该有和前臂一样的关节。就把龙的翅膀想成内置的悬挂式滑翔机吧。

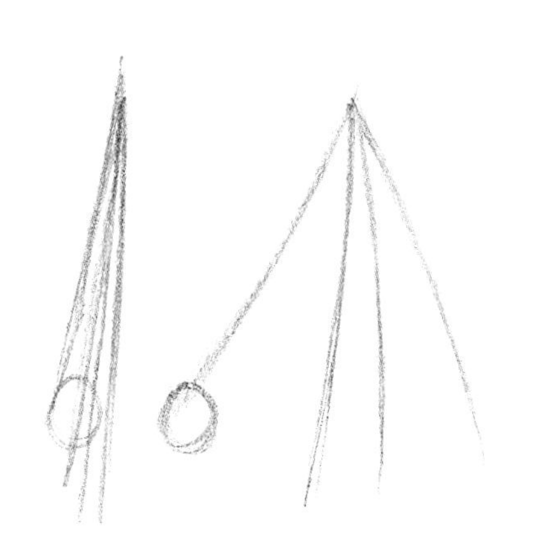

残留器官

手腕

肘部

肩膀

手指

透视缩短

透视缩短一个物体，尤其是像龙的翅膀那样平面的东西，会使其看起来仿佛被放在一个相对于观察者来说较为倾斜的角度。要看看在此角度下翅膀的形状如何，先把完整的形状画在纸上，然后把纸按照要求的角度倾斜，再画出你所看到的样子。

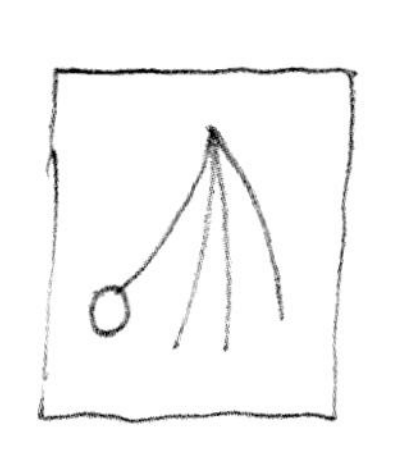

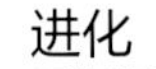

进化

手指没有关节，这是很重要的，为的是缩紧手指间的皮膜。而且它们也不必有关节，所以关节都退化了。大拇指变成进化成一个残留的原始的角，周围长满了其他的东西。手指本身很轻，很可能是由软骨构成的，以便能灵活运动。有关节的骨头会更重，而且需要复杂的肌肉和肌腱功能，这样就使得翅膀变得很重而不切实际了。

透视缩短后的形状

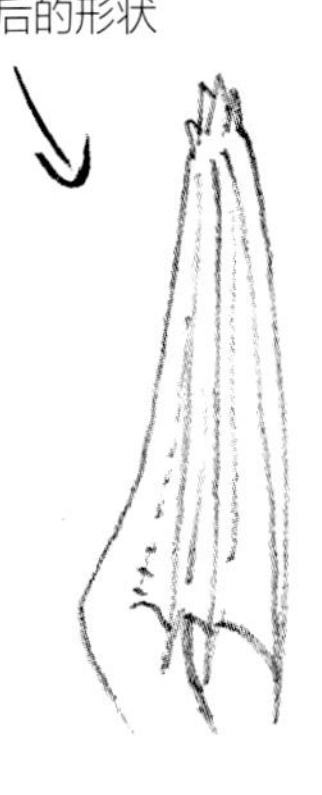

平面形状

艺术家作品 ▶

速写比较

进攻型

嘴张开了，发出吼声，脖子昂起，上肢和腿做好了进攻的准备。

平和型

嘴紧闭，脖子放松，翅膀收拢，上肢和腿都牢牢地落地。

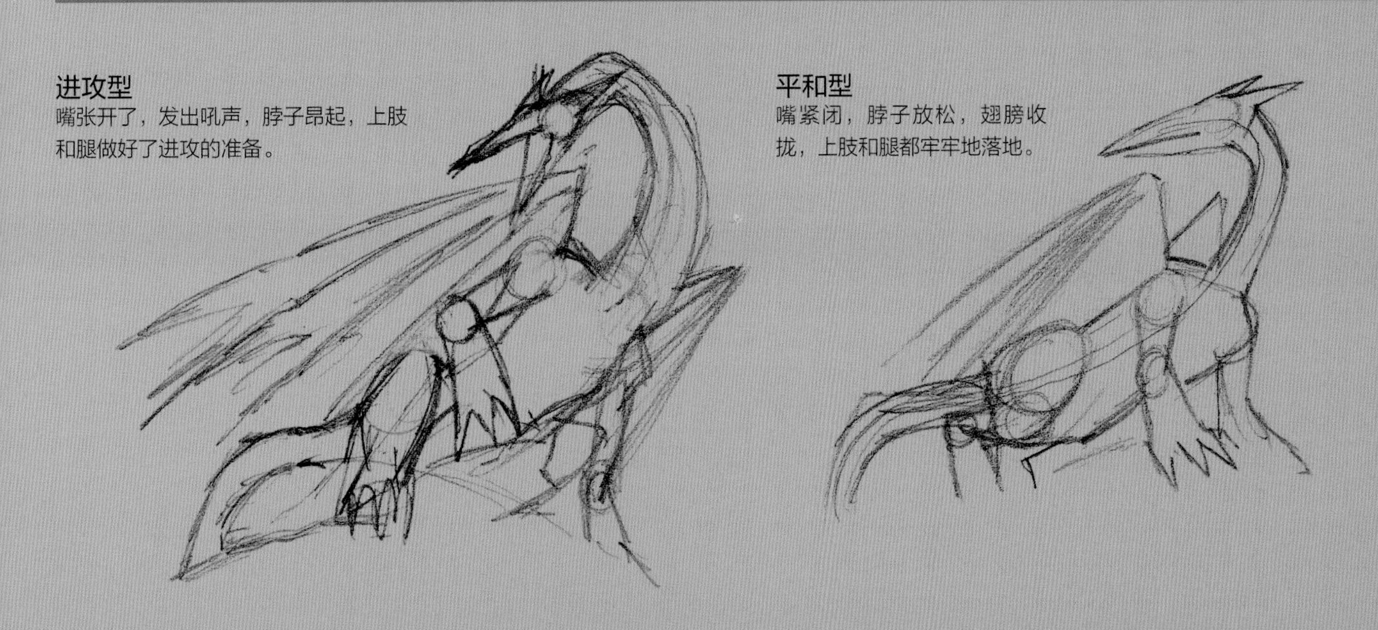

艺术家作品

艺术家把最初的速写复制为作品最终的大小，然后把多余的线条用白色的涂改笔擦去，用黑色铅笔给黑色部分加深颜色。用黑色且笔尖很细的笔来画出头部和前爪的细节。然后加上薄薄的丙烯水洗色，在上面加一层不透明的颜色，尤其是在亮部。

使用的颜色

丙烯
- 群青
- 熟褐
- 蓝
- 紫
- 白
- 紫红

水彩
- 紫

彩色铅笔
- 黑
- 蓝

纤维笔尖钢笔
- 黑色

准备和背景

在电脑上将铅笔图整理后，把它以黑白色复制到水彩纸上。平铺纸张让它干燥，然后把群青色丙烯颜料加水冲淡，涂到湿纸上。颜色干透后再把纸打湿，加上多层群青颜料以造成模糊的云朵形状。再用薄薄的熟褐色丙烯颜料重复这一过程，去掉蓝色的闪亮效果。

用漫画法勾勒形状

给龙的全身平涂上一层丙烯蓝，将所有的黑色和阴影部分全部覆盖。黑色部分会被轻微地冲淡，因为群青颜料是半透明的，而没有颜色的地方会在颜料干燥后突显出来。

暖色靠前

用漫画法给头部和前爪加上一层薄薄的水彩紫，龙身上的颜色就会更加淡化，远离观众的视线。

修饰错误

用蓝色的彩色铅笔将不要的细节从阴影中消除。涂色区域的铅笔线常常显得混乱，但是在干燥后的丙烯颜色上用彩色铅笔勾画就会将铅笔线条的痕迹遮盖住。

强化形状

用白色（调节透明度）、群青、熟褐色和紫色将中等调子的龙的皮肤颜色混合起来，使混合色比由半透明水彩色构成的背景颜色稍微淡一点。对线条的周围进行处理，并消除细节混乱的部分。

形成结构

用白色和群青继续冲淡阴影，减少每一处阴影的熟褐色和紫色的面积。最淡的阴影应该刚好比背景色中最淡的颜色要淡一点。

增加亮度

最后用紫色修饰嘴、烟和眼睛。在眼睛和嘴中间最温暖的地方加上一抹紫红色，造成龙自身发光的视觉效果。

角色速写：吸血鬼

吸血鬼的故事几千年以前就有了，而且存在于世界上的多数文化中。四处游走的商人在兜售商品的同时也讲述遥远地方的故事，吸血鬼的神话就这样穿越东欧，到达西方。现在，对于那些东欧故事中从死人中生还的饮血夜间怪物来说，吸血鬼的故事还是很真实的。但是许多熟悉的观念——戴着斗篷、没有影子甚至能变成蝙蝠等却都是现代人的发明。

这种怪物完全在夜间活动，显示出极度的光敏感性。它基本上以啜饮其他温血哺乳动物的血液为生，以减轻其与生俱来的贫血症状。这种饮食习惯使吸血鬼们非常消瘦。这种吸血的习惯还可以传染给被它咬过的人，使受害者具有同样的饮食习惯。大蒜含有一种酵母，可以在吸血鬼和被感染的吸血者身上引起强烈的反应——类似于有毒常青藤或荨麻引起的反应。

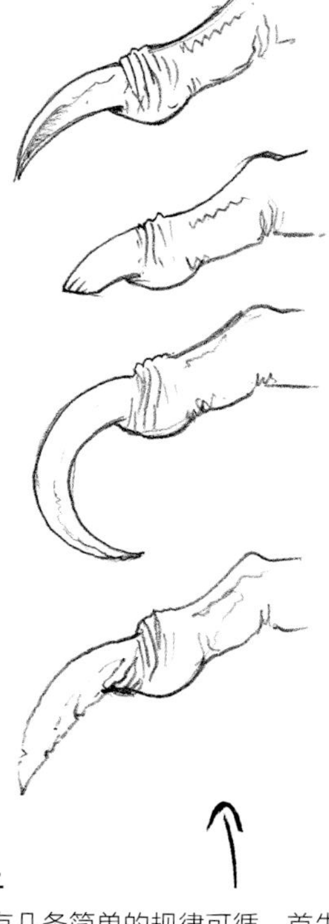

画爪子
画爪子有几条简单的规律可循。首先，记住爪子只不过是长而尖的手指甲或脚趾甲，有同样的生理构造。其次，想想你想让爪子表明你的怪物具有什么特征。这些例子基本上是相同的，但是，微妙的差异可能会对最终的结果带来很大的影响。

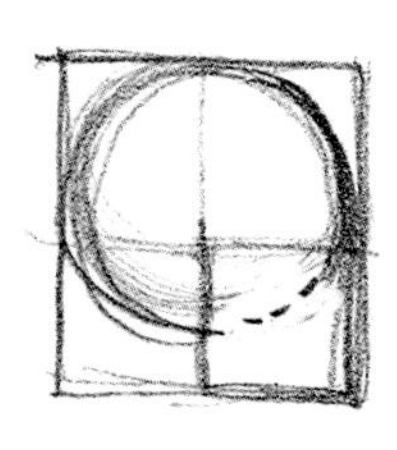

画头颅
人类头颅的基本形状是环形的，下巴悬挂在头颅的下前部。

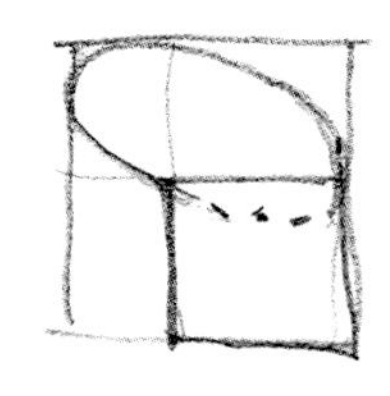

按照这个基本形状，你可以将其向任何方向扭转。

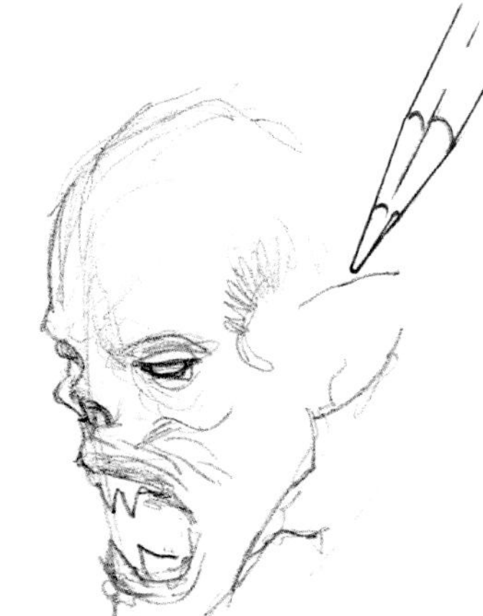

人类头颅的影响
将人类头颅的形状作为基础，画出的头部，使这个怪物不那么像野兽。

太像蝙蝠
这个太像蝙蝠的头很滑稽（也许它还会尖叫呢）。

它自己的头颅
几笔勾画之后，这个头开始有了它自己的形状。

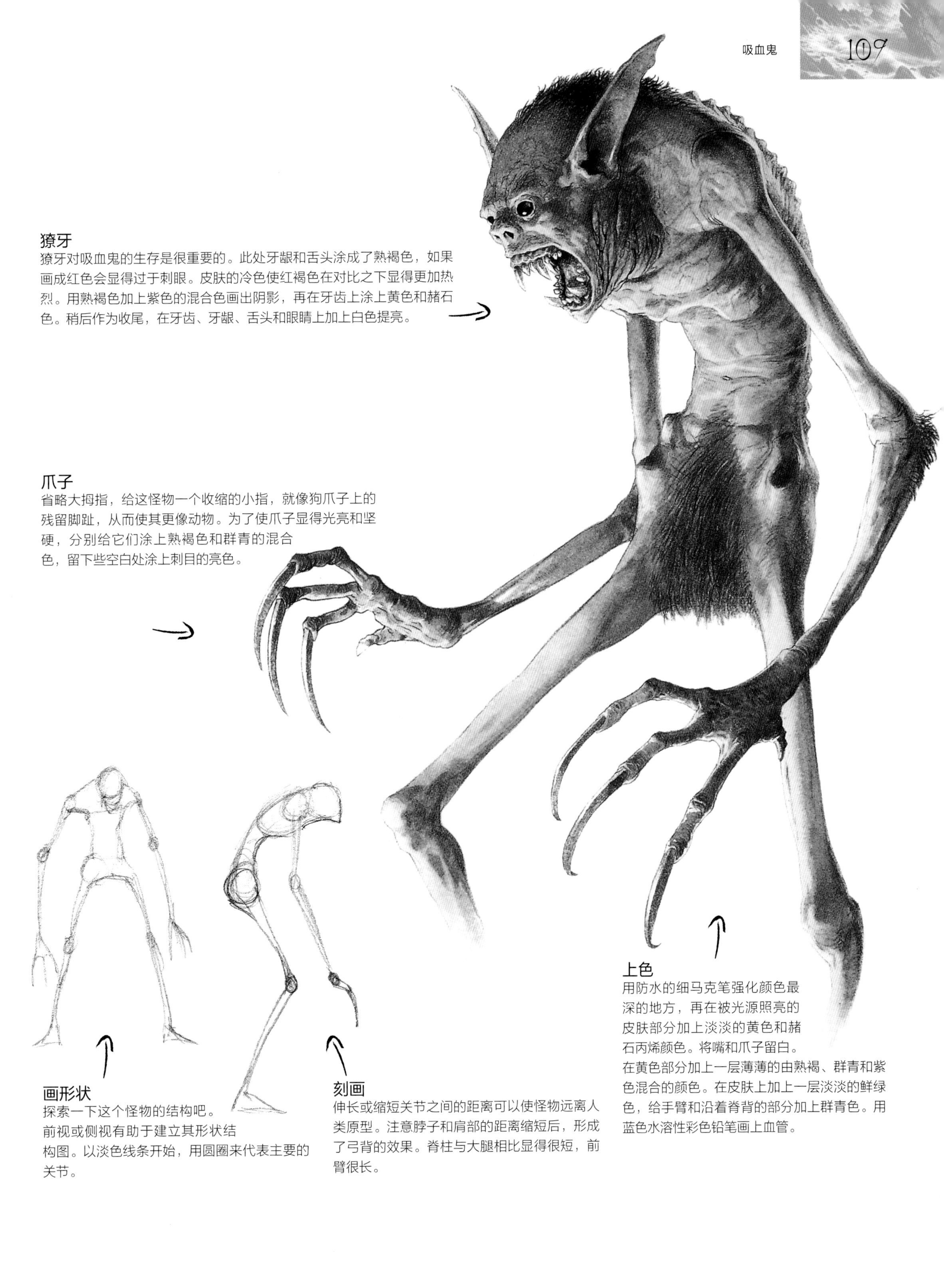

獠牙
獠牙对吸血鬼的生存是很重要的。此处牙龈和舌头涂成了熟褐色，如果画成红色会显得过于刺眼。皮肤的冷色使红褐色在对比之下显得更加热烈。用熟褐色加上紫色的混合色画出阴影，再在牙齿上涂上黄色和赭石色。稍后作为收尾，在牙齿、牙龈、舌头和眼睛上加上白色提亮。

爪子
省略大拇指，给这怪物一个收缩的小指，就像狗爪子上的残留脚趾，从而使其更像动物。为了使爪子显得光亮和坚硬，分别给它们涂上熟褐色和群青的混合色，留下些空白处涂上刺目的亮色。

画形状
探索一下这个怪物的结构吧。前视或侧视有助于建立其形状结构图。以淡色线条开始，用圆圈来代表主要的关节。

刻画
伸长或缩短关节之间的距离可以使怪物远离人类原型。注意脖子和肩部的距离缩短后，形成了弓背的效果。脊柱与大腿相比显得很短，前臂很长。

上色
用防水的细马克笔强化颜色最深的地方，再在被光源照亮的皮肤部分加上淡淡的黄色和赭石丙烯颜色。将嘴和爪子留白。
在黄色部分加上一层薄薄的由熟褐、群青和紫色混合的颜色。在皮肤上加上一层淡淡的鲜绿色，给手臂和沿着脊背的部分加上群青色。用蓝色水溶性彩色铅笔画上血管。

角色速写：夜之精灵

夜之精灵是以喜欢在夜晚活动的生物为原型画出来的魔幻生物。它可以呈现出许多种形状，但更接近在夜晚活动的生物的特征。这种化身显示出了猫、蝙蝠和猫头鹰的基本元素。

夜之精灵可以长达15英尺（4.5米）。它的外形会随着所选择的动物的特征不同而变化，但是它总能在星光的闪烁下因其深度而被认出来。在最黑暗的夜间阴影中能找到它。它常常在月亮将要从月缺进入月圆的那一刻出现。

蝙蝠翅膀
在画有蝙蝠翅膀的生物时，注意人手和蝙蝠翅膀之间在骨头结构上的相似性。

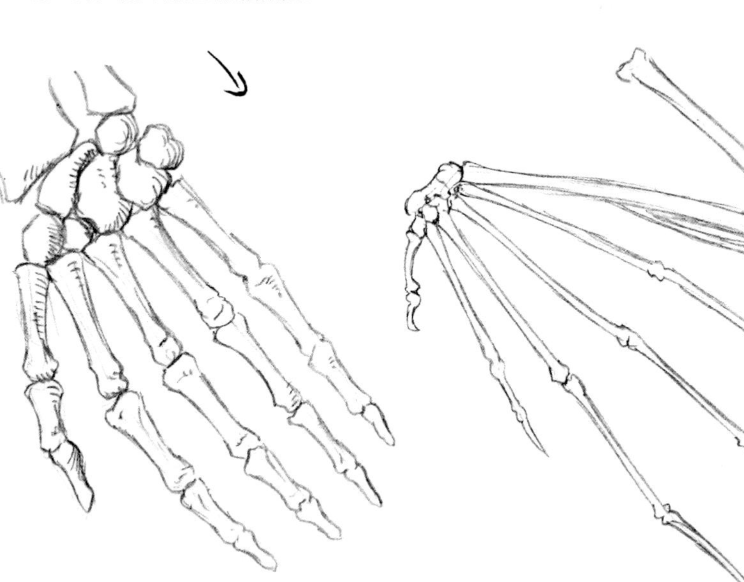

现实的夸大
这些猫头鹰的头显示出了直接描绘和艺术夸张之间的对比。后者大大增加了其凶猛和恶毒感。

从云中突现
夜之精灵在被月光照亮的黑影中成形，然后慢慢出现其所代表的夜间生物的形状。

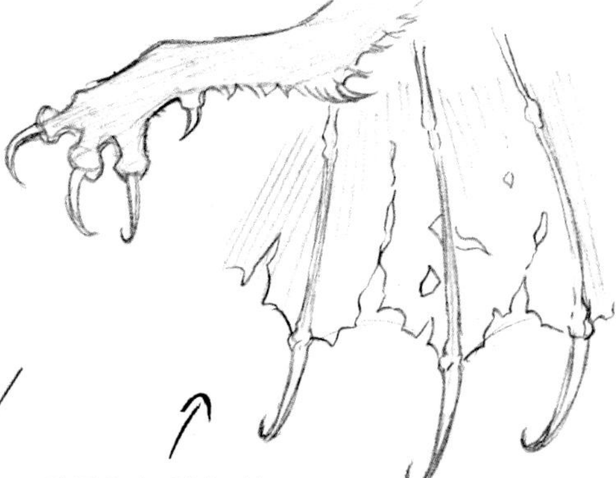

爪子和翅膀细节
通过夸张爪子、毛和蝙蝠翅膀参差不齐的边缘，可以给它增加更强烈的恐怖感。

增加闪光

首先用丙烯颜料画出最黑暗的区域和轮廓。在之后刻画细节之前用冲淡的丙烯颜色以湿画法将整个图像平涂一遍，突出亮部。由于丙烯是半透明的，可以由深而浅地涂抹，再用尖尖的笔刷增加小小的亮部。要画更多的闪光，可用最闪亮的丙烯墨水。

幻想类羽毛

这两幅羽毛速写的对比再一次显示了写实和想象之间的差异。对羽毛形状的夸张使第二幅画面更激动人心且更戏剧化。

体型结构和颜色

用铅笔画的结构图展示了组成生物的元素是怎样拼凑到一起的。首先涂上最黑的色调以强化形状，同时保留了原作的线条。

角色速写：狼人

许多世纪以来，狼人一直被作为是人与其自身动物性倾向做内部斗争的象征。这种二重性就是你要描绘的人兽同体。

它应该可以两腿直立，有对称的大拇指，否则就显得太动物化，而不具备怪物的特征。然而用四肢奔跑更快，因此手和腿的长度大致相同，以便它能够像原始人一样很容易地从两腿直立转换到用四肢奔跑。

生理档案

大小：	高达6英尺（1.8米）
重量：	140磅（63公斤）
皮肤：	有斑点的褐色和灰色，有时毛尖是白色的
眼睛：	黄色或蓝色（较少见）
信号：	野蛮对付过的牲畜；踏平的凤尾草；在软地上留下的特征鲜明的爪印

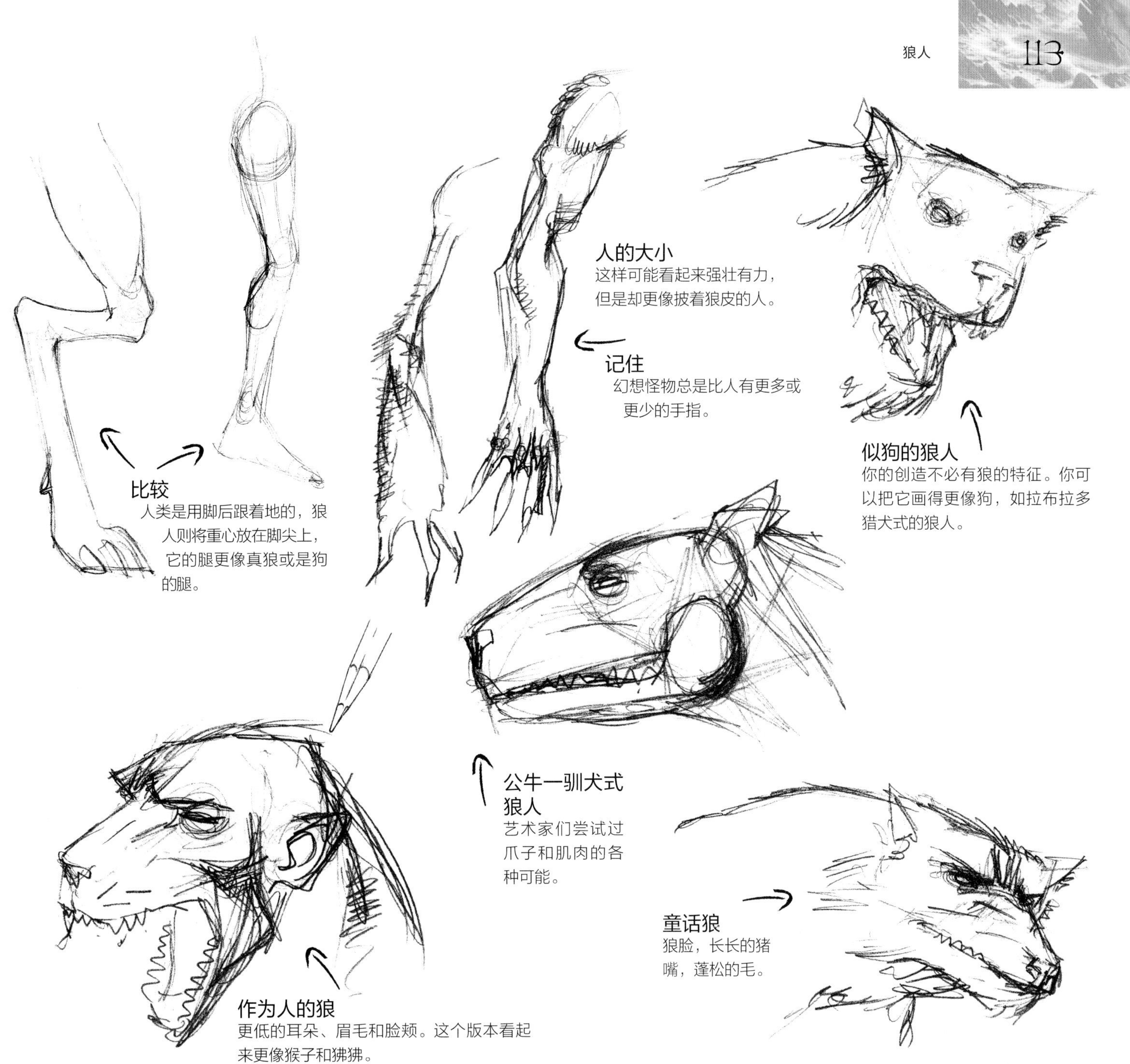
比较
人类是用脚后跟着地的，狼人则将重心放在脚尖上，它的腿更像真狼或是狗的腿。
人的大小
这样可能看起来强壮有力，但是却更像披着狼皮的人。
记住
幻想怪物总是比人有更多或更少的手指。
似狗的狼人
你的创造不必有狼的特征。你可以把它画得更像狗，如拉布拉多猎犬式的狼人。
公牛一驯犬式狼人
艺术家们尝试过爪子和肌肉的各种可能。
童话狼
狼脸，长长的猪嘴，蓬松的毛。
作为人的狼
更低的耳朵、眉毛和脸颊。这个版本看起来更像猴子和狒狒。

艺术家作品 ▶

速写比较

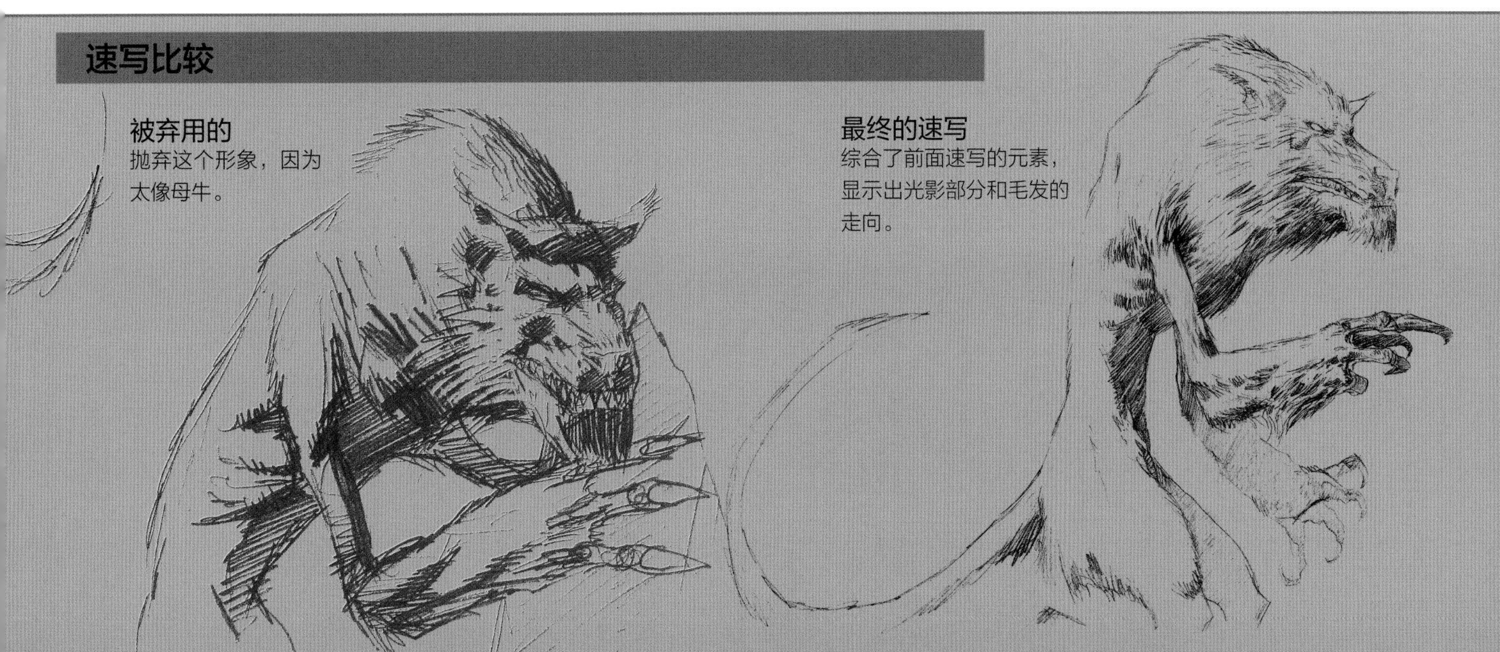
被弃用的
抛弃这个形象，因为太像母牛。
最终的速写
综合了前面速写的元素，显示出光影部分和毛发的走向。

使用的颜色

丙烯

- 群青
- 熟褐
- 赭黄色
- 熟赭
- 白

彩色铅笔

- 深褐色
- 黑色

艺术家作品

艺术家在他最终版的作品中用了丙烯颜料和彩色铅笔。既用了不透明的丙烯，也把它用作透明的媒介。首先绘制草图，找到感觉，再绘制最终版的作品。

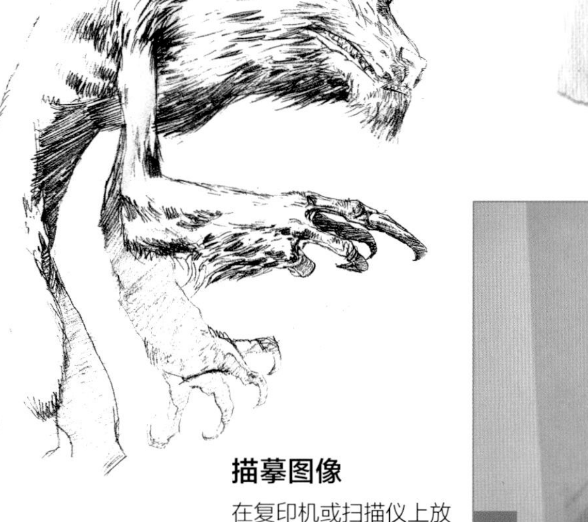

I

绘制最终版

把所有的速写草图都摊放在画架上或工作台上。在绘制最终版时，把它们一直放在面前，以便把不同速写中的细节都综合在你的最终作品中。

2

描摹图像

在复印机或扫描仪上放大最终版的图像，然后用透明胶把它粘到拷贝台上。用深褐色的防水铅笔把图像描摹到一张水彩纸上。用很细的笔尖画眼睛、爪子、嘴和鼻子，再用平整的、磨平的笔尖画毛，用粗笔画出阴影部分。

3

用湿画法

把纸摊在板子上让它自然干燥。然后用清水打湿纸，用湿画法绘制，使颜色相互混合，再用大画刷涂上薄薄的群青和熟褐色。待其晾干，因为如果颜料还是湿的，随后就会使颜色混合在一起，没有任何界线。用吹风机可以缩短干燥的时间。

4

改变颜色

用同样却不那么稀的同色颜料，再用大画刷刷一次，小心要沿着线条涂。把颜色在纸上混合，形成蓝色和褐色的斑点——这些斑点就勾勒出了狼人的轮廓。记住要用羽毛轻拂边缘，以制造毛发效果。

5

色调值

第一层颜色干燥后，刷上更多的水洗色以增加细节、定型、层叠，参照最初的线条图，分出明暗区域。在群青和熟褐中加入赭黄色，以生成狼人毛皮的色调变化。

6 增加毛发的纹理

等淡色块干透后（颜料应该摸起来有粗糙感），用黑色和褐色的铅笔在颜料上勾画。纸的纤维染上色素，产生毛发的纹理。记住要在耳朵、鼻子、眼睛和嘴巴周围用更深的颜色。

7 勾勒鼻口

用干画法和不透明的白色丙烯颜料在鼻口处涂抹。

8 画指关节

特别注意那些你想引起观众注意的焦点。增加更坚硬和闪光表面的明暗对比。此处，用熟褐和赭黄的丙烯颜料对指关节进行了细致的刻画。

9 最后的细节

最后给牙齿、眼睛和鼻子上色。给眼睛涂上不同寻常的颜色组合以显示狼人的异界生物天性。

角色速写：魔鬼

许多世纪以来，魔鬼有多种形态，但是在传统上它都被当做恶毒的神灵或恶棍，尽管它们有时也很好。

这些恶魔常常在人群密集和贫穷的地方出没，也常常在垃圾堆、垃圾掩埋场或者废弃的住房里滋生。它们以一种独特的方式取食——靠从任何经过它们的生命体中汲取能量为生。尽管它们的取食对于它们自己来说并不是很重要，却经常使受害者变得虚弱而容易生病，导致诸如情绪不稳、感觉麻痹、抑郁（在某些极端的案例中）等心理变化。魔鬼有一个终生不断生长的骨架，会长出不规则的凸起和毛刺。

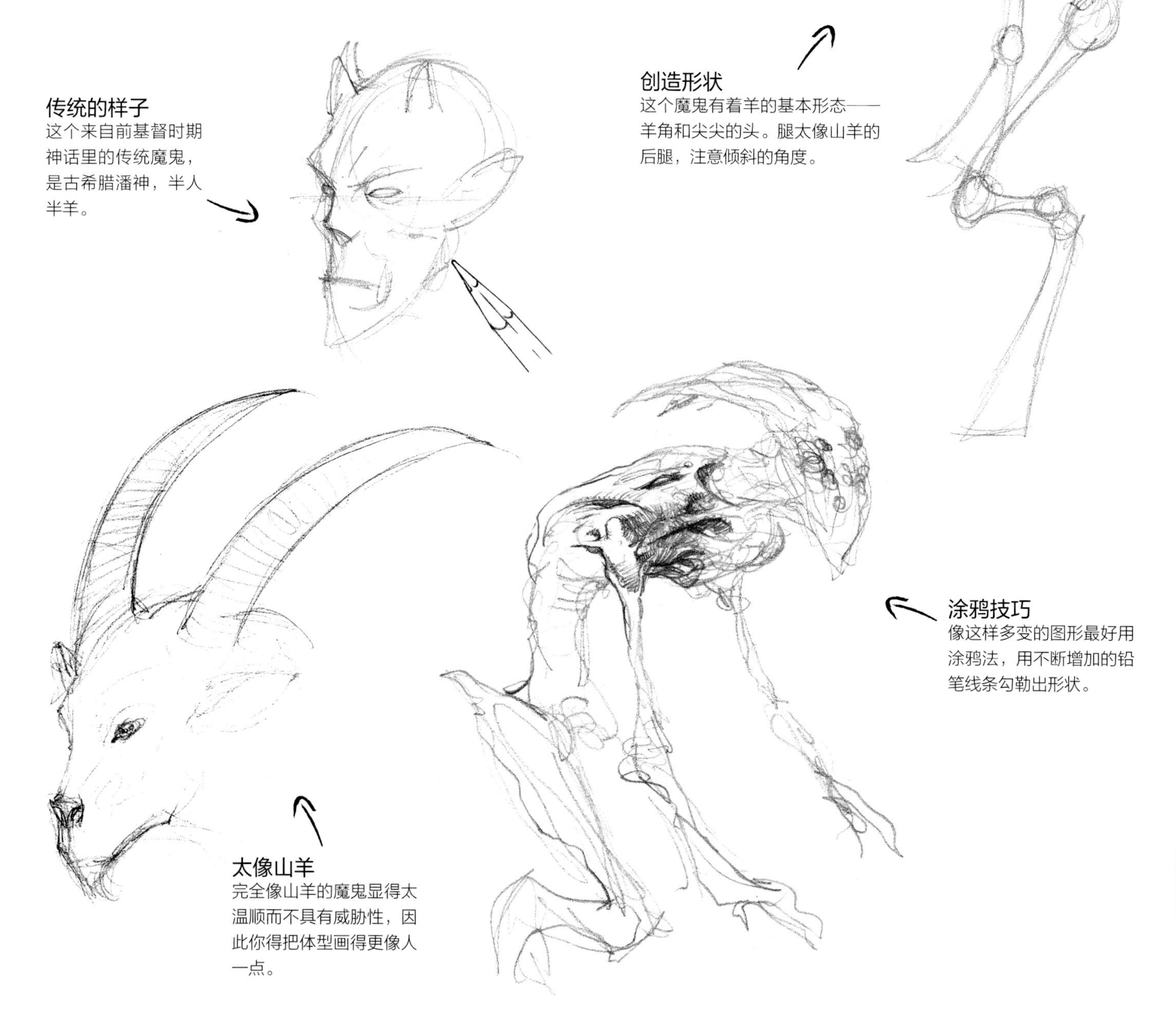

传统的样子
这个来自前基督时期神话里的传统魔鬼，是古希腊潘神，半人半羊。

创造形状
这个魔鬼有着羊的基本形态——羊角和尖尖的头。腿太像山羊的后腿，注意倾斜的角度。

涂鸦技巧
像这样多变的图形最好用涂鸦法，用不断增加的铅笔线条勾勒出形状。

太像山羊
完全像山羊的魔鬼显得太温顺而不具有威胁性，因此你得把体型画得更像人一点。

发光的眼睛
加上白色的亮部，赋予眼睛以玻璃般的质感。

正面速写
这幅速写显示出其不对称的眼睛和缺少嘴巴的样子。这个魔鬼以汲取生物的能量而不是正常进食为生，因此它不需要嘴巴。它的鼻孔酷似人类头盖骨上的孔，表明它来自鬼魅世界。

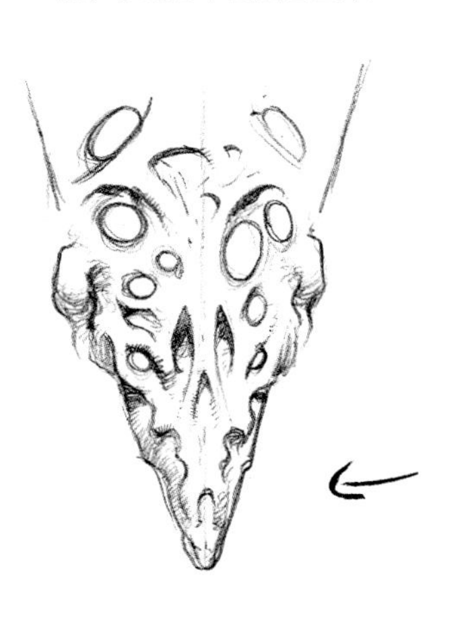

粗糙的皮肤
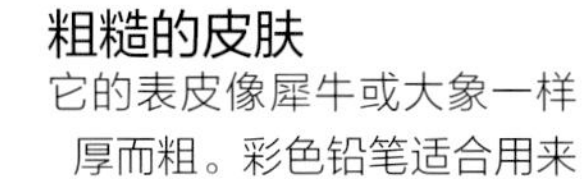

它的表皮像犀牛或大象一样厚而粗。彩色铅笔适合用来绘制像木头、毛发等具有天然肌理的东西，此处也适合画骨头。对于这头怪兽，用一支浅法国灰的铅笔给其躯干上色就可以了。

发光的身体
魔鬼掌心的发光点就是它汲取生物能量的地方。魔鬼手掌上的眼睛和发光点是用群青和白色颜料画成的。在外壳的中央加上淡淡的一层酞菁蓝以增加生动性。

给怪物上色
首先在Photoshop软件中整理手绘的图像，再用紫色打印出来。用群青和熟褐色的混合色上色，并逐渐加深。然后在颜料层中用熟褐色、群青、白色和一抹黄褐色混合成不透明的丙烯颜料加在需要锋利边角的地方。然后，用白色、黄褐色和几抹铁红色冲淡，使骨头呈现出粉红的色调。在极度强烈的光照下，也可以不用铁红色。

海洋怪兽

获得灵感

海洋充满了古怪的生灵。到海洋中或自然历史博物馆，就可以获得一些海洋怪兽的基本形体概念。你也可以试试阅读一些关于海蛇的古老传说。

1. 海洋植物的生活像动物一样生动和色彩斑斓。
2. 鲨鱼是地球上存活最久的捕食动物之一。有资料表明它们在四亿三千万年以前就存在过。它们光滑、流线型的身躯有助于其在海洋中轻松地畅游。这一点很重要，因为它们从不真正睡觉，且从不停止游动。
3. 在真实的海洋居民身上寻找其共同的特征，然后将其中一些用在自己的幻想生灵上。
4. 章鱼是大自然中长相最为奇怪的生物，它们简直就是直接来自于幻想王国的怪兽。

①

②

3
4

角色速写：大海兽

第一次提到大海兽是在《圣经·旧约》的"约伯书"里。它是原始细胞生物，在《旧约》出现之前就一直存在，而且人们还推测它在上帝创造地球之前就已生活了很久。神话故事告诉我们，大海兽的再次出现将预示着世界末日的到来。

它非常庞大，没有人能看到它的全体。巨大的躯体使得它能够在自己的身体内维持一个完整的生态系统。要画出如此庞大的生灵，依靠传统的细节资料根本不够。不要把它想象为一个生灵，而是将其想象为一片风景。这样，从遥远的距离看去，细节就显得毫无意义。你可以用抽象的形状传达它所代表的不祥之兆，正如一个长着巨崖般的角的生灵所产生的凶兆一样。

生理档案

大小：30英里（48公里）长

重量：不明

皮肤：深蓝色/黑色

眼睛：深黑

信号：决战

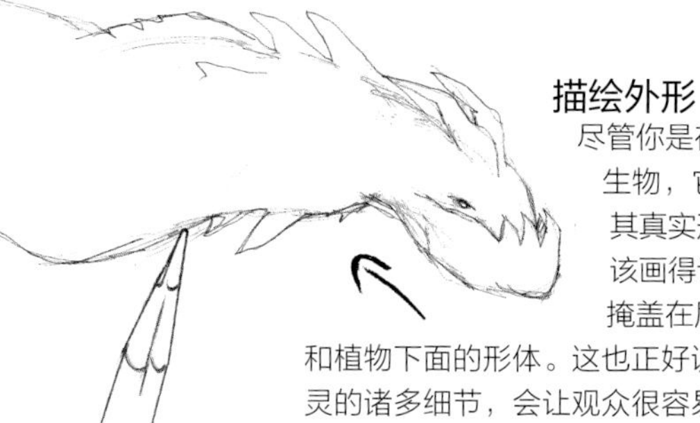

描绘外形

尽管你是在画一个巨大的生物，它的体积掩盖了其真实形状，但还是应该画得让人意识到它那掩盖在层层珊瑚、岩石和植物下面的形体。这也正好说明，舍弃该生灵的诸多细节，会让观众很容易感受到它庞大的身形。

创造形状

这个基本形状是由夸张后的、不同大小的椭圆所构成的。

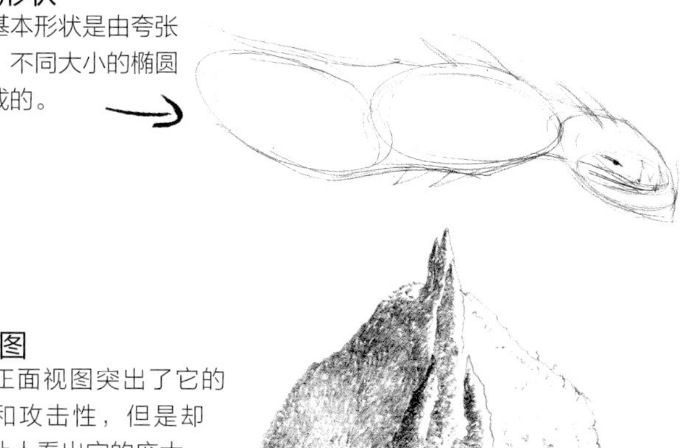

正视图

这一正面视图突出了它的力量和攻击性，但是却无法让人看出它的庞大身躯。要在正视图中表现出其庞大的体积，你得将其他物体，例如一艘正在下沉的海洋客轮纳入画面。

大小

真正的庞然大物无法用铅笔速写单独表现出来。但是我们大概知道鲸的大小，可以将其作为一个很好的参照物。

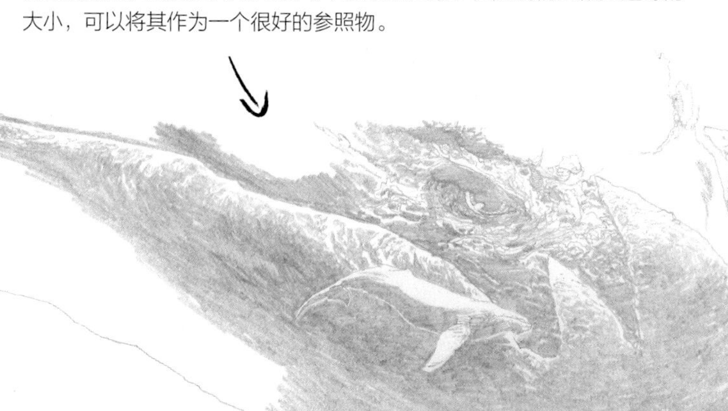

细节刻画技巧

由于这一生灵是如此巨大，你不可能用常规的技法去表现细节，而是应该像画风景一样，采取更加印象派的画法。在此，我们提供了3种绘制这类自然细节的不同技法。你可以单独使用它们或把它们结合起来。

下面是关于厚涂和干刷方法趣味变化的说明，几乎任何材料都可以与干刷一起使用，从而产生有趣的随意图案。所使用的颜色并不重要，仅取决于你想绘制什么样的表面。

涂鸦和上色

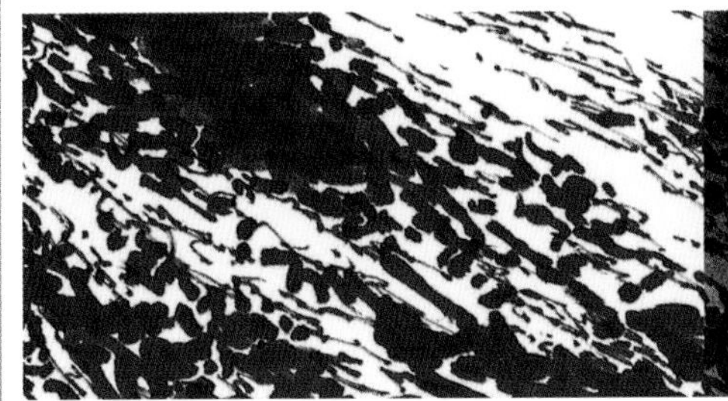

1. 先用一个大的黑色马克笔，填满最大的阴影区域，然后用越来越小的笔增加线条和随意的小点，整个过程几乎是在生物表面上乱画。任何不想要的线条都可以被覆盖掉。

2. 调制一种基本色，加水冲淡后把它涂到图像上，要可以看见颜色下面的黑色线条，对于这个怪兽来说，不饱合的泥土色最合适。然后，用一支黑色的彩色铅笔再加上一层灰色的调子，在更深色的地方随意涂画。

3. 接下来就很简单了：用越来越浅的不透明颜色，此处应该用调成乳状的丙烯颜料，精心修饰马克笔画出的形体。

厚涂和干刷

1. 用一支粗的黑色马克笔画出形象中的主要黑色区域，这是个不错的主意。任何细一点的线条都会被后来的颜色覆盖掉。

2. 把丙烯与厚的丙烯遮光剂混合起来，再用一把大笔刷或画刀，把它们用厚涂法涂上一层。这种颜料的浓度应该比牙膏稍微稀一点。

3. 重复上述做法，直到生成所需的表面肌理为止。将笔刷或画刀在画纸上拍打，就可以得到厚厚的颜料堆痕。

4. 用干刷技法，把颜料横拖过画面。颜料会粘在堆痕上，留下空隙。因此，得选择一个适合画面大小或覆盖区域大小的笔刷。

5. 继续这一操作，不断地混入色调更浅的颜色，并且选用更小号的笔刷，直到生成最终想要的纹理和细节。

塑料袋和干刷

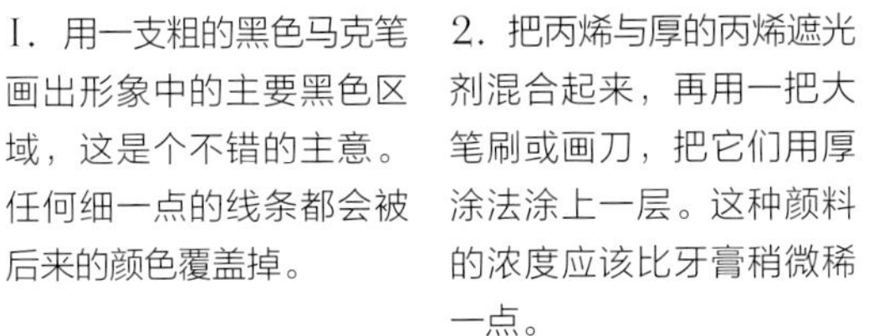

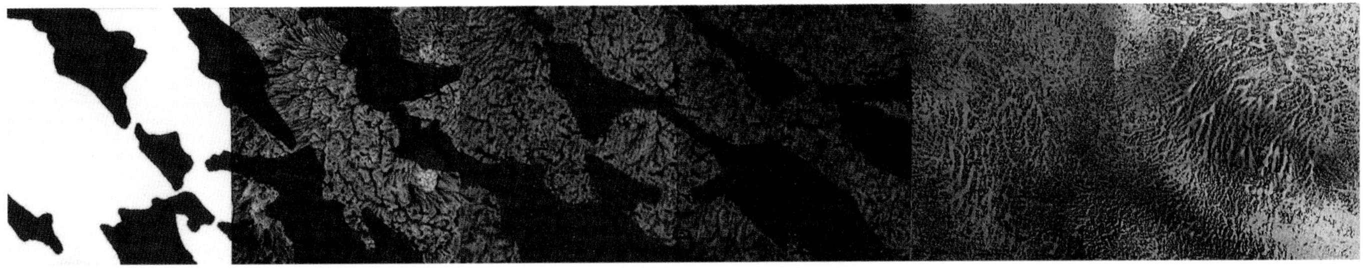

1. 将一块用塑料袋包裹的布压入湿颜料中，就可以得到类似于叶脉或海草般的有趣图案。

2. 用连续的干刷法进行层叠。

3. 可以加上透明颜色以产生微妙的颜色变化。注意所用颜色的调子，浅调子的颜色会形成更鲜明的细节对照。

艺术家作品

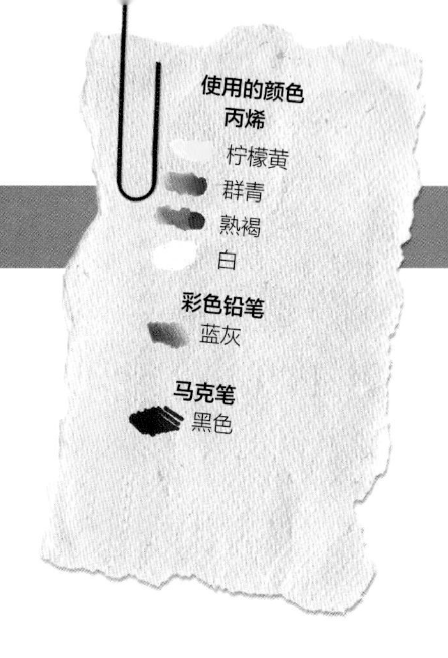

艺术家把水彩纸铺到画板上，用一支黑色的马克笔，从草图上把那些形状粗略地复制下来。然后用丙烯遮光剂将这张纸密封起来，再在整个图像上面涂上丙烯、遮光剂和缓干剂的混合物，以增加纹理。在颜料上放一张干净的塑料卷，一次又一次地拿放，以便在颜料上生成形状和图案。干燥后，加上薄薄的透明丙烯色，不透明的颜色用来将那些形状从背景图案中突显出来。

绘制最终版

用黑色马克笔将轮廓和阴影部分画到水彩纸上。

制造肌理

用遮光介质将这张纸密封起来，待其干燥后用一层丙烯颜色、遮光剂和缓干剂的混合物覆盖整个部分。在颜料上放一张干净的塑料卷，然后把它四处挪动，并用手指按压出图案。把塑料卷拿开就会产生有趣的肌理效果。颜料变得越干，肌理效果越好。

勾勒轮廓

用群青、熟褐色和白色的混合物给背景上色，这样就能勾勒出大海兽的轮廓了。

画深色细部

用比背景颜色更深的颜色，接着为第二步制作出的肌理图案更细致地上色。这样就能在海兽的身体上生成主要的光亮部位和肌理。

色调值

接着第四步画出的形状，用相对较浅的相同色加上白色和柠檬黄，挑选出面积较小的细节，这一操作能制造出阳光透过深水的幻象。

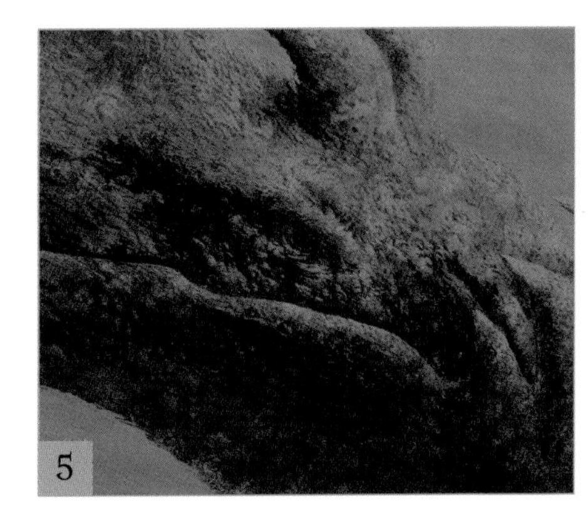

动作的幻象

重复这一操作，靠近细节中心的地方用色则更浅，每加一层，就要用更多的柠檬黄。可以用画海兽身体的颜料画气泡，制造出拖动的效果从而形成运动的幻象。

最后的细节

用同样的颜色但放更少的群青色来画眼圈。不要增加亮部，因为眼睛在阴影里，可以用深蓝灰色的彩色铅笔在眼睛下部加上沉积物的痕迹。

角色速写：海洋精灵

就像它所居住的拥有强大力量的大海一样，海洋精灵力大无穷，它动作敏捷，性情易怒。全长大约为23英尺（7米），尽管它的手臂和头看起来有点像人，但却有人的两倍那么大。海洋精灵有蹼一样的手和巨大的尾巴，使它能以惊人的速度游动，它蓝绿色的身体和植物似的头发使其在隐藏的时候难以被发现。

虽然海洋精灵有时愿意帮助在海上迷失方向的人类，但它却也有可能一时兴起掀翻倒霉的小船。在遇到它认为对它的王国有害的人造物体，例如商业捕鲸船或漏油的船舶时，它的摧毁力是巨大的。通过晃动它有力的尾巴，海洋精灵常常可以掀起大到可以击沉任何船只的海浪。它锋利的爪子和惊人的力气使它能在多数船只上凿出洞来。

通过结合海洋植物和海洋生物的要素，这个海洋精灵被赋予了神秘的、天外来客般的外表。然而，在给它加上人类手臂似的臂膀和有点像人的头后，我们就一定能让观众知道，它是具有智商的，而且很可能能够与人类沟通。

绘制形态
它的头可以由简单的形状组成。其比人类的头要扁平，而且需要给大眼睛和嘴巴留出很多空间。如上图所示，先画一个不规则的梯形，能让你得到正确的形状。

画它的鳞片
鳞片很难画，图示的两个步骤能帮助你准确无误地画好它们。

添加细节
海洋精灵以它植物般的头发和周围的环境浑然一体。

无畏的眼睛

没有任何图纹的黑眼睛使海洋精灵看起来有点危险和不可捉摸，也非常适合海洋的属性。

给海洋精灵上色

海洋精灵是用铅笔在涂有丙烯石膏粉的画板上画成的。之后用不透光介质将画密封起来，待其完全干透，使铅笔线条不会弄脏颜料。再用不同大小的硬毛刷和人造毛刷子涂上丙烯颜料。

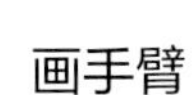

画手臂

要画像手臂之类的附属肢体时，可以用相互交叉的形状来制造立体感。沿着手臂的流线，使每个部分都与下一部分交叉，可以形成透视缩短的视角效果，使物体显得好像在朝你靠近。此图放大了这一效果，其中箭头的方向表明了线条的方向。

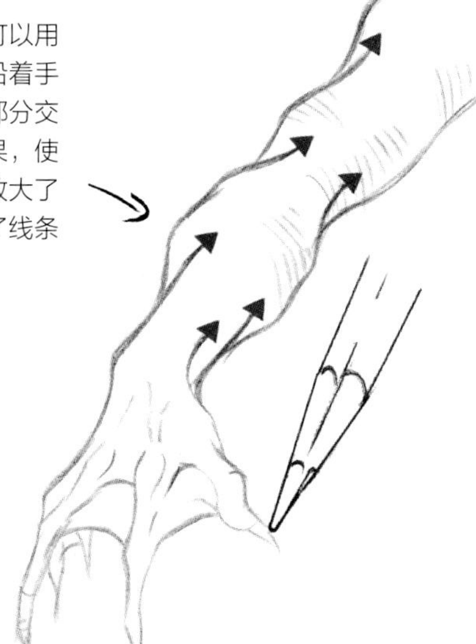

有蹼的手指

在击水时，有蹼的手指具有类似鱼尾的功能，可以产生前进的动力。在划水时，可要比人的手指轻松多了。

角色速写：海龙

海龙是一种让水手们魂飞魄散的海蛇。15世纪，当西方探险家力图踏上东方土地时，人们对海龙的恐惧达到了顶峰。当时的人们认为，世界是平的。当航行的船只到达地球边缘时，便会掉下去。在航海图上，未经勘测的水域均被标注着“此处有海龙”。

海龙与沼泽龙存在血缘关系，但它在淡水和海水的环境中都能存活，并能下潜至很深的位置。就像其著名的亲戚——尼斯水怪一样，人们很难在水面上看到它。

海龙是一种凶猛异常的生物，据说曾攻击过深水中的潜艇。它的胃口惊人，以大型的水生动物为食。

张开或闭合

海龙的牙齿大且长，在绘画时，要在其嘴边依次留出足够的空间，从而使嘴巴能够完全闭合。只有长着嘴唇的动物（就像猿和人类），才能把牙齿完全含在嘴里。

使透明体发光

1.牙齿通常是不透明的，越是接近牙根的部位，颜色越深。

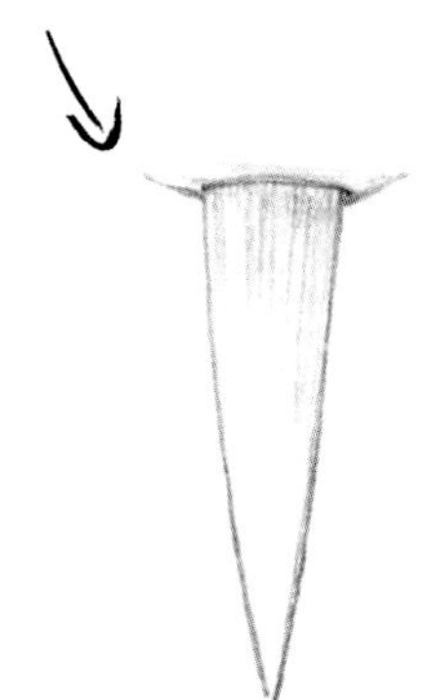

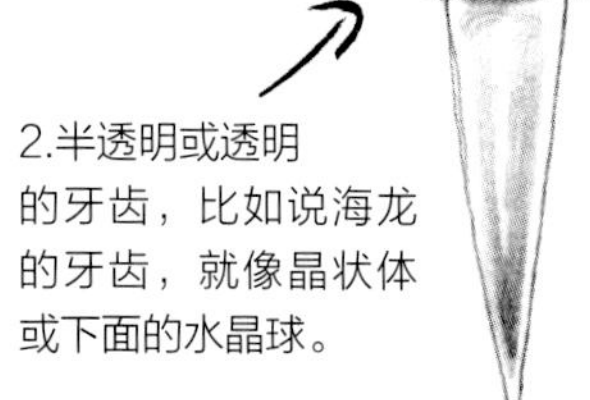

2.半透明或透明的牙齿，比如说海龙的牙齿，就像晶状体或下面的水晶球。

3.上方的一束光线射到水晶球上，因此越暗的部分越接近光线。因为物体是闪光的，所以在球体的外面依然有个发光部位。尽管水晶球是透明的，但它也还是会留下阴影。

勾画发光部位

这种技法用于动物的任何发光部位，不管这个部位是眼睛，还是海龙的触角。最简单的方法是采用不透明的颜色，如丙烯和水粉颜料。要是采用透明颜料，如水彩或墨汁，表现发光的部位就只有通过在其周围涂上颜色才能实现。

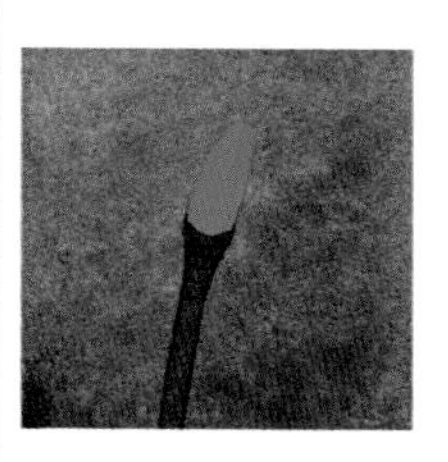

1. 用自己喜欢的颜色填充上面这个图形，采用的色调只需比背景色稍亮一点，尽管两种颜色并不属于同一个色系。

2. 采用由深至浅的颜色，逐渐覆盖发光体的四周。光源应当是最亮的部分，添加白色以外的另一种颜色会使画面有意想不到的效果。但越是接近最亮点，采用的颜色也应该越亮、越暖。

3. 用白色在图形的一端画出发光部位，这样能使人们感到光是从坚硬或发光的壳状物中射出来的。

运动方向

作用在海龙身上的水流与海龙的运动方向是相反的。鳍上叶状的卷须往后退去，就像是在水中穿行一样。

运动的错觉

制造动感，从而表现出海龙的形体和动作。海龙没有四肢，翼状的鳍也不够强大，因此它不能像其他大型动物那样移动。波浪状的形体向人们暗示，海龙在水中游弋，就像鳗鱼一样。

颜色的填充

用丙烯画出海龙的形体，并采用混合了群青色、熟褐色和紫色的各种灰色。灰色混合其他不同的颜色使用，即“彩色灰”，要比单纯采用黑白色更加有意思。

角色速写：北海巨妖

北海巨妖是一种让人不寒而栗的海中巨怪，它的故事最早来自于12世纪的挪威神话。根据神话传说，北海巨妖的体积有小岛那么大，它的臂膀能缠绕在船体四周并把船掀翻。

根据神话故事中的各类描述，我们可以把北海巨妖视为一种巨型的乌贼。人们经常能看到巨型的乌贼，虽然我们对其生活习惯并不是很了解。不管怎样，巨型乌贼毕竟是存在的。尽管它的体积没有小岛那么大，但也足以使其能和抹香鲸进行搏斗，攻击船只的情况屡有发生。

北海巨妖通常喜欢待在寒冷的海域，利用其头部的角状壳来顶破海面的冰层。它们的腕臂上布满了吸盘和自由伸缩的倒钩。

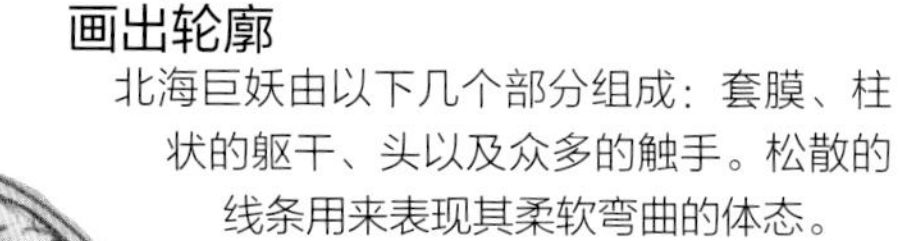

画出轮廓

北海巨妖由以下几个部分组成：套膜、柱状的躯干、头以及众多的触手。松散的线条用来表现其柔软弯曲的体态。

眼睛的前部

北海巨妖的眼睛和章鱼的眼睛比较类似。头部的尖角，其灵感来自于早已绝迹的箭石。

移动

北海巨妖通过体下的虹管向后喷水，从而获得前进的动力。就像乌贼那样，北海巨妖用套膜上的巨鳍来操控前进的方向。

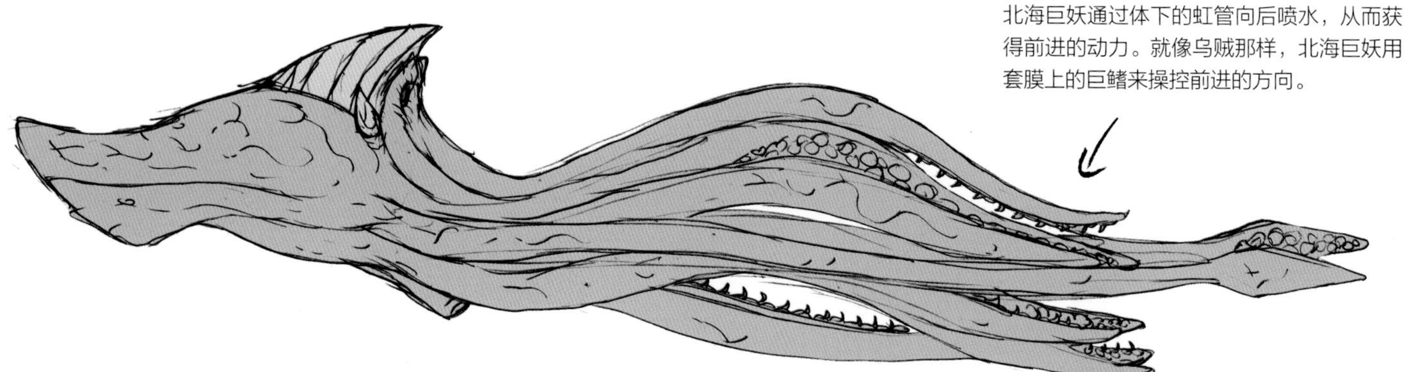

给北海巨妖上色

北海巨妖腕臂上的倒钩就像是海洋中体积最大的巨型乌贼的倒钩。图片中的这只北海巨妖是用Photoshop软件绘制而成的。在完成图形的设计后，用松散的线条画出其轮廓，最后涂上颜色。吸盘要一个一个画。

进食的时候

五对腕臂长在北海巨妖强有力的喙状嘴周围。它们能抓住大型的猎物，并将猎物送到巨妖的口中。

和乌贼类似的特征

就像巨型乌贼一样，在北海巨妖的十条腕臂中，有两条又细又长。这些腕臂是用来抓捕猎物，并把猎物送到巨妖口中的。

角色速写：鱼怪

鱼怪兼具神话色彩和民间故事的成分。它结合了一些海洋神话故事和其他海洋生物的传说。

美人鱼被视为一种自然生物，而不是由超自然的力量所创造的。传闻美人鱼通过其歌声，将水手们引诱到暗礁，从而将他们置于死地，至今还有人相信这一点。在英格兰西南部的渔村，人们深信鱼怪的存在，并宣称他们中有些人是美人鱼和男性人鱼的后代，这些人拥有特殊的力量，且对海洋有亲切感。

银色的膜

这里介绍一个简单的绘画技巧。通过该技巧，你可以在鱼怪的身上制造出银色的鲨鱼皮效果。

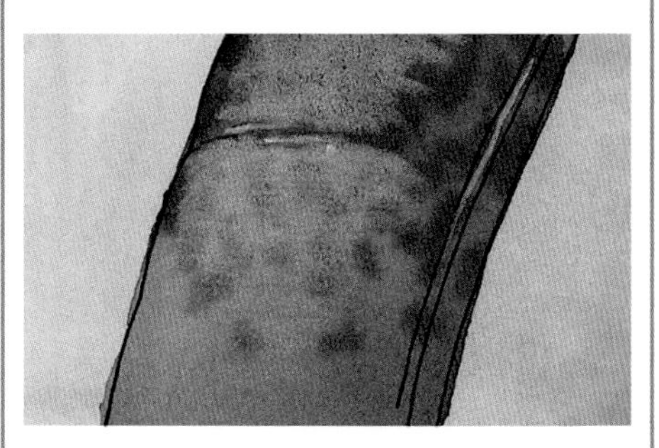

1. 基色采用的是透明的防水丙烯墨水。待基色和皮肤的图案确定且颜料干透后，用蜡笔给浅色部位上色。在这张图中，采用的是白色，尽管灰白色可能更适合一些。

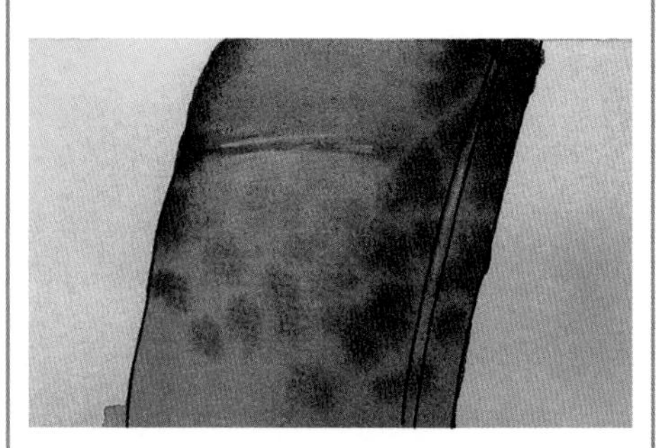

2. 蜡笔画过的地方可能会呈颗粒状，可用干净的手指将新上的颜色抹平到纸的纹理中。

画出轮廓

硕长、强健的体型表明，鱼怪是生活在水中的。

海里的运动

海洋哺乳动物，如海豚、鲸鱼和海豹，在水中是通过尾部的上下摆动来移动的。鱼怪的尾巴并不像鱼尾，而是更像海洋哺乳动物的尾鳍。

鱼类在水中是通过尾巴的左右摇摆来移动的。

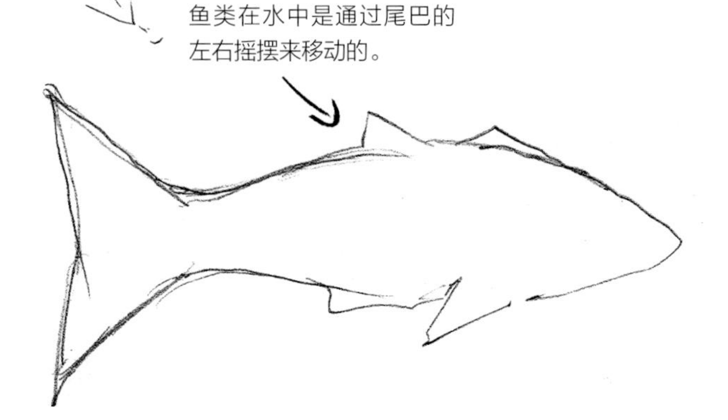

眼皮

鱼类并没有眼睑，但鱼怪是哺乳动物和鱼类杂交而成的一种生物，因此它的眼睑可以与人类的眼皮相仿。鱼怪的眼睑如何画取决于你的设计思路，它也可以是类似哺乳动物那样的眼睑。

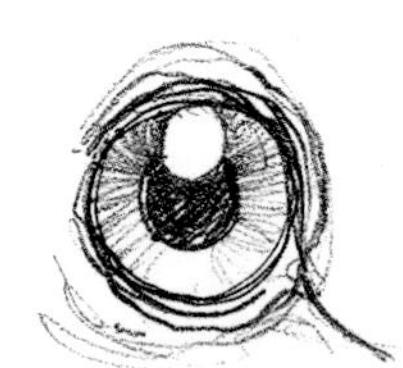

腮
鱼怪的喉咙处长着大大的腮，并且把颈部的肌肉都给遮住了。
伪装
鱼怪头上薄而多肉的薄膜模拟了海草的形状，可以作为它的伪装。
脸部
硕大的鱼眼、盘状的脸和鱼类相似。
给鱼怪上色
把整张纸浸在水中，用蓝色和绿色墨水随意涂抹，并让两种颜色互相渗透。之后把纸摊平晾干。用绿色和紫色给鱼怪的身体上色，混合使用一些颜色来表现柔软的边缘部位，并将其他一些颜色涂在干墨处来表现坚硬的边缘部位。为了使鱼怪的皮肤看起来有光泽，可用蜡笔在干墨处涂抹，并用手指使颜色均匀地混合在一起。鱼怪的眼睛采用的是不透明的绿色和黄色丙烯颜料，最后再加上白色的亮点。

角色速写：巨型蝰鱼

蝰鱼是一种体型庞大、速度快、力量猛的食肉动物。它通常在海洋深处捕食猎物，但在食物短缺的时候也会上游到近海岸的地方。

蝰鱼身长可达13英尺（4米），体重44磅（20公斤）。尽管体型庞大，但很少能够被发现。它总是出其不意地发起攻击，转瞬间便和猎物消失得无影无踪。选择颜色时，注意采用蓝色和绿色这样的冷色系。另外，远处的物体没有近处的物体那样清晰，可利用这一点来表现蝰鱼的长度。

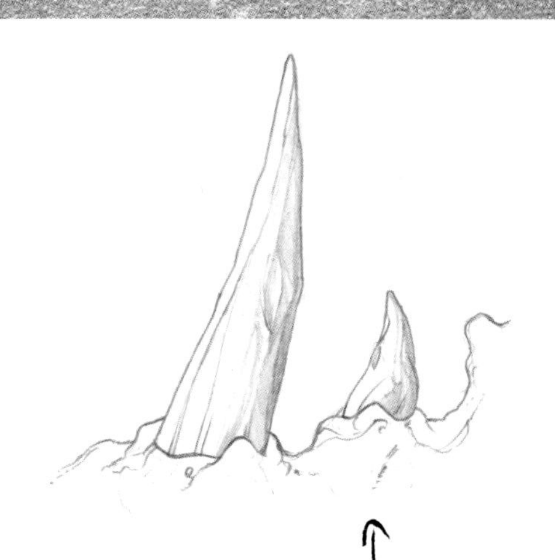

局部特征
蝰鱼的名字源于它那巨大的牙齿。它长着两颗上牙和两颗下牙，有些像蝰蛇的毒牙。

眼部特写
巨型蝰鱼的眼睛很大，这使得它能够在混沌、黑暗的海底看清猎物。

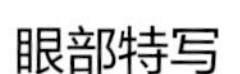

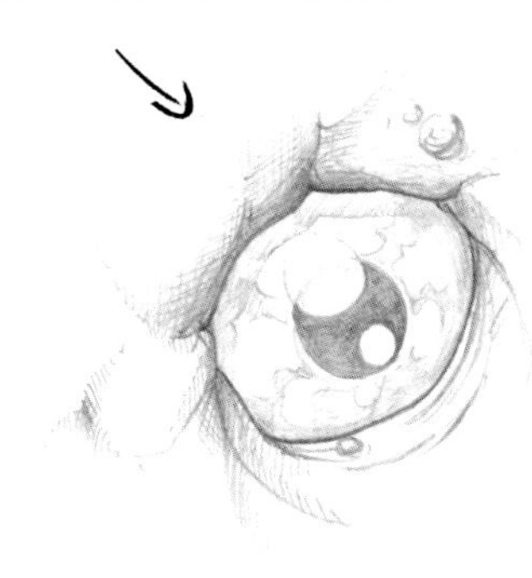

画出轮廓
在画蝰鱼的时候，大量采用S形曲线，并使蝰鱼身体的各部分重叠在一起，从而表现出自己的设计水平。

身体细节
巨大的鳍使蝰鱼能在水中以每小时60英里（97公里）的速度前行。

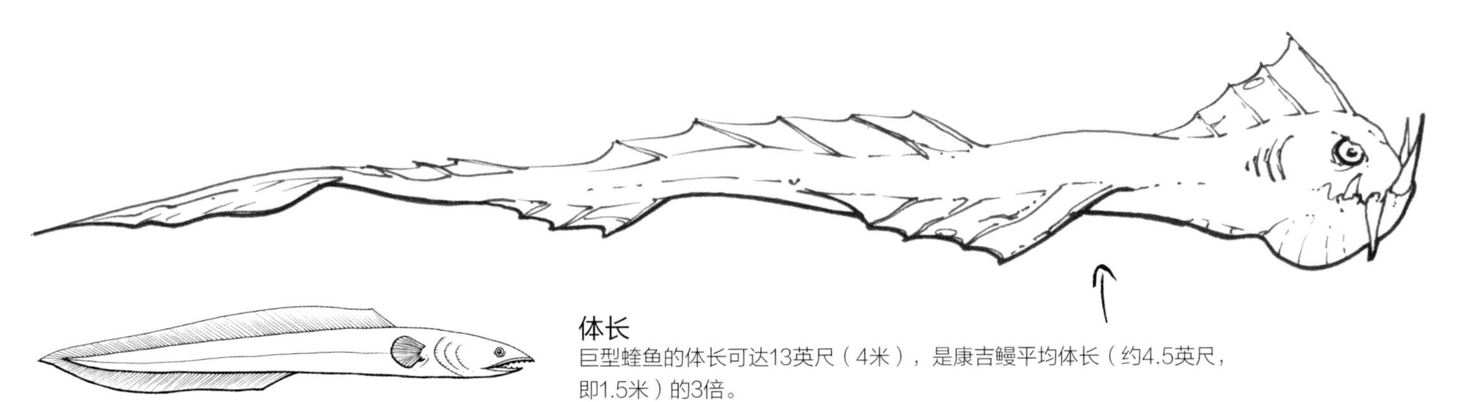

体长
巨型蝰鱼的体长可达13英尺（4米），是康吉鳗平均体长（约4.5英尺，即1.5米）的3倍。

上色
图中的蝰鱼是徒手绘制的，然后通过数字软件上色。设计者使用Photoshop软件中的多个层次。基色采用的是绿色和红色。你可以采用略微不同的其他变化色。例如，在绿色的皮肤上，可用蓝色和紫色调来表现阴影部位，用黄色来表现发亮的部位，颜色的变化要做到非常精细，从而给人以逼真的感觉。

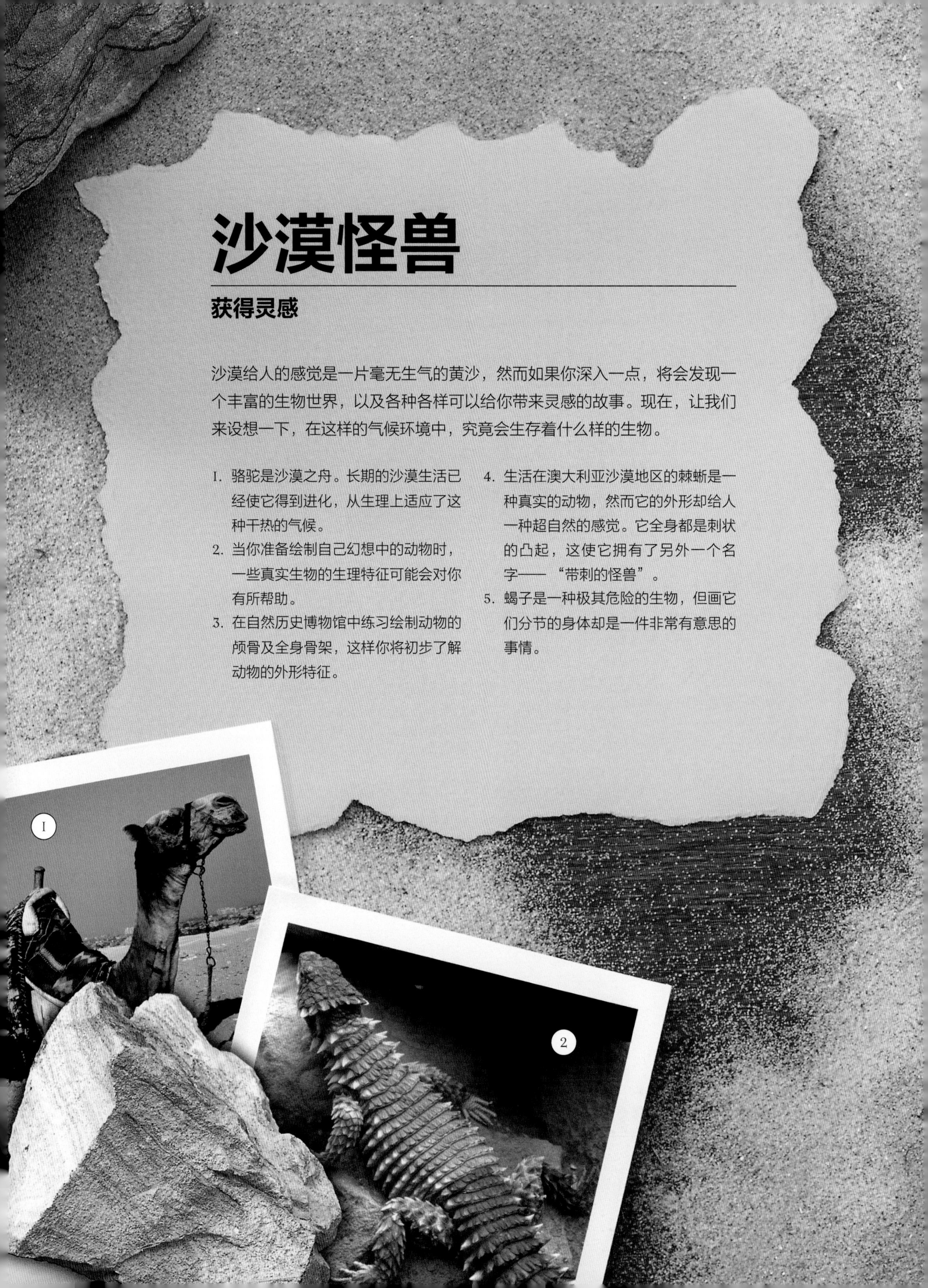

沙漠怪兽

获得灵感

沙漠给人的感觉是一片毫无生气的黄沙，然而如果你深入一点，将会发现一个丰富的生物世界，以及各种各样可以给你带来灵感的故事。现在，让我们来设想一下，在这样的气候环境中，究竟会生存着什么样的生物。

1. 骆驼是沙漠之舟。长期的沙漠生活已经使它得到进化，从生理上适应了这种干热的气候。
2. 当你准备绘制自己幻想中的动物时，一些真实生物的生理特征可能会对你有所帮助。
3. 在自然历史博物馆中练习绘制动物的颅骨及全身骨架，这样你将初步了解动物的外形特征。
4. 生活在澳大利亚沙漠地区的棘蜥是一种真实的动物，然而它的外形却给人一种超自然的感觉。它全身都是刺状的凸起，这使它拥有了另外一个名字——“带刺的怪兽”。
5. 蝎子是一种极其危险的生物，但画它们分节的身体却是一件非常有意思的事情。

1

2

3
4
5

角色速写：弥诺陶洛斯

和传说中的很多生物一样，弥诺陶洛斯来源于希腊神话。这个牛头人身的怪物是克里特岛之王弥诺斯的妻子帕西法厄与一头漂亮的白色公牛所生。由于弥诺斯拒绝把这头公牛献给海神波塞冬，因此作为惩罚，众神强迫他的妻子恋上了那头公牛。后来，弥诺斯王把弥诺陶洛斯囚禁在克里特岛的迷宫中，每年给它喂食从雅典运来的童男童女。弥诺陶洛斯最终被雅典国王忒修斯杀死。

虽然这个牛头人身怪物是人和牛的混种，和其他神话中的动物不一样的是，它的人类特征相对较少。其长相最早来自于人类始祖猿人的基因，甚至更早的尼安德特人。这些人类始祖的基因属隐性基因，因此牛头人身兽是注定要灭绝的物种。经过几代演化后，它的人类特征会逐渐消失，而牛的特征则日益占据主导地位。

生理档案

大小：8英尺（2.4米）

重量：266磅（120.5公斤）

皮肤：金褐色、皮毛厚实、颜色由黑至棕黄、深浅不一、取决于家族特征

眼睛：通常介于浅褐色和黑褐色之间

信号：用牛角在树干和木头柱上留下刮痕，以此来标示领地

画出轮廓

隆起的背部表明弥诺陶洛斯是一头笨重的巨兽，就像是一头公牛。

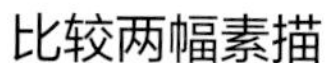

比较两幅素描

尽管牛的面部特征很重要，但各种牛的牛角并不相同。牛角的形状可以表明其性格。

手的画法

绘画时，可以用你自己的手作为直接的参照。

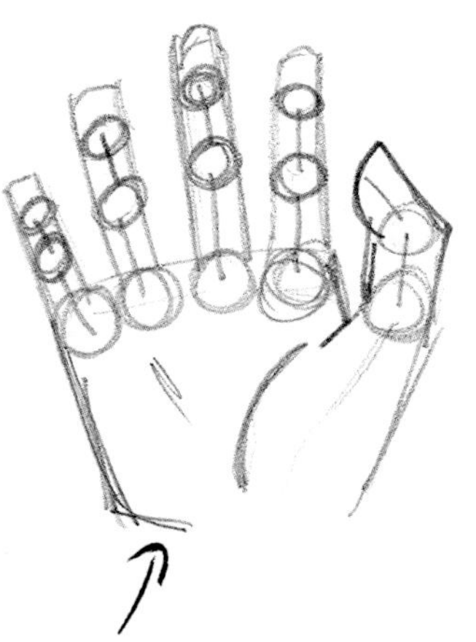

基本的构架可以根据自己的设计需要进行调整。

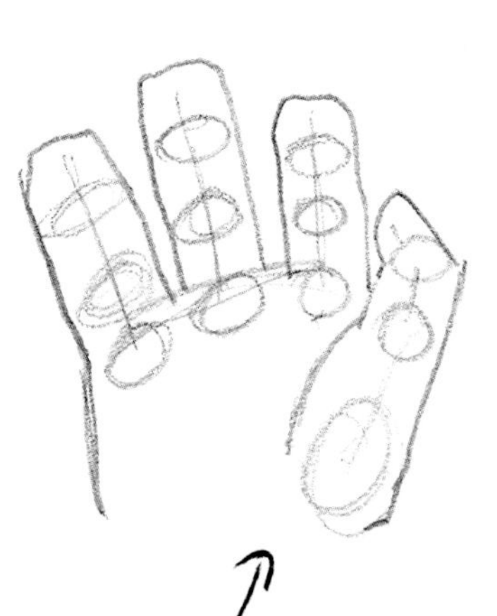

粗大的手指可以表明其强壮的身体，但这样一来，就没有空间绘制出它的小指了。

手部特写

运用褶皱可以显示手的灵活度。褶皱越少，手就越灵活，手上皮肤的柔韧度就越高，就像青蛙和水螈的皮肤一样。建议你可以采用照片作为参考，画出皮肤的纹理和细节。自己脸上和手上的纹路也可以作为一开始的参照。

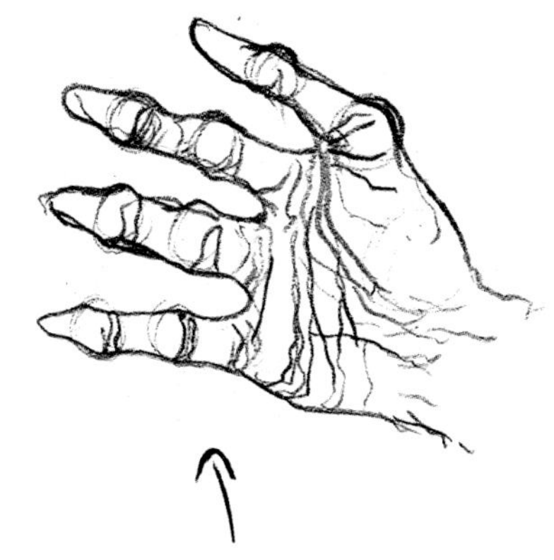

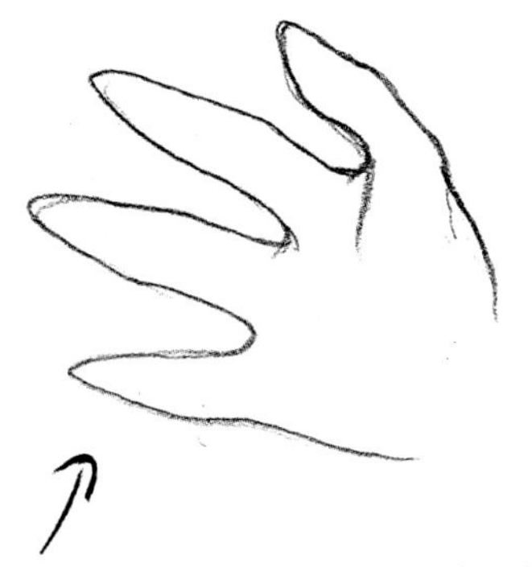

同样的手，加上细纹，就会使皮肤看起来有质感，手的比例还是一样的。粗短、厚实的手掌表明体内还有大量的水分。

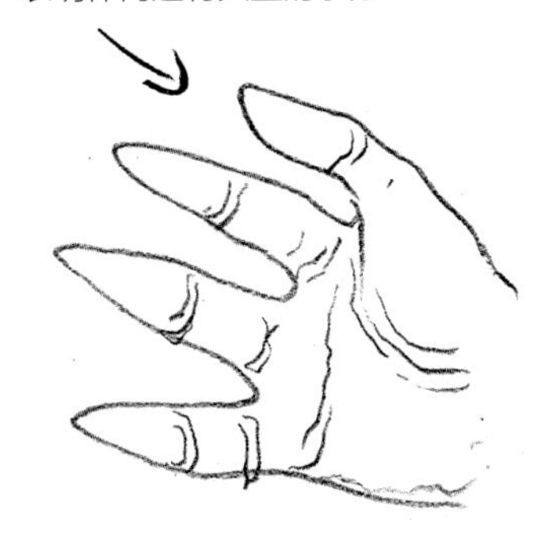

当动物年老时，就会失去体内的水分和脂肪组织，尤其是关节部位。年老、干渴、饥饿的动物，其关节处的皱纹更明显。皱纹一定要画得深，干燥皮肤上的皱纹总是非常明显的。

没有表面细节的手，看起来就像是用橡胶做成的。这种画法同样适用于身体的其他各个部位。

艺术家作品 ▶

光源

在开始绘画之前，先确定光源的方向。下面列举了一些简单的例子。

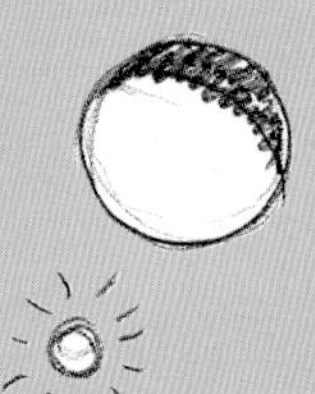

光源位于斜前方

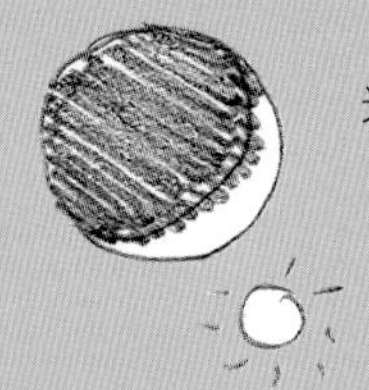

光源位于斜后方

光源位于正下方

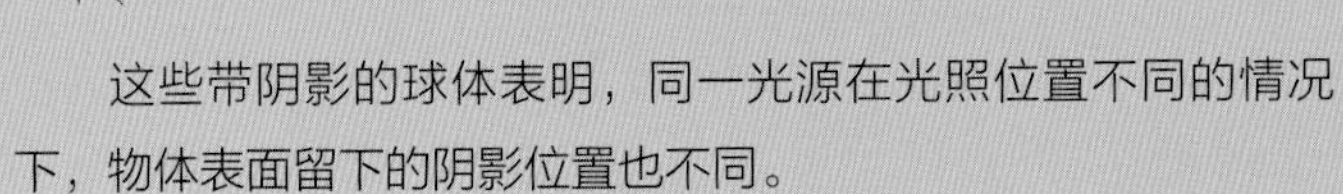

这些带阴影的球体表明，同一光源在光照位置不同的情况下，物体表面留下的阴影位置也不同。

头部的阴影

这一原则也可以应用于复杂的物体，比如说弥诺陶洛斯的头部。以上三幅图就强调了光源和牛头位置的关系。但最基本的一条准则是，明暗对比越强，表明光源的亮度越高。

艺术家作品

以下这幅作品是艺术家在最初素描稿的基础上，借助检查底片用的看片灯箱加工而成的。之前的素描作品使用黑色铅笔和黑色极细防水纤维笔画成。在进一步的加工和上色过程中，使用丙烯和彩色铅笔涂一层很薄的透明颜色，非透明的颜色仅用于强光效果和边缘部位的处理。

使用的颜色

丙烯
- 赭黄色
- 紫色
- 群青

彩色铅笔
- 黑色

纤维笔尖的钢笔
- 黑色

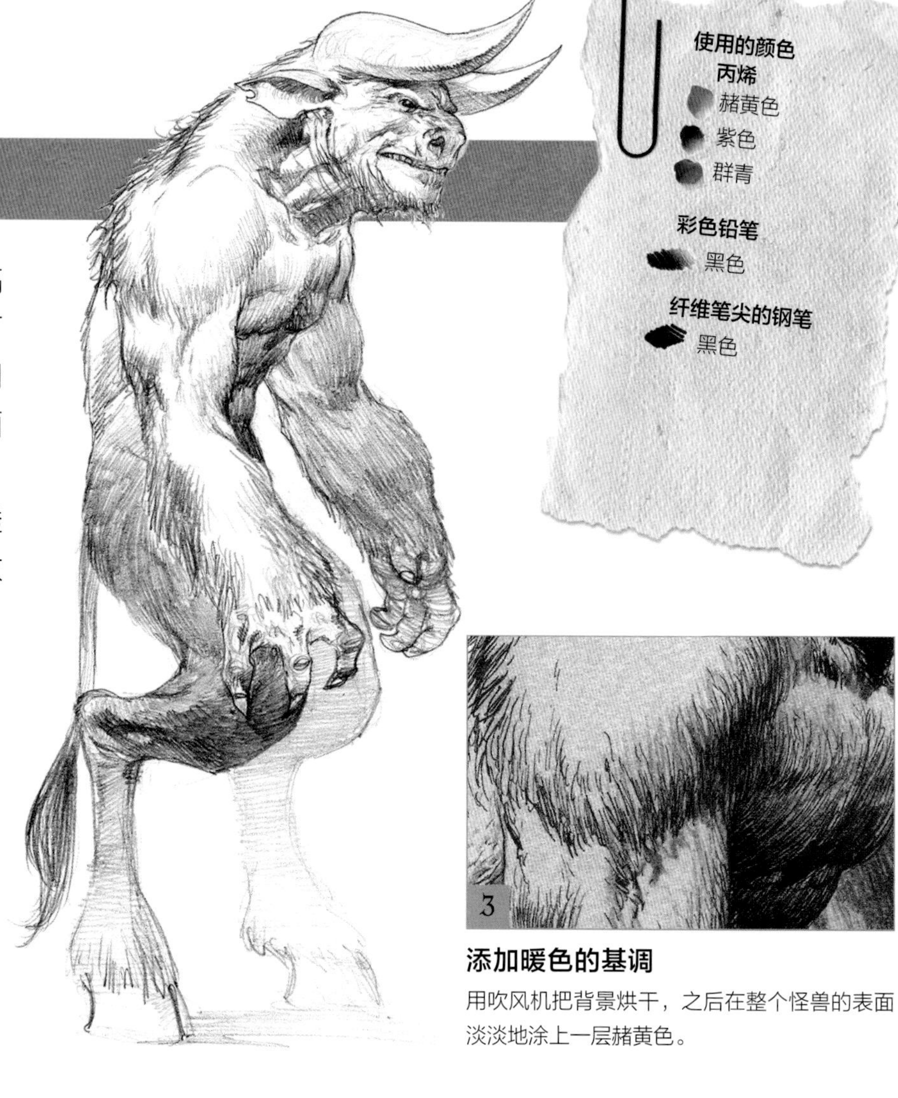

添加暖色的基调

用吹风机把背景烘干，之后在整个怪兽的表面淡淡地涂上一层赭黄色。

准备

用复印机扩印铅笔素描，然后借助看片灯箱，用黑色极细防水笔把这幅作品描摹到一张防水纸上。钢笔勾画的线条只能用于腰部以及近处的手臂，而对于身体远处的其他部位以及腿部，则可以使用黑色的铅笔，因为在画面的这些部分，我们需要一种模糊的效果。

背景

将这张纸平铺在一块木板上，待其干燥之后，用稀释的赭黄色丙烯颜料进行随意的勾画，创造出一种厚重的背景。

制造皮毛效果

用半透明的颜料画出连续的层次。将赭黄色和紫色调和到一起加深阴影部分，并用随意的线条制造出皮毛的质感。

颜色的加强

可适当增加颜色的浓度，直到取得满意的效果。

突出皮肤

用稀释的群青色加工需要突出的区域，如裸露的肌肤，使得这部分肌肤透出一层淡绿色的痕迹，进而与皮毛覆盖的区域有所区别。

最后的加工

在怪兽的手部和头部选出需要加强的区域。用一支细毛笔，在脸和犄角的上部添加稀释的群青色，营造出强光反射的效果，表明这是坚硬物体发光的表面。

角色速写：司芬克斯

在希腊神话中，司芬克斯是守在忒拜城外的有翼狮身人面怪兽。它是上天降到人间的魔咒，不允许任何人离开或进入忒拜城。埃及有着无数的司芬克斯形象，通常都长着人类的面孔，也有的是其他动物的面孔。埃及吉萨金字塔附近的狮身人面巨像代表着最为著名的司芬克斯形象。这个大型雕像是埃及的象征，也是世界上最著名的古代雕像之一。

司芬克斯扮演着守护者的角色。虽然埃及文明早已消失，然而司芬克斯却仍然守在荒凉的沙漠地区，守卫着法老墓中早已不复存在的宝藏，这些宝藏曾在这片沙地中埋藏了上千年。

它们狮子般强壮的身躯以及宽大的翅膀使它们能以闪电般的速度在陆地和空中穿行。司芬克斯聪明、傲慢，它们所提出的谜题需要每一个过往的人认真对待。

埃及的特点
司芬克斯通常都戴着传统的埃及头饰。

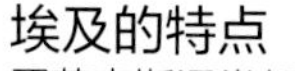

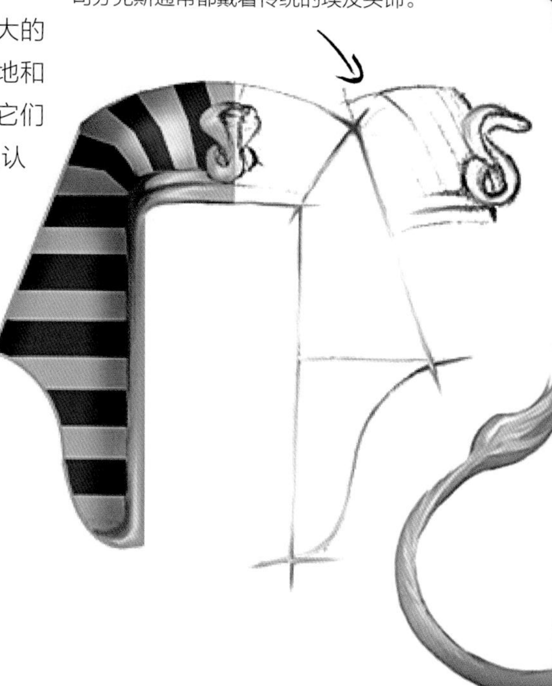

形象的来源和灵感的获取
司芬克斯有着狮子的躯体、老鹰的翅膀以及人类的面孔。在勾画轮廓的时候可以参照对应的事物。

细节的添加
羽毛的处理可以将椭圆作为基本形状，之后再添加对角线。羽毛可以彼此重叠，如下图所示。

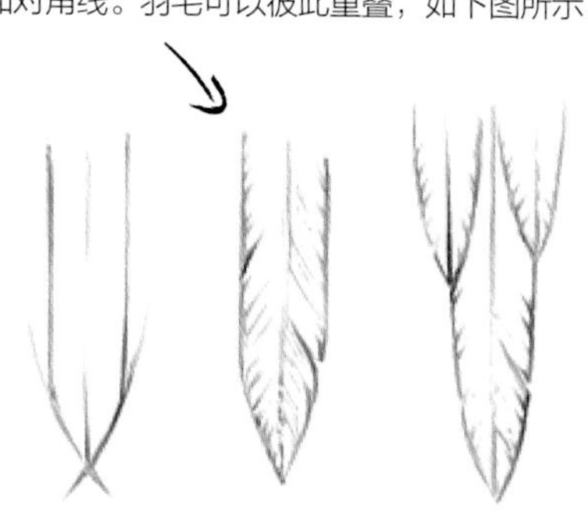

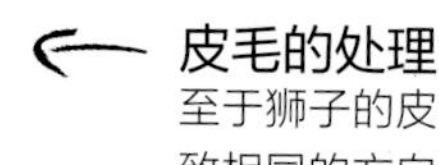

皮毛的处理
至于狮子的皮毛，可以用笔朝大致相同的方向勾画，长度和角度可以略有不同，这样能制造出凌乱和蓬松的效果。

勾画轮廓

先画出大概的轮廓，然后再逐步添加细节。

眼睛的处理

具有埃及风格的眼部效果：用纯黑色的线条勾画出椭圆形的眼部形状，就可以产生这种典型的效果。

上色

这里的司芬克斯是用Photoshop加工过的。用大块的颜色填充不同的区域，然后通过添加阴影和亮部使其形象更加突出。改变运笔的方向可以表现皮毛、羽毛以及金属的不同质地。

脚爪的处理

注意这幅图中脚爪的画法，和真实的狮子一样，中间的两个爪子略微向前。

狮子的步态

司芬克斯行走时会将双翼收拢。当狮子行走时，位于身体同侧的两条腿会靠拢，而另一侧的两条腿则会相应地分开。

角色速写：沙漠龙

沙漠龙的形象与印尼的巨蜥类似。除了鳞甲以外，沙漠龙还有着与犀牛、大象类似的褶皱皮肤。

虽然沙漠龙带有翼翅，但它的翼翅却难以承受其庞大的身躯。因此，只有当它从悬崖上或峡谷上向下俯冲猎食的时候，才会用到它的翅膀。沙漠龙主要生活在干燥的沙漠峡谷中，或者是多山的地区。它的主要猎物有绵羊、山羊以及各种牛类。

沙漠龙口中可以喷火，但它只在极少的情况下会这样做——自卫，或是在交配期的夜晚。绚烂的火光将吸引到雌性的沙漠龙。

头部的画法

龙头的大致形状是一个三角形，或者类似于一个有透视效果的圆锥体。

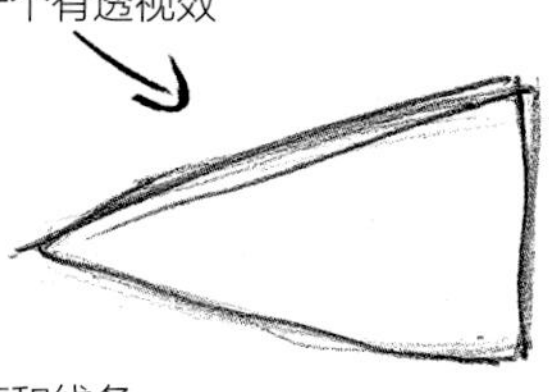

头骨的画法与其他生物的原则一样，用圆形的线条表示大脑所在的位置。至于颌骨，与身体的其他部位一样，可以参照恐龙的画法。

长而尖的脸部轮廓和线条是为了使龙看起来更具有流线型，同样的原则也适用于生活在水里的龙。

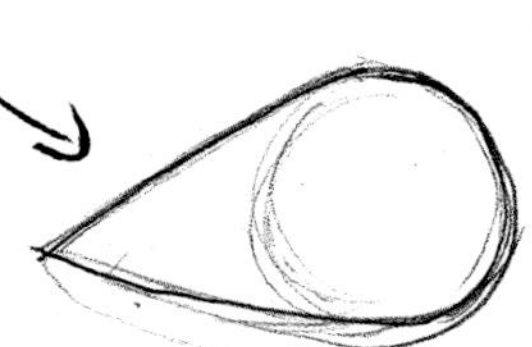

画龙的时候很少使用粗短的头部，因为这样一来，无论你画多少犄角和牙齿，龙都会显得愚蠢、憨厚、笨拙或者没有威胁性，就像是乌龟一样。

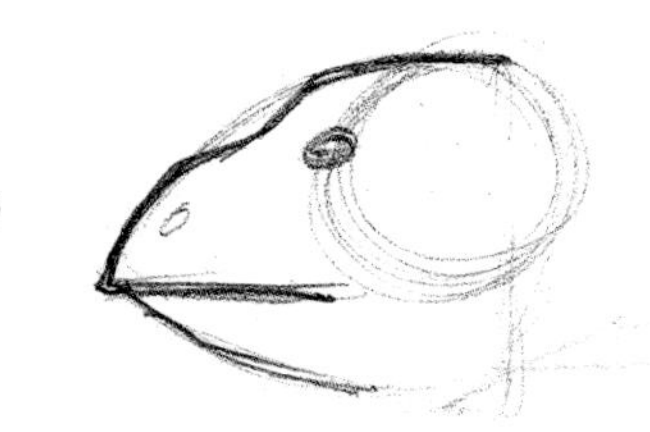

长而尖的头部使龙看起来狡猾、强健，并且更具有威胁性。

火焰的形状

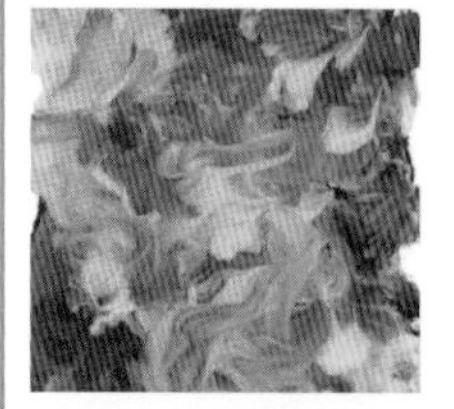

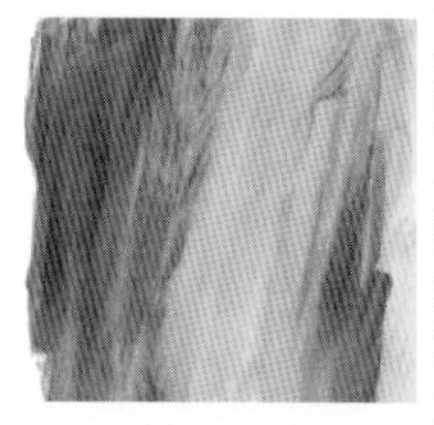

要想表现火焰的凶猛和力量，不仅需要颜色，还需要使用恰当的形状。和圆形的、卷曲的线条相比，长而伸展的线条更能表现出火焰的咄咄逼人。

龙的构造

龙的基本形态的构建，可以参照104页的基本原则。

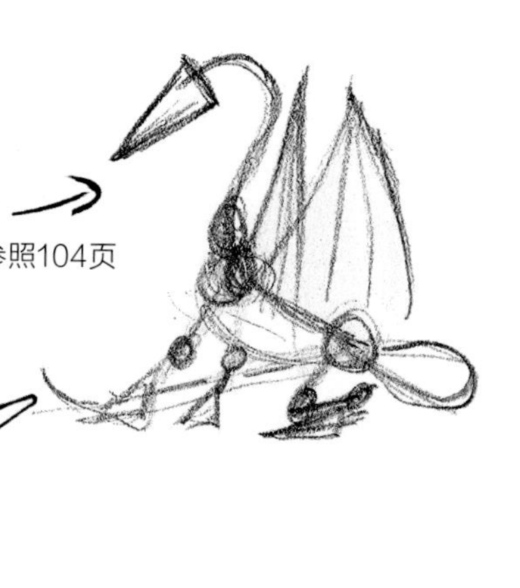

喷火

如果你想画一只喷火的龙，以下是一些有用的技巧：

叠加不同的颜色

颜色是可以不断叠加的，以创造出不同的质感和形状。先用红色打底，再着以柠檬黄。着色时注意烈焰喷出的地方，如龙的嘴部，应该是最浅的色调。最后，在颜色最深的区域着紫色。与水彩相比，丙烯颜料或者防水的颜料是最佳选择。因为如果选用水彩，你将不得不先着浅色，即黄色系。

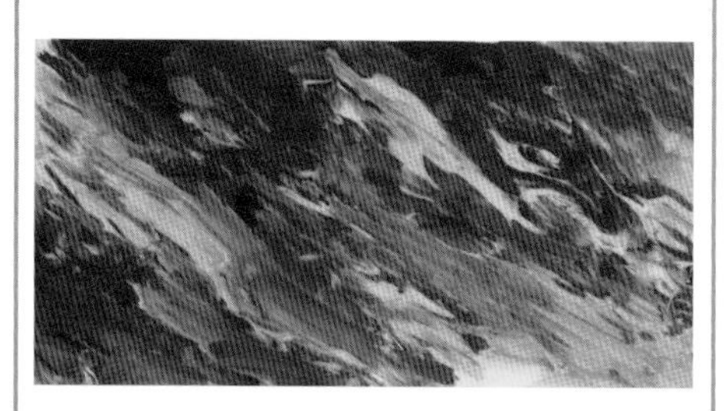

厚涂

这里使用了浓烈的颜色和厚涂的方法，用两种或两种以上的颜色创造出需要的火焰效果。你可以使用丙烯颜料、水粉颜料，甚至可以使用油性的颜料，但是在着色的过程中，颜色一定要保持湿润。因此，如果你使用了丙烯颜料或水粉颜料，一定要迅速着色。

笔墨技法

笔和墨是画龙时最好的表现工具，因为它们可以表现出更多的细节和多变的线条。画沙漠龙的时候，可以使用尖细的乌贼墨笔，从而制造出比纯黑色更粗糙的效果。为了进一步构建形态和纹理，可以在较暗的区域加上更多的墨点，如由表面纹理带来的阴影部分，而在明亮的区域可以少使用甚至不使用墨点。

1. 用纤细的钢笔画出褶皱。运笔角度的不同会带来线条粗细的变化，握笔越斜，线条越细。适当添加墨点和细线，增加皮肤的质感。

2. 对于中间的调子，使用中粗的钢笔。但是这一次，不要从头至尾使用同一个角度的线条，而应该想象它的形状，并尽量使线条的角度表现出皮肤的起伏。这一阶段最好不要让线条重叠。

3. 处理较暗的区域时，同样需要注意表面的起伏和曲线，但也要注意使线条与第二步中的线条保持一致。对于最暗的区域，可以缩小线条的间距。

完成后的作品

这幅插图的绘制最初用的是铅笔，后来又用了钢笔和墨水。在这里，软芯铅笔被用来铺中间的调子，以及构建主要的形状框架。

着色

着色的过程按照由浅到深的原则，使用了薄薄的丙烯颜料涂层。最初使用的颜色是混合了赭黄色和紫色的棕色系。随着阴影的加深，紫色的使用量逐渐增加。龙的脊柱上添加了群青色，为了整理画面的边缘及突出部分强光区域，在最后一个阶段使用了不透明的白色丙烯颜料。

角色速写：沙漠行者

在漆黑阴冷的夜晚，居住在沙漠深处的贝都因部落的人们围拢到篝火旁，开始小声地谈论在沙丘中让人不寒而栗的各种生物。这其中最让人恐惧的莫过于沙漠行者了，它是噩梦的开始。

有时，这些居住在北欧沙漠深处的人们会在清晨醒来时，发现他们头天晚上拴好的骆驼一夜之间都没有了踪迹。只有沙地表面隐约可见的蟹足状的足迹无可辩驳地告诉他们，这些骆驼早已成为沙漠中最为可怕的食肉动物口中的猎物。人们纷纷传言，这种动物如何躲藏在沙丘下面，在沙地里无声地穿行，并如何突然出现在猎物的身边，用有毒的尾巴、有力的爪子和啪嗒作响的嘴发动猛烈的攻击。

要想画好这一类幻想中的生物，需要参照现实世界。这种生活在沙漠中的动物，它的形象通常兼具蟹、蝎子和食肉鸟类的特征。

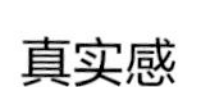

真实感
这张图参照了蝎子的尾部，表现出了沙漠行者尾部致命的尖钩。用这个尖钩，它可以将有麻醉作用的毒液注入猎物的体内。

草图
用粗笔尖的马克笔快速勾画出怪兽的基本特征，不需要精细的线条和形象。可以多画几幅这样的速写以构建怪兽的基本形态。

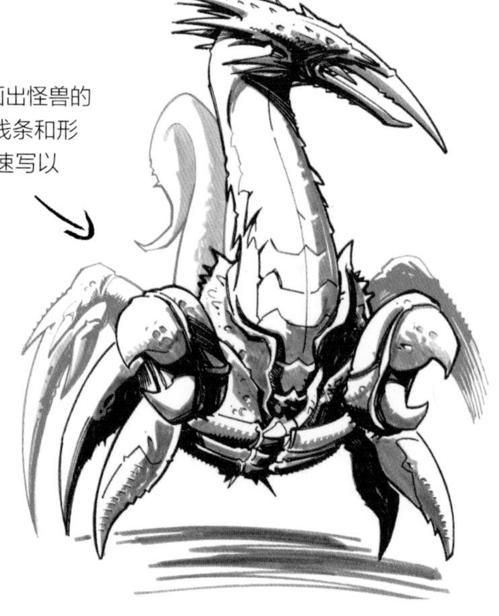

画腿
刻画腿部的时候使用了简单的几何形状。

腿部的纹理
在刚才画出的基本几何形状的基础上，用铅笔试着勾画出腿部甲壳状的纹理。

爪子的细节
多画几幅速写，这样有助于将现实生物的不同元素进行组合，以构建怪兽的形态。

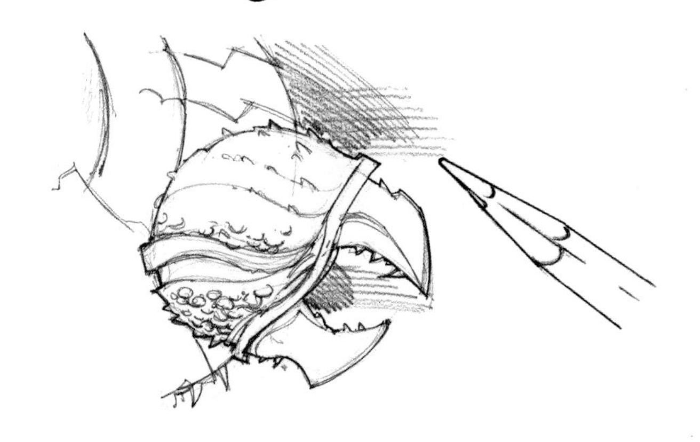

成型
这里使用了透视法以刻画出怪兽腿部的轮廓和纹理。

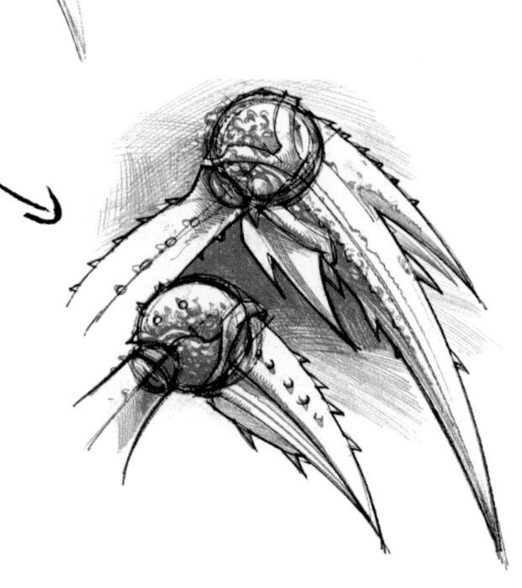

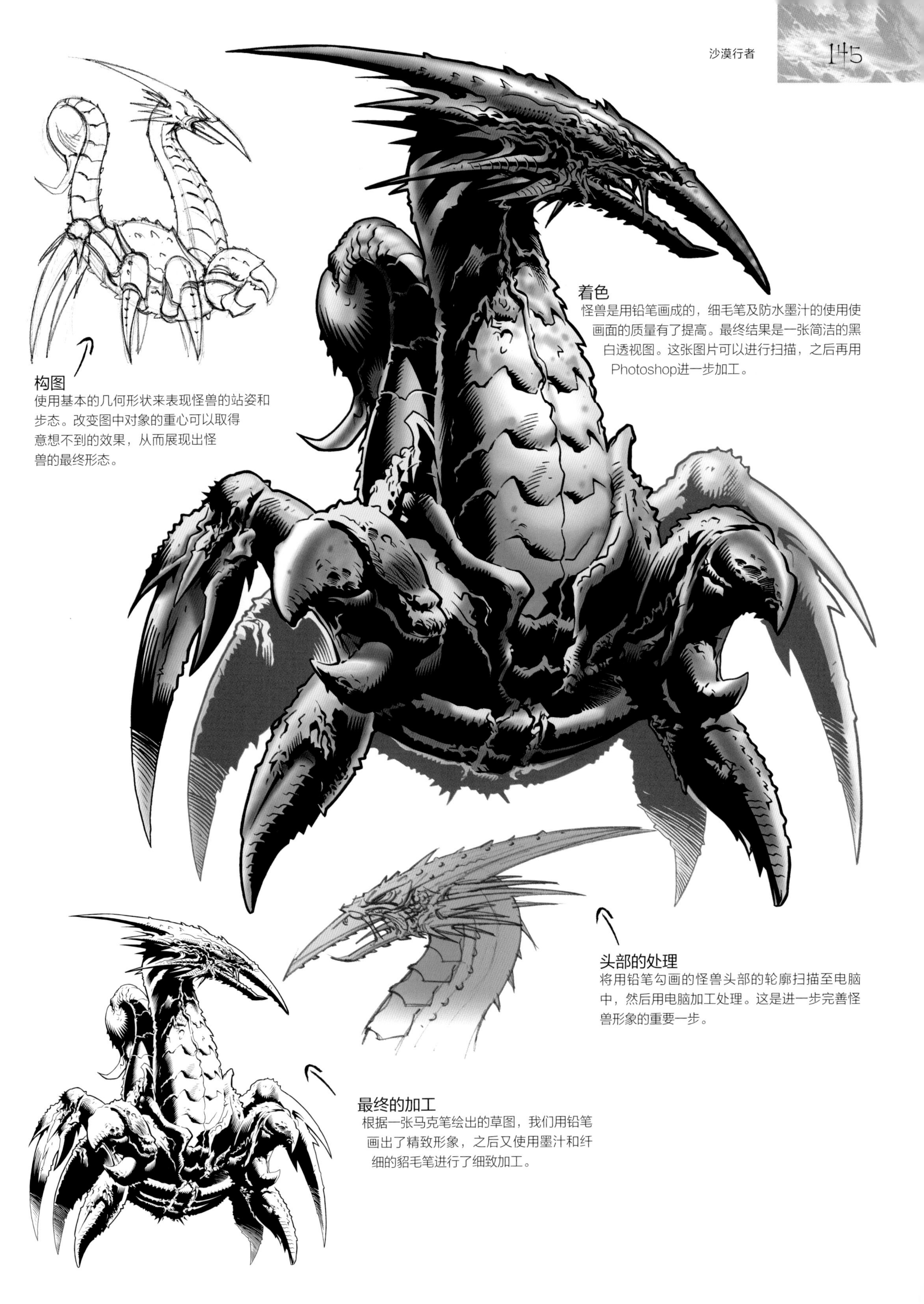

构图

使用基本的几何形状来表现怪兽的站姿和步态。改变图中对象的重心可以取得意想不到的效果，从而展现出怪兽的最终形态。

着色

怪兽是用铅笔画成的，细毛笔及防水墨汁的使用使画面的质量有了提高。最终结果是一张简洁的黑白透视图。这张图片可以进行扫描，之后再用Photoshop进一步加工。

头部的处理

将用铅笔勾画的怪兽头部的轮廓扫描至电脑中，然后用电脑加工处理。这是进一步完善怪兽形象的重要一步。

最终的加工

根据一张马克笔绘出的草图，我们用铅笔画出了精致形象，之后又使用墨汁和纤细的貂毛笔进行了细致加工。

角色速写：沙漠精灵

沙漠精灵完全是由沙子构成的，它可以由着自己的性子变成人和其他任意形状，从坚不可摧的形象幻化为虚无缥缈的轻烟。大多数时候，它不过是一大片沙地而已，与周围的环境并没有太大的区别。只有当它被激怒或者被打扰的时候，才会变为人形。

沙漠精灵动起来好像海浪，从一边滑向另一边。它的速度惊人，必要的时候可以达到每小时60英里（每小时100公里）左右。然而，由于它完全由沙子构成，它只能生活在沙漠中。

它的体内温度高达175~195华氏温度（80~90摄氏度）。它的双眼透着凶光，可以置任何生物于死地，要么把它们放到嘴里，或者用滚烫的黄沙把它们包裹覆盖。如果哪一个人类的旅行团不幸地遇到了这个生物，那么他们将被沙漠精灵吞噬，并从此消失在这个世界上。沙漠精灵的触觉相当敏锐，因为它体内的每一粒沙都是它的神经末梢。

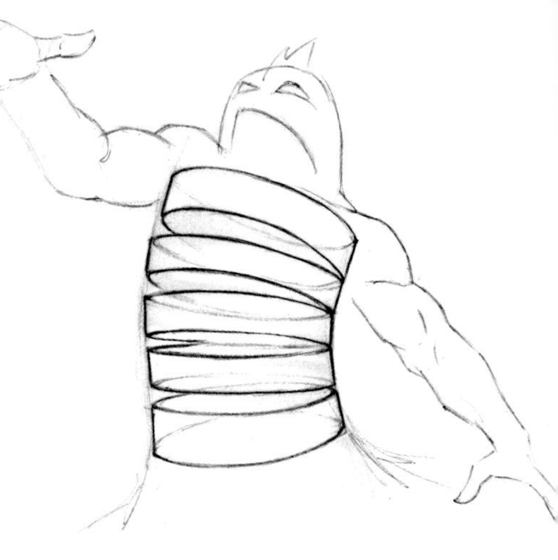

构图
如图中所示，可以用一系列短小的柱体构建一个弯曲的、拉伸的躯体。通过把柱体以不同的角度叠加，怪兽的身体将给人一种坚不可摧却又柔软弯曲的感觉。

沙的描绘

有很多种技法可以画出沙子的形态，下面列举了4种基本的方法。

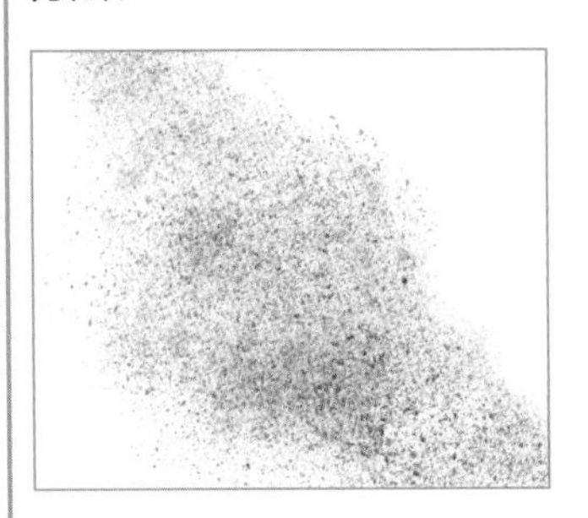

1. 用牙刷蘸一些颜料，在画面上洒下细小的微粒。

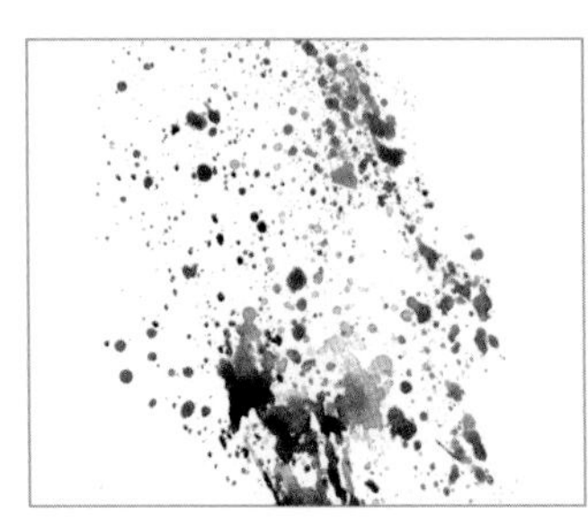

2. 用大一点的画笔蘸一些稀释的颜料，随意地洒下大一些的颗粒。

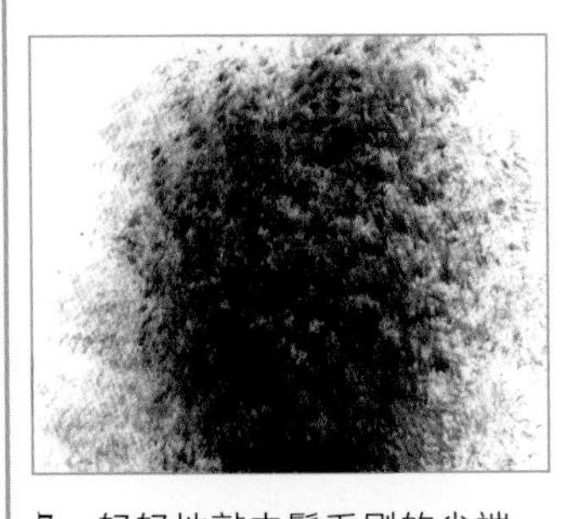

3. 轻轻地敲击鬃毛刷的尖端，制造出一种柔软而有纹理的外观。

4.用干画笔蘸一些未稀释的颜料，从表面轻轻刷过，用短笔触表现出色彩。

体型
为了表现出怪兽的庞大，可以把它放在一些已知的现实物体的旁边，如树或房子。比较这两幅图，在第一幅图中，怪兽可以是任意大小，然而在第二幅图中，可以清楚地了解到，这是一个庞然大物。

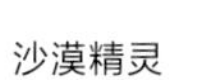

加工

当怪兽化为人形的时候，它可以完全按照自己的意愿，卷起周围的黄沙，构建自己的躯体，它的身高可以达到好几百米。这幅图是先在图板上涂上灰色，然后用丙烯颜料画成的。

上色

在灰色的涂层上加上一层薄薄的丙烯颜料以丰富它的色彩，最终细节的加工需要借助更多不透明的颜料。这些细节包括怪兽身上抖落的黄沙。怪兽体内一直保持着炽热的温度，这使得它拥有了一双红色的、发光的眼睛。

沼泽怪兽

获得灵感

沼泽湿热泥泞，是众多生物的栖息地。参观自然历史博物馆，或者当地植物的温室，能帮助你了解居住在这一环境中的各种生物。

1. 两栖类动物部分时间待在水里，用腮呼吸，到陆地上以后，改用肺呼吸。它们是冷血动物，因此它们的体温取决于周围环境的温度。
2. 蛇类身披鳞甲，属冷血卵生类爬行动物。它们没有四肢，靠扭动身体来滑行前进。
3. 长吻鳄不同于其他种类的鳄鱼，它有着又长又窄的吻，这是在水下捕食鱼和蛙的利器。它们的后肢和桨一样。长吻鳄很少离开水面，除了返回自己的巢穴。它对环境的适应能力很强。
4. 动物园和水族馆是了解沼泽动物特征的理想场所，比如说它们的爪和局部特征。

1

2

3
4

角色速写：巨型蠕虫

和它的小个子远亲一样，巨型蠕虫以动物的死尸和腐烂物为食。即便在受污染的地区，这种蠕虫也能安然无恙。因此，它的出现被认为是环境恶化的产物。巨型蠕虫的年龄可以用地质年代来衡量，它的化石表明它要早于人类出现。人们经常在墓穴周围发现巨型蠕虫的踪迹，尤其是它的化石，这说明它像恐龙一样，在一次浩劫后灭亡。

这种变异后的蠕虫，从解剖学的角度看，和毛虫有很多形似之处，包括吐丝器。不过，巨型蠕虫的吐丝器并不是用来结茧，从而蜕变成蝴蝶或者飞蛾的。巨型蠕虫用它的吐丝器来冬眠，以及囚禁和保存猎物。

生理档案

大小：36英尺（11.6米）

重量：900磅（408公斤）

皮肤：浅粉色，末端发光，呈绿色

眼睛：黑色

体征：杂乱的下层绒毛

构图比较

真实的蚯蚓能给人以动感，但蠕虫通常都给人以一种迟钝感。最好是以水蛭和毛虫这样的无脊椎动物作为参照。

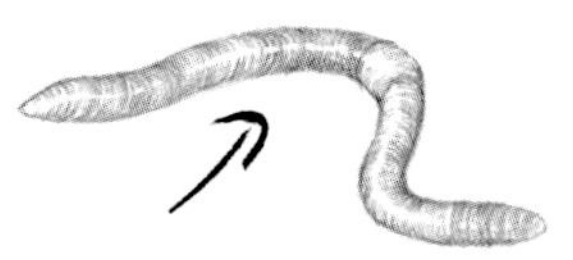

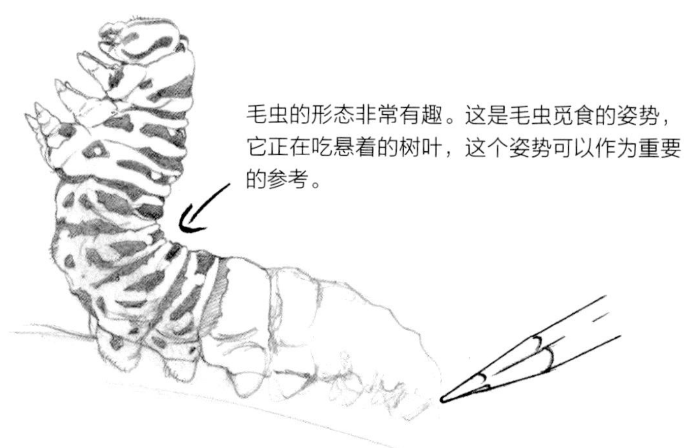

毛虫的形态非常有趣。这是毛虫觅食的姿势，它正在吃悬着的树叶，这个姿势可以作为重要的参考。

进食

巨型蠕虫的嘴部带有可以自动开合的链状附器，这些附器围在它的咽部周围。与其说这些附器像牙齿，倒不如说它们像锋利的爪子，抓取腐烂物，并将其送到嘴里。

构图

用一些随意的圆形构建蠕虫的躯体，把这些圆形都看做球体，并借助它们表现蠕虫身体的伸缩。将圆圈进行重叠，较大的圆形位于蠕虫的前部。

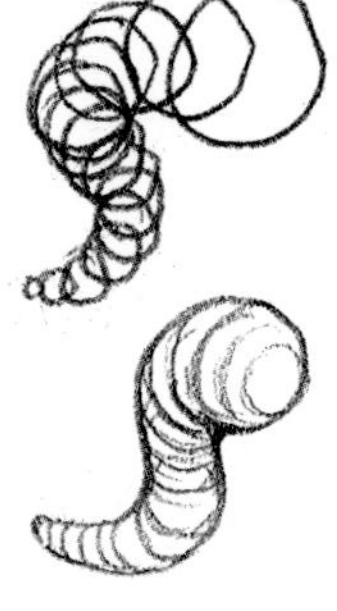

色彩

在决定采用哪种颜色时，要考虑到颜色的用途。在自然界，色彩通常起到两个作用，伪装或是警告。不过，巨型蠕虫不像真正的蠕虫或毛虫那样是好欺负的，因此颜色的选取有很大的余地。但颜色需要表明巨型蠕虫的栖息环境。后面一页中色彩的选择是为了呼应“病态”和“腐朽”的主题。

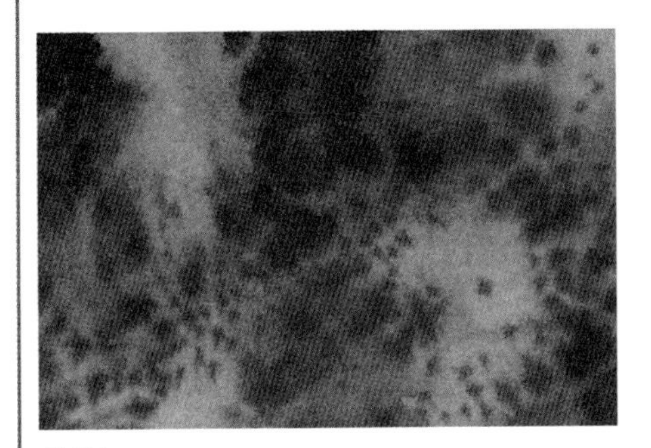

伪装

这样的图案能帮助动物隐藏在周围的环境之中，避免捕食者的猎杀。

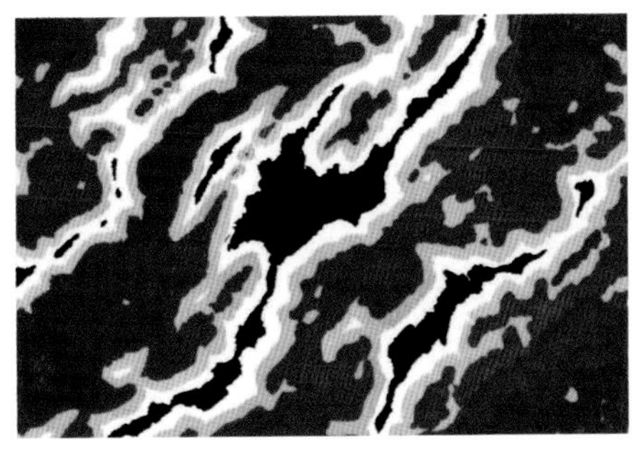

警告

这样的图案是为了警告捕食者不要发动进攻。在这种情况下，生物或者是剧毒的，或者是虚张声势。

伤痕

伤痕的颜色一般在最后步骤中添加，这个图案表明动物生活在黑暗的环境之中。

尾部细节

巨型蠕虫的尾部长着蜉蝣一样的锋利足趾，使其能够破茧而出。

最终图

在这个阶段，巨型蠕虫张开的大嘴里露出了牙齿。绘制时，最好忽略牙齿，这样就能给人一种感觉：它正在像巨蟒一般慢慢地消化未经咀嚼的整个猎物。与牙齿的咀嚼和研磨相比，这是一个更骇人的过程。

艺术家作品 ▶

艺术家作品

使用极细的灰色马克笔，借助灯箱将扩印后的草图转描到羊皮纸上。用丙烯颜料在画面上添加一层薄薄的颜料，末端使用绿色。需要突出的强光部分可以使用白色不透明的丙烯颜料。

所使用的颜色

丙烯
- 白色
- 赭黄色
- 紫色
- 群青色
- 熟褐

墨水
- 绿色
- 紫色
- 熟赭

彩色铅笔
- 黄色
- 暖灰色-深
- 黑色

记号笔
- 暖灰色

完成构图

用极细的灰色马克笔，把图像的轮廓以及主要的阴影部分转描到羊皮纸上。

刻画身体

将纸展开。待其干燥后用赭黄色和紫色混合的丙烯颜料在它的身体上淡淡地涂抹一层，以制造出暗淡的皮肤效果。用一支较大的画笔蘸大量颜料，将笔尖弄细，仅使用笔的尖端，用轻短的笔触进行刻画，留出必要的空白区域。

调色

对尾部及嘴部着色。首先用清水弄湿需要着色的区域，然后用稀释的紫色在最暗的部位着色，让其随着水分逐渐融合到画面当中。

背景的绘制

用一只碗来调色，将群青色、熟褐色以及紫色进行混合。这些颜料必须非常稀，要往碗内添加清水。用这种稀释后的混合色对整个背景进行填充。上色时，沿着蠕虫的轮廓，由内向外逐渐上色，在其身体下方留出空白。然后进一步稀释这种混合色，制造出一种比上次略浅的颜色，用同样的方法对地面进行着色。如果颜色太浓，可以用纸巾拭去多余的颜色。

制造发光感

背景干燥后，再次重复同一个着色过程。但这一次，将蠕虫身体周围那一圈留出，不进行着色，这样就能使蠕虫显得通体发光。

明暗处理

用浅黄色的蜡笔在靠近蠕虫身体的地面位置朝水平方向运笔，画出一道横线。之后用手指将蜡笔的颜色朝背景涂抹，使其融合。用深灰色和黑色的彩色铅笔加工蠕虫身体上的线条。较暗的部位使用较深的颜色，较亮的部位使用浅色，并使其逐渐淡入背景之中。

添加细节

与步骤3相同，在末梢部位着以绿色。用同样的方法加深嘴部的颜色，可以使用紫色和熟赭色墨水。

完工

在蠕虫身体的上部使用白色不透明的丙烯颜料，或者适当添加赭黄色后再次着色。在身体线条与背景融合的地方一定要上色。也可以用同样的颜色进一步突出末梢部位和嘴部。

角色速写：沼泽精灵

沼泽精灵是一头身强力壮的怪兽，它能够利用周边的环境，结合自然的生物变幻成形。人们很难认出它，因为它是由栖息 地的树藤和植物组成的。其他生活在沼泽中的生物，比如蛇，可能就栖息在沼泽精灵的树藤上。沼泽中的确有一些生物把这个怪物作为很好的掩护。

上色
图中这头让人生畏的沼泽精灵是使用Photoshop软件上色的，蓝色系和棕色系是用喷枪工具生成的。这就使你能喷涂不同的颜色，制造出不同的阴影效果。用手写板可以使你获得光滑的线条，比如精灵身上的藤条。这比画一只老鼠要难得多。

一般情况下，沼泽精灵浮出水面的速度很慢。然而尽管动作很慢，但它的“臂膀”却非常危险。它能迅速变换形状，爬到树上，攀附在垂直的表面。一个没有戒备的过路者可能会被沼泽精灵一口吞食，瞬间毙命。

手的画法
画出手部骨骼的框架，然后在上面添加藤枝和树叶，制造出三维效果。

构图

在构图时，用线条画出大致形状，然后再决定主要的藤条和树枝在什么地方，尽量使它们和精灵的形状一致。最后加入细节，如小的藤条、树叶和其他的生物。

想象精灵的出现

当精灵从沼泽中浮出时，你看到了它的形状：一堆腐烂的叶子变成了让人生畏的怪兽。

增加细节

沼泽精灵的嘴和眼睛是由陷入头部的藤枝构成的孔洞。身上缠绕的树藤越多，效果越好。

沼泽精灵身上的要件

尝试画出精灵身上的一些细节，如带着叶子的树枝、藤条、圆木和蛇类。

角色速写：沼泽猛禽

沼泽给艺术家们提供了丰富的想象空间：一潭死水下面潜伏着什么样的东西？在长满节瘤的沼泽树后面会躺着怎样的畸形怪物？在这个充满敌意的世界里，究竟会有哪些让人难以置信的生物？沼泽的世界是无限的，而人类的想象是有限的。

真实的生物给我们提供了很多素材。你可以变异和夸大它们的造型，从而获得神话故事中的致命怪兽。

鳄鱼、蜻蜓、蛇和沼泽中的其他居民可以作为理想的起点。用夸张的笔触可以制造出让人意想不到的效果。这里是用最常见的蟾蜍作为沼泽猛禽的原型。

表情
这幅图上的沼泽猛禽表情凶残，长舌利齿表明了它食肉的本性。

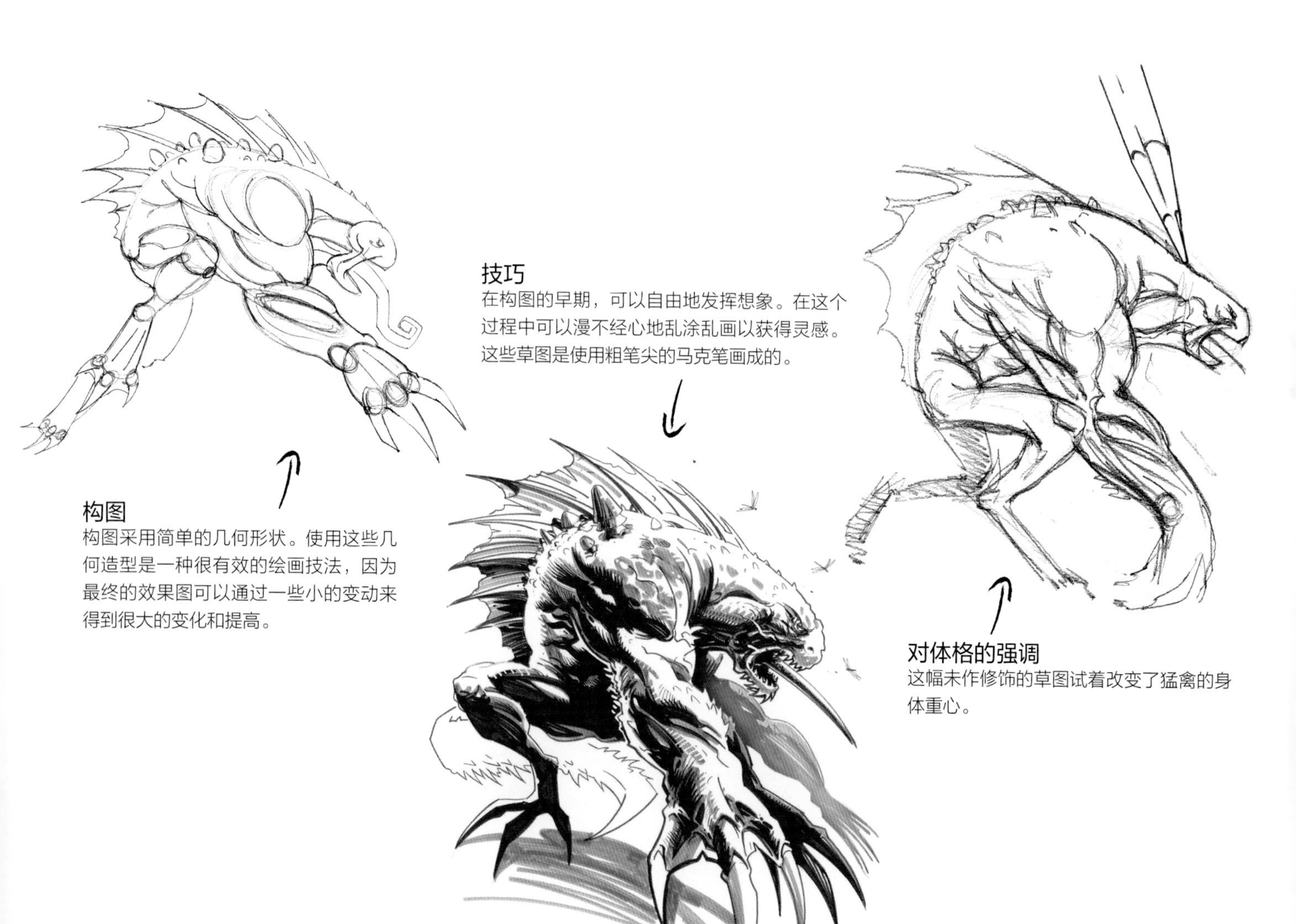

构图
构图采用简单的几何形状。使用这些几何造型是一种很有效的绘画技法，因为最终的效果图可以通过一些小的变动来得到很大的变化和提高。

技巧
在构图的早期，可以自由地发挥想象。在这个过程中可以漫不经心地乱涂乱画以获得灵感。这些草图是使用粗笔尖的马克笔画成的。

对体格的强调
这幅未作修饰的草图试着改变了猛禽的身体重心。

最终效果图

最终效果图完成后，使用一个灯箱，把这幅铅笔画转描到一个画板上。之后使用貂毛笔和墨汁进行绘制，画面的质量有了极大的提高。最终形成一张简洁的黑白透视图。这张透视图可以用电脑扫描后，再用Photoshop进行加工。

几何构图

可以使用一些简单的几何形状来绘制猛禽背上的真菌。一旦基本的形状确立了，可以通过纹理和颜色对其进行润饰。

形态的描绘

这一步的目标不是刻画出猛禽面部的细节，而是展现猛禽的站姿和步态。我们不能只关注静态的怪兽，有时候更应该设想一下，行动中的怪兽会是怎样的。

伪装

在沼泽猛禽等待猎物时，它背部的苔藓和伞菌进一步强调了它的自然伪装形态。

角色速写：沼泽龙

沼泽龙其实是一种巨鳗，但它有龙的特征。你可以采用画龙的基本技法来绘制沼泽龙。沼泽龙以腐肉为生，但在极度饥饿的情况下也会捕食活物。

整个夏天，沼泽龙都在休眠。它们喜欢阴冷潮湿的气候。

沼泽龙被现在的人们看做是环境的晴雨表，因为它对人类制造的污染忍耐力很差。沼泽龙的存在表明它所在的区域生态环境很好。

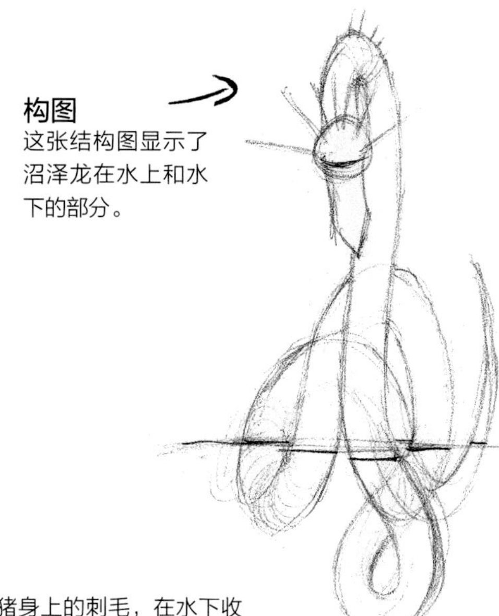

构图
这张结构图显示了沼泽龙在水上和水下的部分。

水彩技法

此处是3种基本的水彩着色方法。

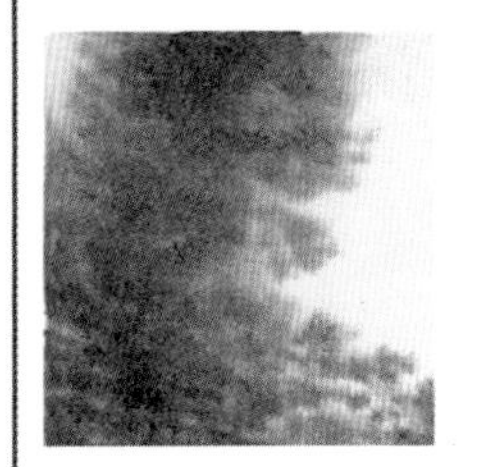

湿画法

在上色之前用清水将纸弄湿。颜料会在湿纸上发散，形成非常奇妙的云雾状效果。这种方法也可以用于丙烯颜料。但是丙烯干后不怕水，所以要在湿纸上涂上好几层丙烯颜料才能出现理想的效果。

干湿结合法

把颜色加到其他尚未干的颜色上，以便它们能相互扩散融合，在保持清晰边缘的同时形成有趣的颜色和色调变化。

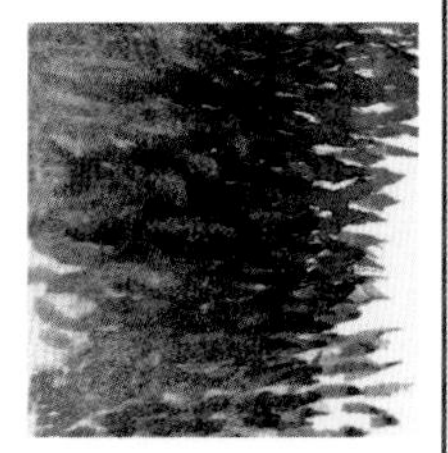

干湿结合与擦色法

在加另一层颜色前让现有的颜色干燥。第二层颜色干燥后会留下硬边，因此这是刻画坚硬细节的最好方法。你也可以通过移除一部分颜色来修改某个局部或制造亮部——如果某个颜色过深的话。把清水滴到一处，然后用吸水纸或小块的海绵吸走颜料。

对素描的加工
沼泽龙的角就像豪猪身上的刺毛，在水下收拢，只有在遇到潜在敌人时才会竖起，发出警告。

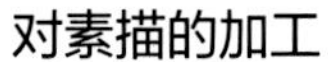

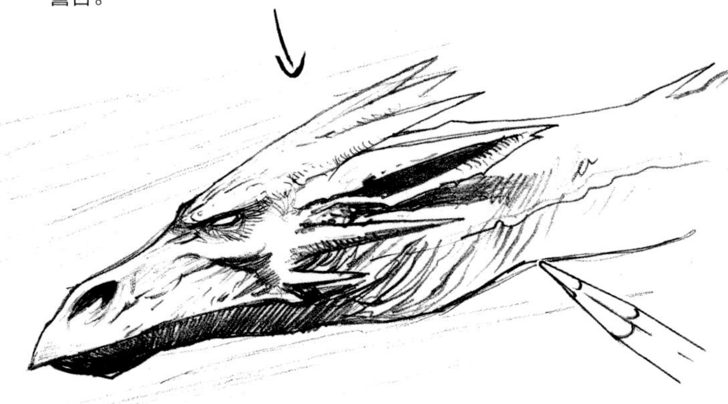

狡诈

愤怒

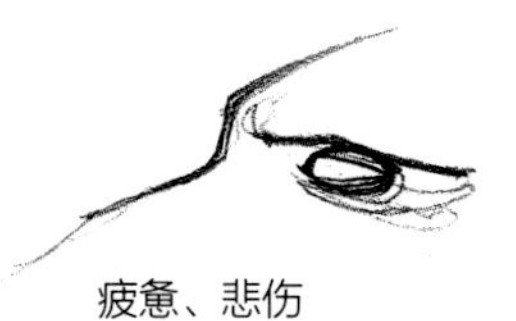

疲惫、悲伤

温顺

眼睛和表情
眼睛是心灵的窗户。正如以上这些图片所展示的一样，沼泽龙的眼睛也能够传递它的感情和性格。眼部的形状和眉毛的抑扬都能告诉我们它的感受。

3D效果

在制作3D效果时，眼睛要置于头部的正前方。鱼的眼睛长在头部两侧，因此它们看不到三维的空间，这就是为什么水缸中的鱼在撞上玻璃之前，无法辨别玻璃的远近。

上色

这头沼泽龙是用群青色、熟褐色、赭黄色和紫色水彩颜料画成的。强光部分用了白色不透明的丙烯颜料，线条部分是用极细的毛笔蘸黑色的墨汁绘制而成。绘制尖角效果时，将毛笔笔头在吸水纸上挤压弄尖。这幅画是在热压水彩纸上画成的。

栖息地

从沼泽龙头部垂下的腐烂植物可以看出它生存的自然环境。

角色速写：科洛皮卡龙

科洛皮卡龙是一种昆虫似的生物，只有3英尺（1米）高。这些节肢动物非常狡猾。尽管它们看起来很原始，它们却过着文明的群居生活。科洛皮卡龙的部落生活在咸水中的红树林和港湾里，以捕鱼和狩猎为生。它们也驯养诸如螃蟹和甲壳虫之类的节肢动物作为牲口，用它们的甲壳制作工具和武器。

从微型的昆虫到甲壳纲动物，有大约100万种已知的节肢动物，这些动物给我们创作怪兽提供了大量的素材。尽管它们种类繁多，但它们的躯体却非常相似。它们有坚硬的外壳、分成节的躯体和有结缝的腿，却没有脊柱。我们可以从好几类昆虫获得关于科洛皮卡龙的灵感。它有类似于黄蜂、蟑螂、蟋蟀和螳螂的特征。像大多数昆虫一样，科洛皮卡龙有分节、有角且有尖尖的身体。

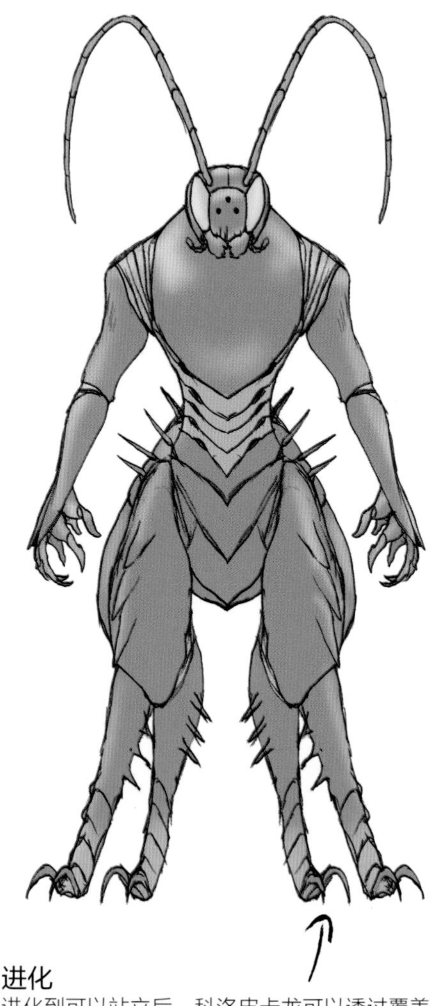

进化
进化到可以站立后，科洛皮卡龙可以透过覆盖红树林沼泽地的植物和残渣看东西。

绘制形态
要绘制科洛皮卡龙的样子，应先从简单的形状开始。

侧视图
尽管靠四条腿移动，科洛皮卡龙却能够直立起来。这样它们在保持良好平衡的同时，还可以空出两只臂膀。

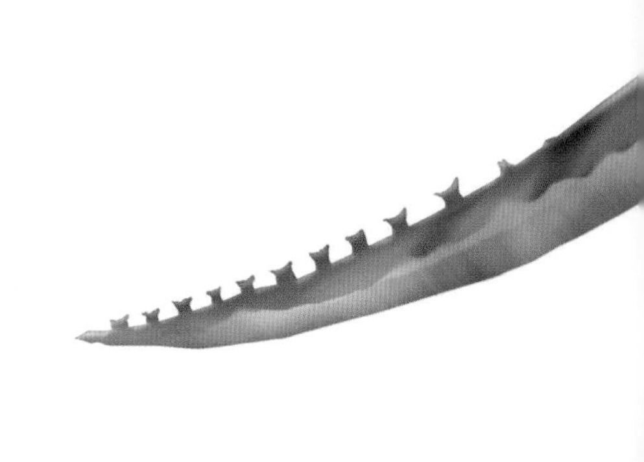

手

科洛皮卡龙的确是一种六条腿的生物。但是它前面的两条腿却已经进化成具有手的功能的器官，可以用两个对称的大拇指握住物体和工具。

盾牌

生活在红树林沼泽区的科洛皮卡龙能够同时收获森林和大海的馈赠。它们用大沼泽蟹的硬壳作为盾牌来猎捕更大的陆地甲虫。

分节给科洛皮卡龙上色

一旦你有了这一生物的基本图样，就可以用Photoshop分别为身体的每一节绘制和上色，然后再合并成最终的图像。这是一种不常用的方法，但是用来画节肢动物效果很好。

森林怪兽

获得灵感

到当地的树林或森林里走走，你就能获得关于这种环境的自然知识并激发出创作灵感。但是要想了解那些热带的生物，就得读读关于马达加斯加和亚马逊热带雨林的书了。

1. 此图中的熊看起来可爱而且友好，但是可不要被骗了，它是危险的林地野兽。
2. 许多生物通过获得与环境相似的外貌来保护自己。这东西长得像一片叶子，但是你的幻想生灵可以看起来像一整棵树。
3. 不要忘记思考你的生灵可能在哪里生活或者它是怎样照顾它的幼崽的。
4. 在观察大自然时，不要只看动物。环境也可以提供有趣的可能性。

3
4
2

角色速写：特洛尔

特洛尔形体古怪且丑陋，是斯堪的纳维亚民间传说中一种可怕的、憎恨人类的种族。它们不喜欢光，住在森林和黑暗的地方，并且只在夜间出来。它们是贪婪的进食机器，它们醒着的几乎全部时间都用来寻找和消费食物。它们的形体结构和步态与狒狒、猩猩相似，但是它们站起来时要高得多，有6英尺~7英尺（1.8米~2.1米）高。它们很少会被描绘为友好的生物。

特洛尔在民间传说中的地位随着基督教的发展而逐渐降低，在很大程度上它们的地位被更具恶魔性质的妖怪超越。这些妖怪似乎更加凶暴和具有破坏力。然而，这并不说明人们就不再惧怕它们了。

生理档案

大小：高达7英尺（2.1米）

重量：658磅（298.5公斤）

皮肤：深绿褐色毛，随着年龄的增长，会变成斑驳的灰白色

眼睛：淡蓝绿色

信号：爱在桥下筑巢；乱放的小石堆，因为它的粪便与空气接触后就会石化

画手

特洛尔不是以手的灵巧而出名的，它所使用的任何工具都很原始而且不是很有效果。在某种程度上你可以用人手作为结构参照，但你可以选择像此图中一样给它的手少画几个手指。

1. 总是从最明显的特征着手，如指关节，它们位于一条由手的角度决定的曲线上。

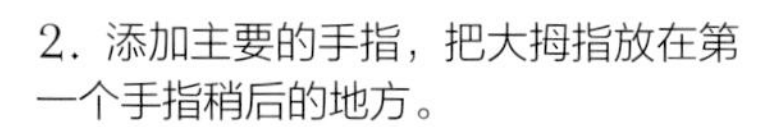

2. 添加主要的手指，把大拇指放在第一个手指稍后的地方。

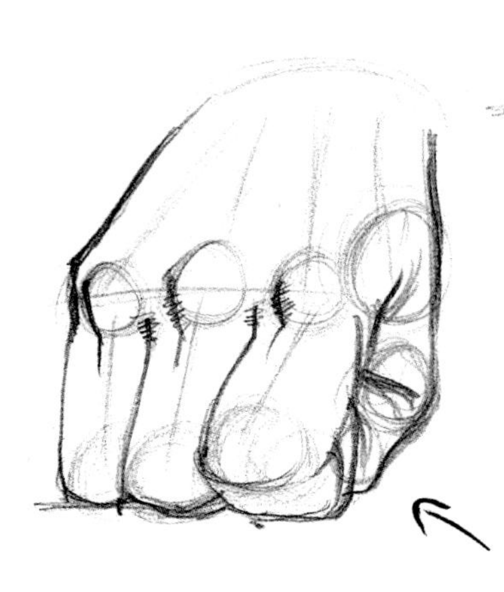

3. 手和手指的轮廓是由包裹骨头的皮肤和肌肉的厚度决定的。避免用直线，如果想表现肥胖的手指，应使用夸张的曲线。

灵感

一个似乎毫不相干的物体常常能帮助我们获得一个角色形状的灵感，你也可以直接以这个形状为参照，如此例中的大圆石。当特洛尔死亡时，他们的身体缩小到胎儿的大小，然后在把它们骨头中的钙质释放出来后就会变成石头。

试探想法
参考大圆石的形状，把四肢添加上去，直到效果满意为止。

1. 看起来太像土豆。

2. 看起来只像一个头，手臂太低了。

3. 手臂太高，没有地方画耳朵。腿太直了，这个特洛尔会摔倒。

4. 这个图像比较接近。

力量
这个特洛尔看起来好像可以在用四条腿跑的时候，爆发出很快的速度。

选择姿势
一旦你有了满意的形状，就可以进一步调整它的姿势。

艺术家作品 ▶

速写比较

不断尝试，直到得到令人满意的特洛尔的耳朵。

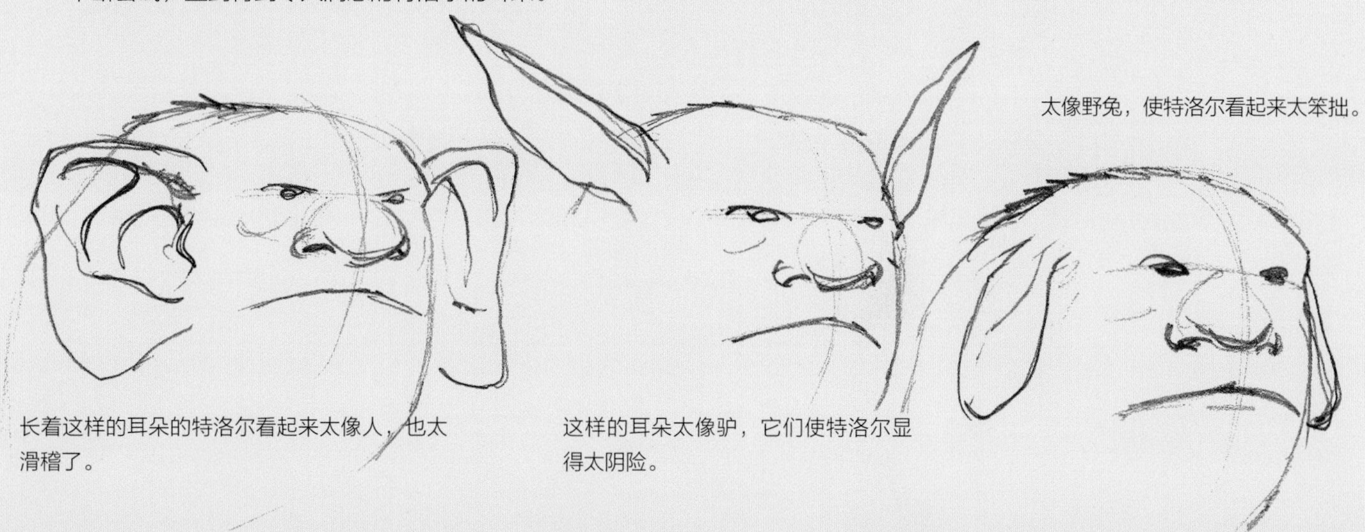

太像野兔，使特洛尔看起来太笨拙。

长着这样的耳朵的特洛尔看起来太像人，也太滑稽了。

这样的耳朵太像驴，它们使特洛尔显得太阴险。

艺术家作品

艺术家在复印机上把最初的草图放大到最终作品的大小，然后用彩色复印机把它复印到彩色纸上，同时调整颜色设定，使线稿稍带绿色。用透明的丙烯色和彩色铅笔上色，仅仅在亮部区域加上不透明色。

所使用的颜色

丙烯
- 鲜绿
- 铁红
- 赭黄
- 白色
- 群青

彩色铅笔
- 淡黄
- 法国灰-深
- 法国灰-中
- 法国灰-浅

上色前设定颜色

在电脑上放大铅笔草图，去掉不必要的线条，然后按照灰度等级把图像打印到普通的白纸上。用彩色复印机把图像复印到彩色纸上（此处是灰色纸），同时调整颜色设定，使线稿稍带绿色。

填充身体形状

把纸铺在画板上，让它自然干燥。仅在图像部分涂上薄薄一层透明的丙烯颜色。颜色为泥绿色，是通过将鲜绿色和铁红色混合而成。第一层颜色干后，再加上新的一层，使阴影部分的颜色加深。

皮肤变化

用淡黄色的彩色铅笔给亮面上色，注意手和脸等细部。用随意的速写线条刻画出皱纹、头发和皮肤褶皱等细节。

创造空间

用一种介质和深法国灰色的彩色铅笔在其身体背后加上烟尘。这样就打破了背景画面单调的灰色，使怪兽的形体得到突出。

给皮肤增加深度

首先用身体的颜色在浅色区域添加阴影。调配一种与淡黄色在灰色画纸上的效果相配的颜色，然后用白色、赭黄色、铁红色和一点鲜绿色将它变淡。

额外的光

在脸和手的一侧增加第二个光源，使其皮肤有一种反光的、闪亮的效果。这些颜色是通过将前面肉体的色调与更多的鲜绿色和群青色混合而成的。用淡法国灰色的彩色铅笔刻画出眼睛。

角色速写：刀背兽

刀背兽很大，长达8英尺（2.4米），重660磅（299.5公斤）。它野蛮地捍卫自己的地盘，始终保持高度警惕。在遭遇战斗的时候，它随时准备保护家族。它很可能会在爆发的瞬间强有力地击倒侵犯者。

寻找刀背兽明确的信号，是仔细寻找被踩踏过的灌木丛、浓密的森林里被弄糟的小径、大声的咕噜声和碎裂的声音。画这头怪兽时，应在它的长牙和嘴部周围留有血痕。要表现更强的效果时，甚至可以表现出一股鼻息从它的鼻孔里冒出来。

尾巴的细节

刀背兽的尾巴如同长牙一样强大。它短而结实，长满危险的刺，可形成大面积的创伤。

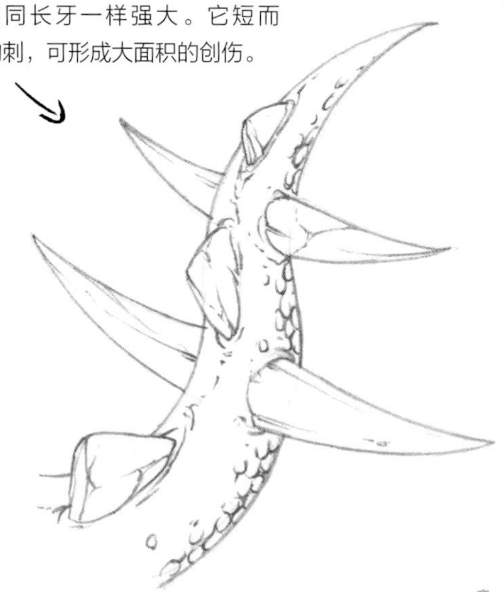

绘制形状

刀背兽的形状主要由相互交叉的圆形构成。一旦它们排列有序，就可以添加细节了。交叉圆形使透视具有深度感，并且使你创造出的形象非常生动。

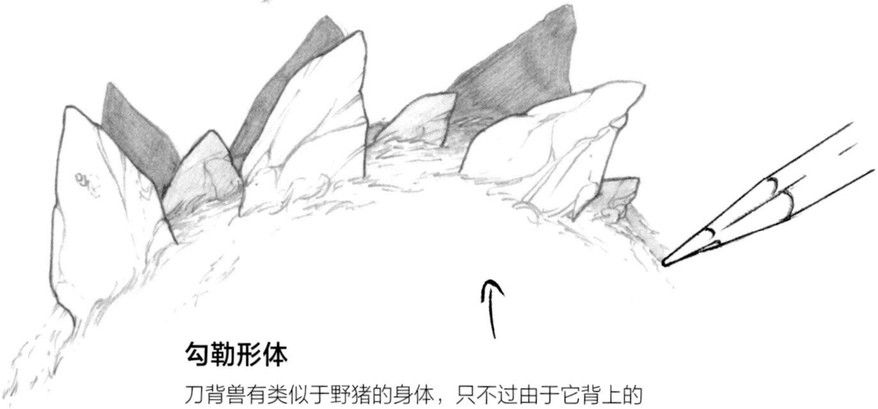

勾勒形体

刀背兽有类似于野猪的身体，只不过由于它背上的三排刺而得名。外排的刺大而平，以保护它不受更大或空中生物的袭击。中间的一排较小，沿着脊柱生长。

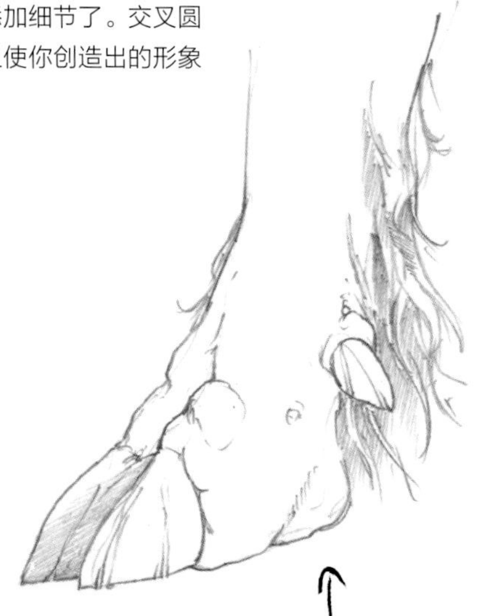

现实适应幻想

刀背兽的脚蹄非常像猪的蹄，只是更大且有更多的毛。猪的蹄基本上是由两个大的、改良了的脚趾组成的。

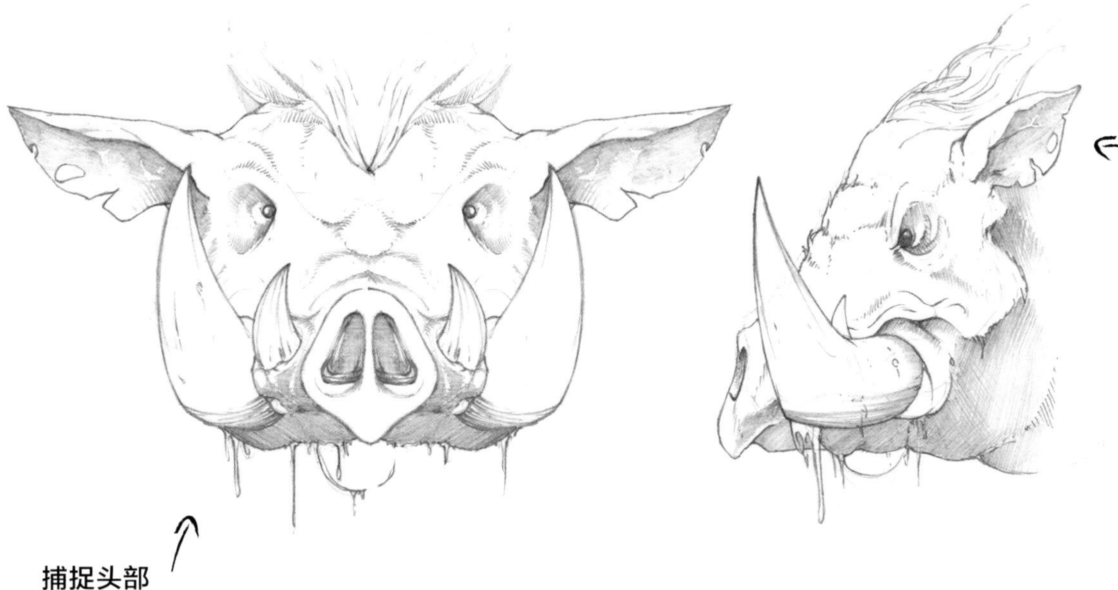

侧视图

刀背兽獠牙的构造使它能够在进攻时放低头部，这样就能保护诸如咽部之类比较脆弱的部位，而只暴露锋利的獠牙和有着厚厚头颅的头顶。这使刀背兽在进攻时能轻松地穿透装甲，刺穿任何敌人并且保护自己。

捕捉头部

它的头宽而平，厚厚的颅骨可以使它在用头攻击猎物时避免受伤，小小的、珠子般的眼睛从大大的獠牙上看过来。这个怪兽的头具有非同寻常的对称性。

用层叠法上色

这头怪兽是先采用手绘，然后在电脑上用Photoshop制作完成的，但是也可以用传统的方法来绘制。加上多层颜色，开始时用深红色，与骨头的颜色形成对比。由深到浅地涂抹，形成光影的层次。随着操作的进展，对细节进行再次加工。

角色速写：人首马身怪

人首马身怪是人与马的杂交产物，与它的出处有关的历史神话传说相当模糊。有些人说它们是佩加瑟司——有翼神马的后代，但另一些人则相信它们出身于伊克西翁的拉匹斯王，作为对国王残暴堕落的惩罚。这一传说可以解释它们野蛮而淘气的行为方式。

人首马身怪是非常出名的猎人而且跑得飞快。它们四处游走，在它们的临时营地与广阔的林地之间漫游。这些充满了马蹄印的废弃营地常常是它们神秘行踪的第一标志。

马的特征在人首马身怪身上都有所体现，但是很少有斑点化的变体。

配件
附加的细节可以使一个形象更加有趣，也可以为观众提供更多关于它的信息。画人首马身怪时，添上皮带和树叶以及植物图案相结合的配件可以强化这一观念——那就是，这头林地野兽与自然环境十分协调。

视点
从哪个角度画这个生灵会改变我们对它的感觉。采取从上往下看的视角会使它显得很脆弱，仿佛观察者在高高的树上要伏击这头毫无警惕的生物。与此相对，从一只蠕虫的视角来看，会使它显得更加强大。

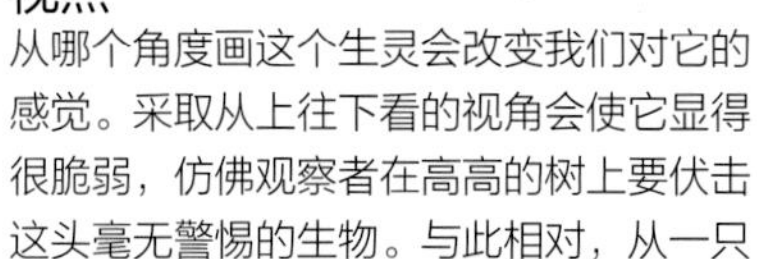

为这头怪兽画速写
在速写步骤中你可以轻易地改变形象设计，反复画是这一过程中很重要的一部分。在进一步刻画细节之前应先画一幅粗略的全图，以确保基本要素都正确。

动作感

此例中将静止的鬃毛和配件与运动中的鬃毛和配件相对照，十分明显地展示出了创造更戏剧化形象的方法，而且描绘出了急驰的人首马身怪的形象。

给怪兽上色

用丙烯颜料给人首马身怪上色，由深到浅地涂抹。画好最深的部位后给整个图像涂上一层浅淡的水色，最后刻画亮部。

形态

人首马身怪是人与马相结合的怪物。要把两者成功地结合起来创造一个栩栩如生的角色，你得对人和马的形体都很熟悉。

角色速写：森林龙

这些龙没有四肢和翅膀，完全适应浓密的热带雨林和落叶林里的生活。它们最近的亲戚也许就是大蟒了。森林龙得用和蟒蛇差不多的方式移动和捕猎。

这种龙没有热腺，因此它不会喷火。由于是冷血动物，它会在冬季冬眠几个月。

生理档案

大小：长达120英尺（36.5米）

重量：4吨

皮肤：斑驳的褐绿色

眼睛：鲜绿色（发光）

信号：地上深深的沟痕；从地面到长树叶的地方都被剥落了树皮的树

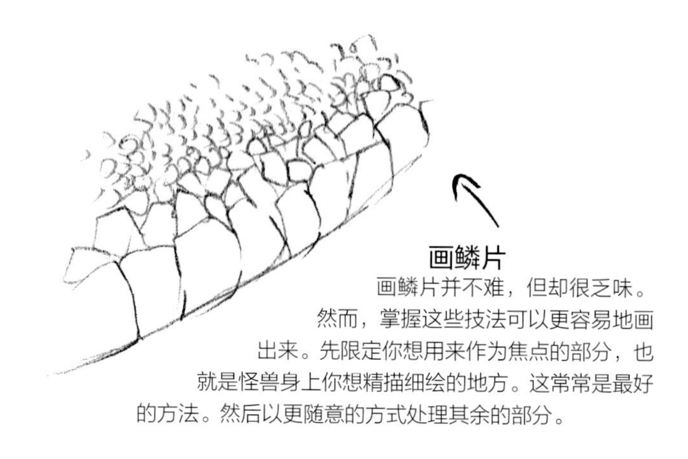

画鳞片

画鳞片并不难，但却很乏味。然而，掌握这些技法可以更容易地画出来。先限定你想用来作为焦点的部分，也就是怪兽身上你想精描细绘的地方。这常常是最好的方法。然后以更随意的方式处理其余的部分。

角

角主要用来表达意图，如吸引配偶、警告敌人或是表明在群体中的地位。可以参照恐龙来获得灵感，这些角可以是艺术家选择的任何颜色和图案，找出真实的例子作为参考吧。

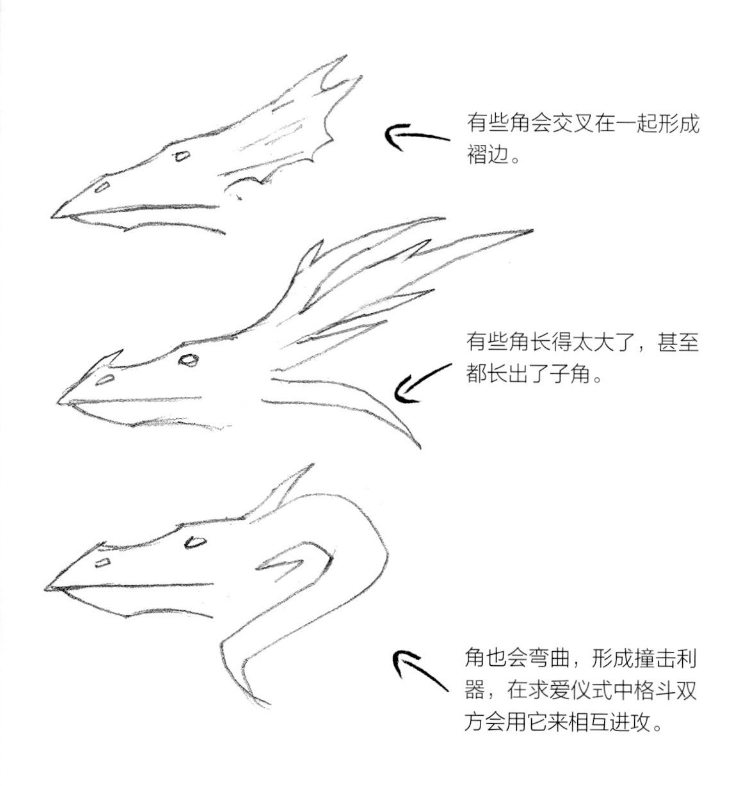

有些角会交叉在一起形成褶边。

有些角长得太大了，甚至都长出了子角。

角也会弯曲，形成撞击利器，在求爱仪式中格斗双方会用它来相互进攻。

角的生理结构

龙的角很可能是从骨头离皮肤很近的地方长出来的。此图中的阴影部分就显示了这些部位：鼻子、头颅以及下颚靠后的部分。

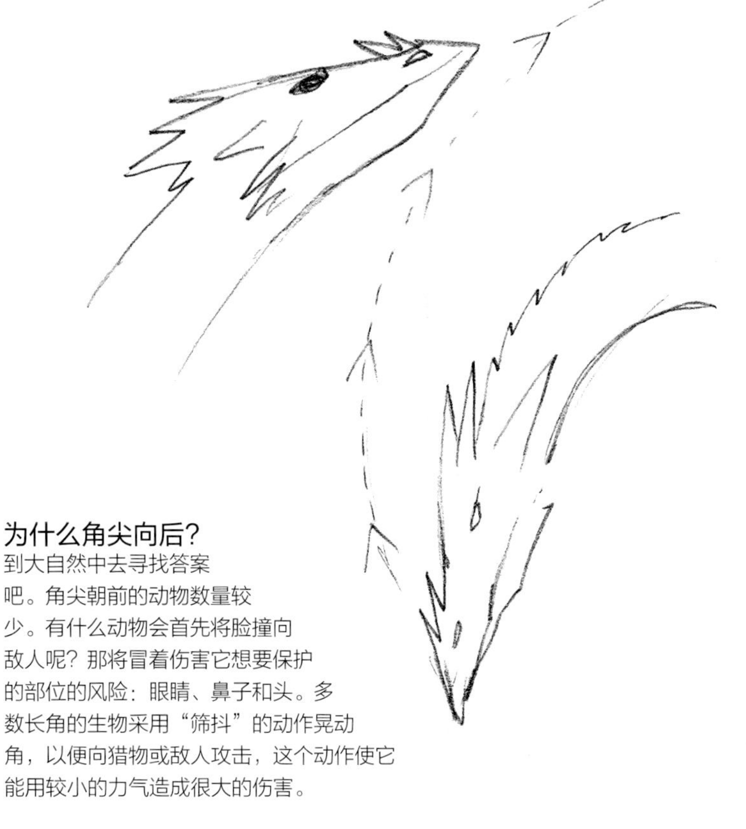

为什么会有角？

角的数量并不重要，可以很少也可以很多，可以任意选择。但是有一点很重要，角有三个作用：攻击、防御和炫耀。

为什么角尖向后？

到大自然中去寻找答案吧。角尖朝前的动物数量较少。有什么动物会首先将脸撞向敌人呢？那将冒着伤害它想要保护的部位的风险：眼睛、鼻子和头。多数长角的生物采用“筛抖”的动作晃动角，以便向猎物或敌人攻击，这个动作使它能用较小的力气造成很大的伤害。

艺术家作品 ▶

速写比较

一开始，龙的形态可以简单得如锯齿状的线条，用三角形表明头部的位置。龙的姿势和结构可以基于这个“核心”线条来绘制。

要绘制一条侵略成性的龙，要画一根如同线圈形的管子并且朝着尾巴越来越细。你可以把它画得要多长有多长，要多复杂有多复杂。让线条相互交叉，这样有助于把线圈连接起来，多余的线条可以稍后再擦掉。

这条龙看起来像眼镜蛇，好斗而且马上就要进行进攻。我们不要这个姿势，而是选择更放松的一种像大蟒那样笨重的蛇的姿势。这些蛇并不以速度著称，它们盘踞在一处等待，然后突然袭击毫无戒备的猎物。一条笨重的龙也会以同样的方式保存它的能量。

艺术家作品

使用的颜色

丙烯

- 柠檬黄
- 群青色
- 紫色
- 熟褐
- 白色

纤维笔尖的钢笔

- 黑色

艺术家把最初的草图复印成最终作品的尺寸，然后用白色修正笔擦去不必要的线条，用尖细的黑色马克笔把完全黑色的区域涂黑。然后再把这个图像用彩色复印机复制到浅色的水彩纸上，颜色调整到使线条有绿色色调。用透明的丙烯颜料和彩色铅笔涂上几层，仅在最后几步用不透明的颜色整理边缘部分和亮部。

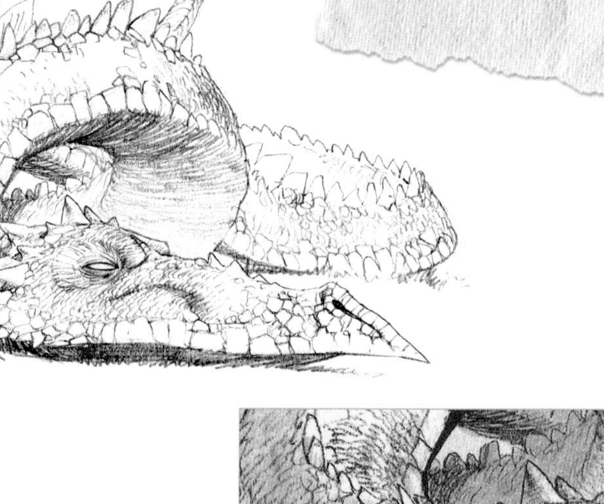

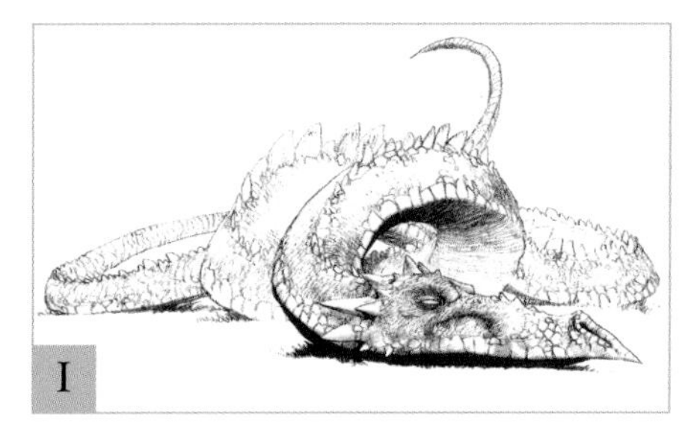

1

准备

在电脑上把不要的线条移除，然后打印图像。把它复印到水彩纸上。必须是彩色复印，颜色调整到使线条有绿色色调。

2

添加背景

把画纸平铺在画板上并让它干燥。然后再把纸打湿，给整幅画轻轻地铺上薄薄的柠檬黄丙烯颜料，使龙的黄色更强一些。

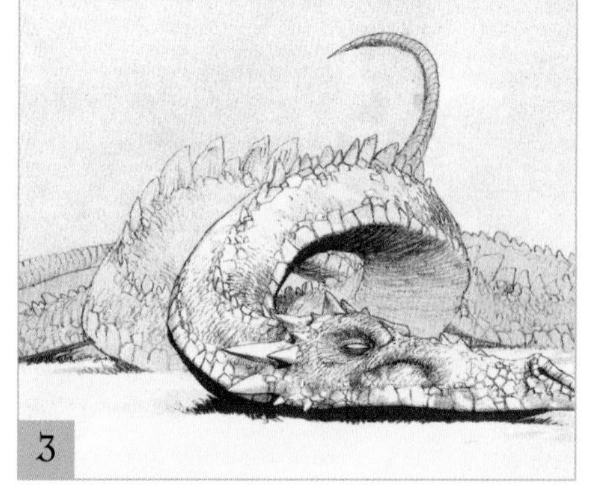

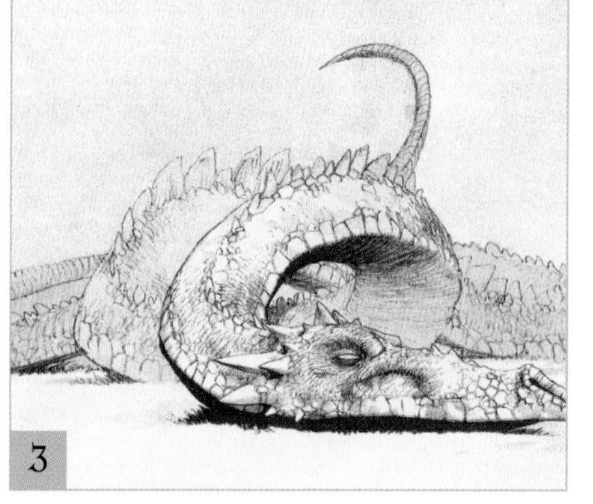

3

细化背景

让黄色干透。然后用大笔刷涂上一层非常淡的群青色，但是仅涂地面部分，不要涂龙休息的草地部分。

4

增加阴影

等底层颜料干燥后，在龙身上加上更多层的群青色，将一些部位留白以便形成龙身上斑驳的光点效果。在背景上添加细节可以掩盖上一步画错的地方。

涂上皮肤颜色

仅在龙身上涂上熟褐色。在鼻子和头部用最强烈的颜色，较远的部分则使用稀释后的颜色。至此，整个身体包括最初柠檬黄色和留白的地方都有了颜色。

制造颜色的变化

在龙身上的蓝色部分涂上一层淡淡的紫色，并将一些部位留白，这就确定了明暗的对比。将离龙身距离比较远的细节涂上更淡的紫色。

强化形态和纵深度

增加身体上的亮部。尽量和下面的颜色相匹配，然后用白色和柠檬黄在前额刻画高光，给较远的部分加上一抹群青色。最重要的是：将上部最明亮区域边缘的黑线条也涂上颜色，这一处理会把龙从背景中突显出来。

角色速写：刀牙树猫

长着巨大利牙的刀牙树猫作为史前凶猛的食肉动物早已声名远扬。刀牙树猫不会长距离地捕猎，而是更喜欢在一处等待猎物出现，然后跳起撞向猎物，把猎物撞倒后再用它的利牙在松软多肉的部位给予猎物致命一击。

它的牙齿和大型猫科动物相似，但是好几种其他哺乳动物，如黄鼠狼和熊，也有同样的特征。因此，可参考的动物是很多的。

这种动物好斗，因此把它画成进攻的姿态是很重要的。要表现出它的精力，一个好方法是使它看起来仿佛就要跳起来。所有活的东西都会运动，因此给你的怪兽一个动态的姿势有助于制造真实感。

虚构的世界
毫无戒备的行人，小心!

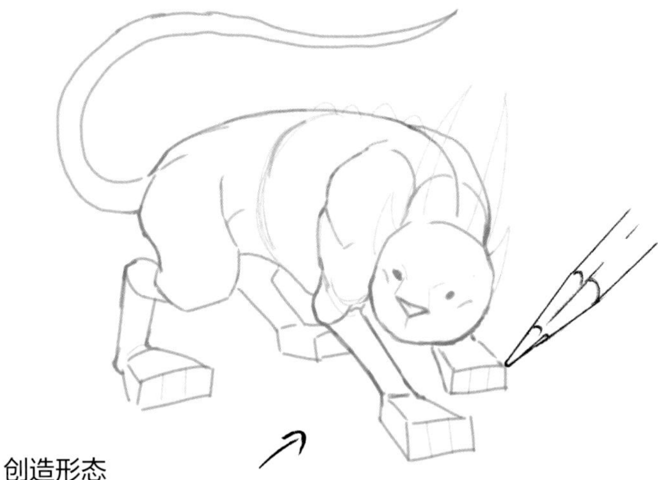

创造形态
先把简单但精确的图形适当排列成凶猛的姿势。我们很难从侧面看到事物完整的样子，从这个角度画怪兽会使它显得静止而没有生气，因此请从更激动人心的角度去画它吧。

头部细节
一个生物的头和脸常常是一幅线稿或彩色画的焦点，因此应该很仔细地画其中的细节。

用光
简单的明暗调子使这些形状显得更加立体，也可由此开始探索用光的方法。

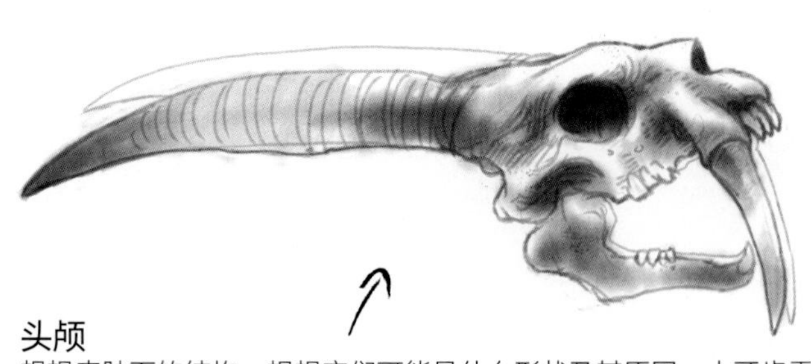

头颅
想想皮肤下的结构，想想它们可能是什么形状及其原因。大牙齿需要强壮的根基!

给怪兽上色
这个怪兽是用Corel Painter和手写板以数码技巧绘制的。在一块棕褐色的底色上给这个怪兽上色，由深而浅，渐渐画出中间色调和亮部。使用数码工具可以获得激动人心的纹理图案。

来自真实生物的灵感
仔细研究真实生物的形态结构能帮助你创作出生动和真实的幻想怪兽。

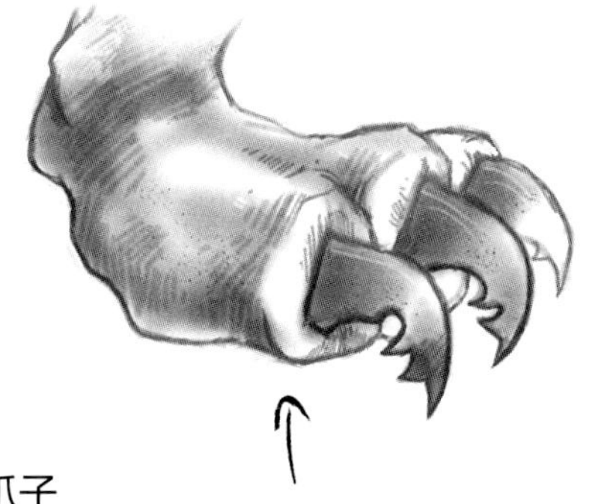

爪子
刀牙树猫像所有的猫科动物一样爬树，并且它有锯齿状的爪子来帮助攀爬。这一特征也在尾部的刀片上得到反映。

尾部特征
它的尾巴特别适合缠绕树枝和插进树枝以协助攀爬。它还是可怕的武器——从尾骨中长出的锋利刀片。重复一种特征能形成很有魅力的图案，改变其大小则会增加视觉享受。

角色速写：森林精灵

森林精灵聪明、安静且善于沉思。无论何时，在走路时它总是不离地面，它的脚会迅速地将卷须伸入泥土。在需要的时候，这个精灵能改变大小和形状并能长出新的树皮、树叶和更多的枝。

非常符合一个长寿而喜欢思考生物的特征是：行动非常谨慎，迈出一步可能要花几个小时甚至几天。因此当它决定迈出下一步时，草和青苔常常都已经在它的脚周围长大了。由于这种长时期的静止状态，人们常常把森林精灵当做一棵树，从它身旁走过。但是得当心的是，虽然它不会那么快生气，但是任何一个粗心大意的伐木工人想拿起斧头砍它时，这个精灵就会被激怒而迅速地进行出击。

影响和灵感

研究树木和森林可以使你绘制出令人置信的树皮纹理。如果你在创作你的树怪前画几棵树的速写，你就会发现获得真实的树皮效果比较容易了。

睿智的眼睛

在绘制一个精明而善于思考的生物时，尽可能使它的眼睛像人类的眼睛。这会使观众产生联想，立刻领会你的意图，从而体现出这个角色的个性。

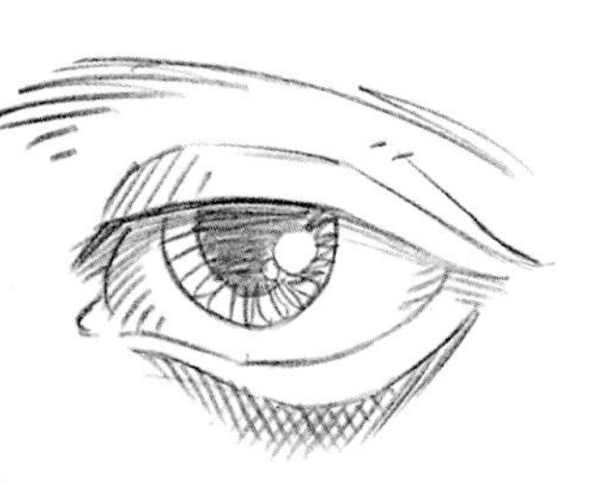

肌肉组织

它的四肢很像人，因此要注意观察真人的肌肉组织，无论画得多么夸张，也不要脱离这一参照。用树皮的线条模仿和强调肌肉，将使你的生物显得更加真实。

基本特征

在设计一个有趣的生物时，诸如长长的树枝般的手指，一片片的草以及脚上的根等细节会让它变得与众不同。为你笔下的生物构想一些可能会给观众带来惊喜同时又符合逻辑的特征。

表现

在得到满意的效果之前，你可能要将脸部等重要的特征画很多次。

最后的草图

这幅图展示了上色之前的效果。这个生物是用铅笔在事先填装了石膏粉的画板上画成的。在上色之前，用蓬松的介质将草图固定下来。

调配你的颜料

用丙烯颜料涂上一层薄薄的基础色，为后面的细节创造底色。丙烯颜料不透明，多余的线条和细节可以稍后再擦掉。

给它上色

在开始上色之前想想你希望怎样照亮它。用不同大小的鬃毛刷和人造貂毛刷上色，把精灵的细节都突显出来。

冰雪怪兽

获得灵感

有谁知道在冰雪之地或者雪山顶上会藏着什么生物呢？探险者的旅行日记也许能给你一些想法，但是大自然本身就能给你的想象提供无数灵感。

1. 在白色的背景上画出白色的生灵是困难的。到大自然中去寻找能够帮助你的纹理和颜色吧。
2. 北极狐适应了它的家。它能在雪里蜷起身子，用毛茸茸的尾巴遮住脸来保持体温。
3. 收集化石是一项不费钱又有趣的休闲活动。你也许找不到恐龙的化石，但是植物和小动物的化石却到处都是。
4. 海象一生中的大部分时间都是在北极的冰水里度过的，但是也可以在陆地上见到它。它很好地适应了水陆双重环境。它用四条腿走路，喉咙里的空气囊使它的头能浮出水面。厚厚的一层脂肪使它能很好地抵御冰的严寒。

3
4

角色速写：冰雪精灵

像其他精灵一样，冰雪精灵是一种没有物理形体的生灵。它以能量的形式存在并通过控制它的环境而获得某种虚假的物理形状。它主要由冰和雪构成。

它行动缓慢，依靠形体的迅速融化和冻结来移动。一只健康的猎物能轻而易举地甩开它，因此它在它的环境中以笨拙或受伤的生灵为食。它常常潜伏在裂缝中和冰川裂缝的周围。

尽管冰雪精灵是由冰冻的物质（冰水）构成的，而且从本质上来说，是一种非常寒冷的生灵，但它却常常被热源吸引并且靠吸收猎物的热量来延长自己的寿命。因此，它常常在冰川下的火山或温泉周围出没。

生理档案

大小：可变

重量：可变

皮肤：冰

眼睛：没有

信号：冻结的尸体

提炼构思

设计这样一种抽象的生灵时，不断地尝试各种想法，直到获得你满意的形状。用铅笔画出轮廓，握在靠近铅笔顶端的地方可以画出轻松流畅的线条。

其他画法

画出很多草图，让你的铅笔带着你走，不要太多考虑你在做什么。艺术家保罗·克利把这种方法叫做“带着线条散步”。用这种方法创作，直到得到一个你满意的形状为止。

驼背的、蜷缩的形态看起来很笨拙，像爬行生物。

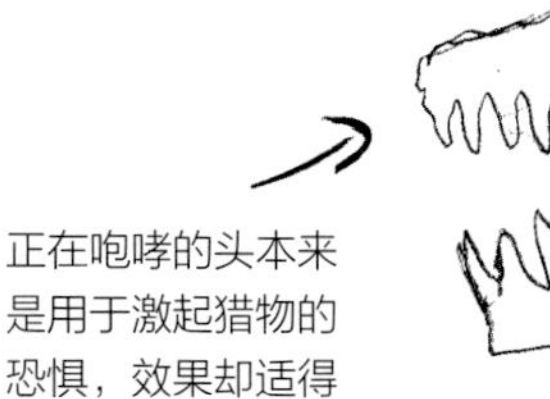

正在咆哮的头本来是用于激起猎物的恐惧，效果却适得其反。

画头部

在铅笔勾勒出的轮廓上加工，按照需要调整形状，但要避免过于精确的线条。

配色方案

从颜色方面来讲，由冰雪构成的生灵是其环境的反映。因此，考虑天气条件和光线质量是很重要的。你也可以用这些来营造氛围。例如，在天气晴朗的时候这个生灵可能看起来光芒耀眼，几乎有点兴高采烈；但在光线很弱的时候，却要沮丧和恐怖得多。

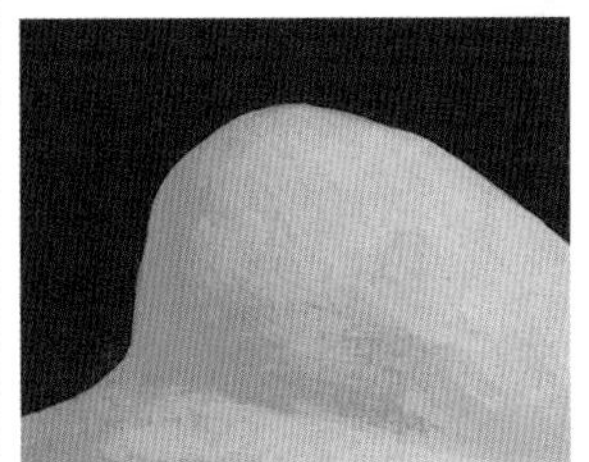

夜间的雪

雪总是会映照出天空的颜色，因此夜晚的时候其明亮度就取决于天空的洁净程度以及月亮的圆缺和明亮程度。因为夜间总是比白天冷，所以很深的蓝色会比灰色使它显得更寒冷。

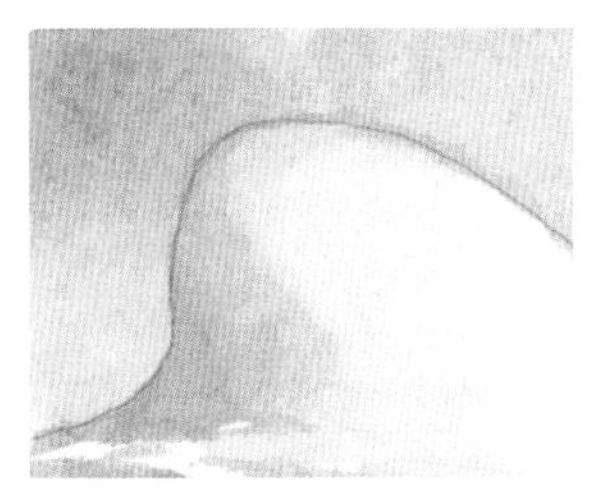

乌云密布或阴沉的天

雪映照出天空中的灰色，使冰雪精灵显得情绪不定或是非常忧郁。

明亮的阳光

阳光会留下很深的阴影。物体对着光的一面就会反射出光源——太阳，而背光的一面则获得了一些天空的颜色以及周围地貌的色调。

最后的草图

这个形状反映了这一生灵的构成材料——半流动的冰和雪。牙齿、角和魔爪像冰柱；背部的曲线像冰雪覆盖的山丘；身体上鳞状的图案就是被踏过的雪。可以看看照片上风刮过雪地和冰融化的样子并将其作为参考。

描绘冰

冰不是完全透明的，它里面的气泡使它呈半透明状，这样就有了反映周围环境中颜色的作用。以下绘制顺序展示了创造坚冰或任何如玻璃般透明或半透明物质质感的方法。

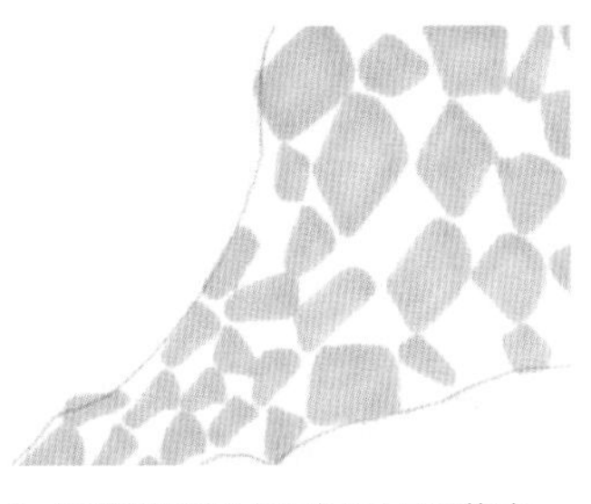

1. 马克笔的墨水干燥后不吸收水。用它画出很多小平面的形状，留出像扭曲了的棋盘一样的空隙。灰白的铅笔线条可以稍后再擦掉。

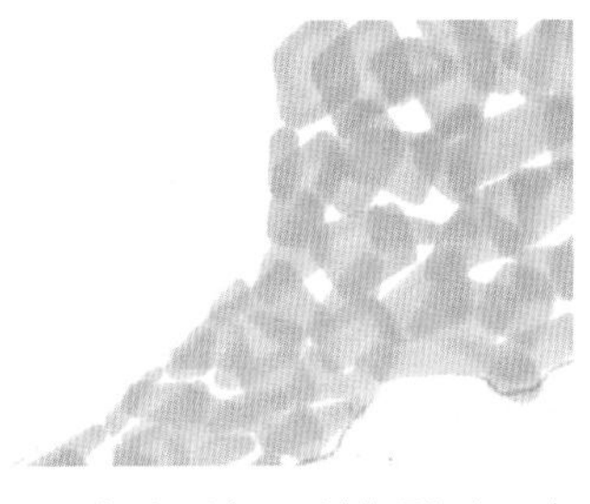

2. 重复这一过程，继续叠加上一步所示的小平面。

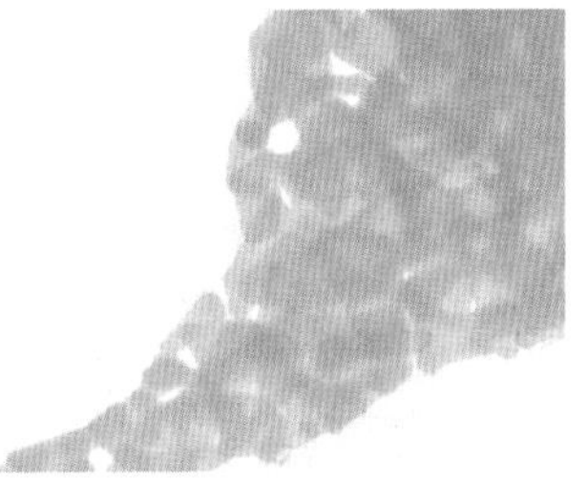

3. 再重复一次，将任何大块的空隙结构全部填满。

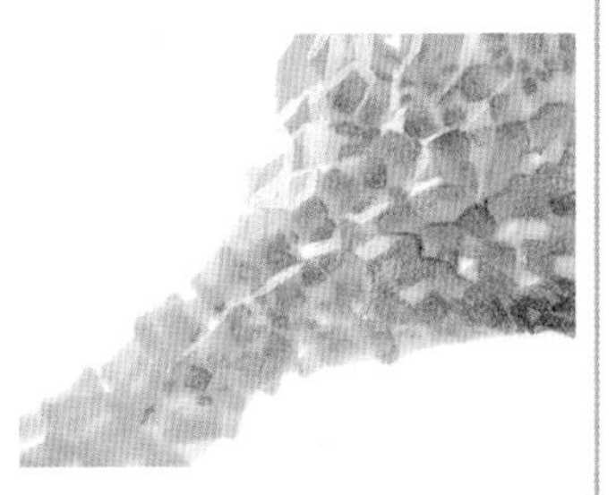

4. 最后一步，用彩色铅笔画出更深的形状，突出表面的裂缝、瑕疵等细节。再涂上白色丙烯颜色或树胶水彩以突出外部的形状和亮部。

艺术家作品 ▶

艺术家作品

所用颜色

丙烯
白色

彩色铅笔
蓝色

马克笔
蓝灰色

艺术家把草图放大到最终作品的尺寸，然后用一支发白的蓝灰马克笔，将主要的冰块形状（不要轮廓）转移到平铺在灯箱上的蓝色水彩纸上。用蓝色的彩色铅笔绘制冰雪精灵的主体结构，给雪和冰上的亮部加上不透明的白色丙烯颜料。

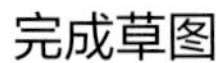

完成草图

在这个阶段可以完全用铅笔绘制，在这种情况下铅笔是很适合的工具，因为这个生灵本身的色彩很单调。

1

画出基本形状

在灯箱上放大草图，参照草图把冰基本的形状画到蓝色的水彩纸上。不断重复涂抹同一种颜色，用马克笔加深。

2

给小冰面加上色调

把水彩纸铺到画板上，然后趁它干燥时用蓝色的彩色铅笔在用马克笔画出的小冰面上加上色调。冰像棱镜一样，顶部颜色淡一点，底部淡一点，中间部分要用较深的颜色刻画。

3

给最后的图形上色

给雪涂上颜色以勾勒出这一生灵的最终形状，还要在它的凸出部分加上少许白色的亮部。

完成图

这幅画是最小的，仅用于说明如何以更少的元素来表达更多的内容。平坦的背景奇异而安静，雪也无声地静止不动。没有风或动的东西来打扰环境。这幅画描绘了一头睡眠了不是几年也至少几个月的怪兽。

角色速写：冰龙

多少世纪以来，龙一直是我们民间传说的一部分。在神话故事和传说中，它们惊人的外表和破坏力在赢得赞美的同时也为人们所恐惧。

在文学和艺术作品中有无数关于龙的描述，这本书里也有几种。你会注意到多数龙所共有的特征：翅膀是常见的，而且常常很大，但却可以是任何颜色的。多数长有鳞片，但是一些龙还有粗糙的表皮。有大耳朵的龙也有小耳朵的龙；有刺状脊背的，也有脊背滑而直的；有软软的肚子或者起茧的，也有包裹着硬硬甲壳的。不是所有的龙都会喷火，冰龙就是吐冰的。

描画爪子
爪子是由简单的形状和结构线条构成的。

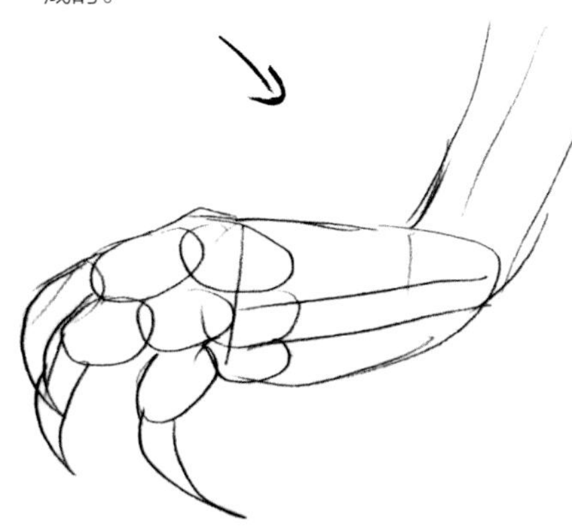

给爪子上色
用铅笔给爪子上色，再加上一层薄薄的透明色。

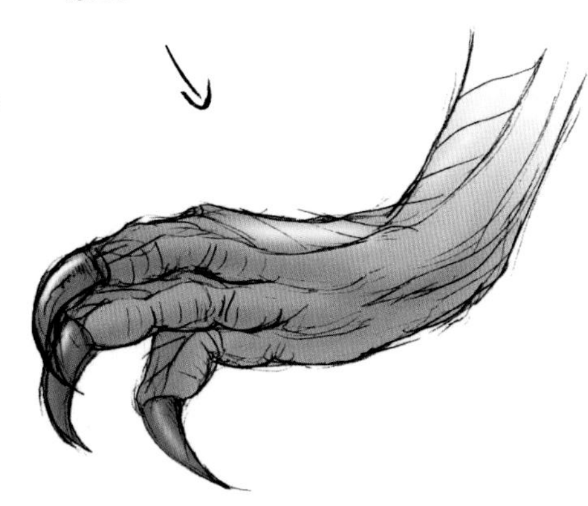

给怪兽上色
这条龙是在Adobe Photoshop里绘制的。完成设计后先画一个大致的草图，然后在此基础上绘制出最终图像。

龙头，正视图
怪兽的头上长着锋利的牙齿和刺目的黄眼睛。

侧视图
蜥蜴般的凸起使这个怪兽显得更加怪异。

具有杀伤力的尾巴
细节很重要。这个锥形的尾巴的确是令人信服的致命武器。

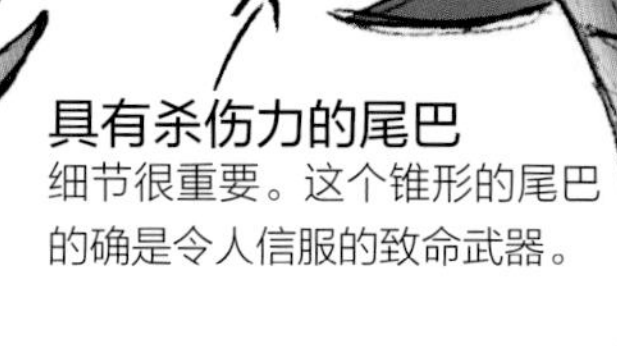

创造形态

此图中用简单的形状勾勒出了冰龙的基本形态。

添加细节

用铅笔添加并刻画细节，再平涂上一层颜色。

创造一个想象的世界

蛋壳中爬行动物的幼仔。这个蛋即使在孵卵的母龙的重压下也不会破裂。

角色速写：雪人

雪人是一个行踪诡秘、离群独居却性情温和的生灵。它居住在喜玛拉雅山地区的山区。多年来，许多登山探险人都声称看见过并追逐过这个怪兽。然而，没有人能够提供过硬的证据来证明这头怪兽的存在，也许看到雪人的情形是由高海拔缺氧产生的幻觉造成的。

热衷于寻找雪人的人声称这头怪兽用两条腿直立行走，但关于它的外貌还是各持己见。报告中发现的那些脚印表明，它也可能是某种人类尚未发现的熊或类人猿。使雪人成为一个同时具备熊和类人猿特征的生物，就能把所有的可能性都包含在内了。

绘制形态

最初的结构图显示了魁梧的肩膀和肥硕的臀部，怪兽的主要肌肉群都集中在这里。一个巨大而笨重的身体对于穿越层层风雪是很重要的，它还需要储存大量的脂肪以便冬眠。

完整形体

这一结构显示了与动物结构的关联——结实的肩膀和臀部关节。

给毛皮上色

有很多种给毛皮上色的方法，而且可以用几乎任何一种彩绘工具绘制。尽管不透明的颜料也许比较容易刻画，但彩色蜡笔可以让你快速实现想要的效果。

不透明颜料

在这种情况下，丙烯颜料非常适合画厚的、油腻的和粘在一起的毛。

彩色铅笔

适合画粗糙的、硬邦邦的和较长的毛，却不像彩色蜡笔那么容易混合。

透明颜料

水彩或淡淡的丙烯颜料可以画浓密的毛，但是画苍白的毛却很困难。用短笔，画出短小平行的线。

彩色蜡笔或色粉笔

它们适合画短而软的毛。用手指或棒搓揉，使线条变得柔和。给白色的毛添加淡黄色。

猿的影响

猿的颅骨在顶部与熊的颅骨相似，但是整个头却短得多，下颚也更低。

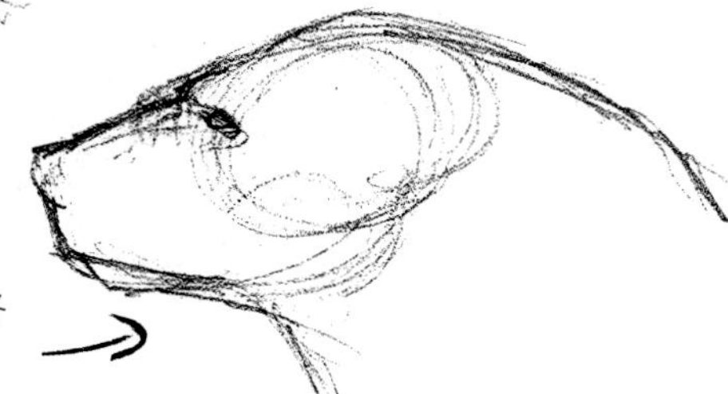

熊的影响

熊的头扁平厚实，脖子较粗，笨重的躯干用于在冬天储存脂肪。

画牙齿

尖利的牙齿能使怪兽显得侵略成性并表明它是食肉动物，但是这个雪人是个性情温和的家伙。

另一方面，大而平的牙齿又可能使它显得太滑稽。不管怎么说，应该在这两个极端之间取一个折中点。

五官比例

小眼睛使头部的其余部分显得更大。

生理学

要画出一个令人信服的雪人，得把它的头画得一半像熊一半像猿。雪人那极地熊一样的身体反映了它的生活环境。

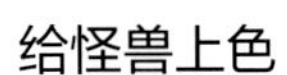

给怪兽上色

它的白毛又短又厚，油腻腻的，以抵挡寒冷。这个雪人是用色粉笔涂色的，因此用光滑的纸张比较适合，否则纸上任何颗粒或纹理都会在毛上显现出来。所用的颜色有白色、淡黄色和暖灰色。

Credits

All three authors contributed to the first chapter of this book; the remaining chapters are the work of the author specified below. Quarto would like to thank and acknowledge the following for supplying illustrations and photographs reproduced in this book:

KEY
t = top; b = bottom; r = right; l = left; c= center

CHAPTER ONE: GETTING STARTED
Rob Alexander: 28, 29b, 30, 31bl, 32b, 33, 35, 46bl, 46bc, 46br, 47; plus 29t, 34t, 34br used with permission © **Wizards of the Coast, LLC (www.wizards.com)**
Finlay Cowan: 10b, 44b, 45, 48, 49t, 50, 51
Igor Klimov/Shutterstock: 36tr
Myrea Pettit (www.myrea.com): 44t
Seiko Epson Corp. (www.epson.com): 36tl
David Spacil: 10, 11t
Wacom Co., Ltd. (www.wacom.com): 36bl, br

CHAPTER TWO: FANTASY FIGURES BY FINLAY COWAN (CONTACTABLE VIA FACEBOOK)
Rob Alexander: 68bl
Theodor Black (www.theblackarts.com): 55b
Theresa Brandon (www.theresabrandon.com): 83tl
Tania Henderson: 83br
Carol Heyer (www.carolheyer.com): 79t
Bob Hobbs (www.moordragonarts.com): 94bl
Martin McKenna (www.martinmckenna.net): 57t, 64b, 90tr, 91tr
Tony May (www.tonymay.tv): 76b
Alexander Petkov: 63b, 93bl
R.K. Post (www.rkpost.net): 71b, 75t, 80b, 87b; used with permission © **Wizards of the Coast, LLC (www.wizards.com)**
Nick Stone: 72–73
Anne Sudworth (www.annesudworth.co.uk): 84b
Storm Thorgerson (www.stormthorgerson.com): 76b, 88–89
Christophe Vacher (www.vacher.com): 96bl
All other illustrations in this chapter are the work of Finlay Cowan and are the copyright of Finlay Cowan or Quarto Publishing plc.

CHAPTER THREE: FANTASY BEASTS BY KEVIN WALKER
Simon Coleby: 144–145, 156–157
Jon Hodgson (www.jonhodgson.com): 176–177
Ralph Horsley (www.ralphhorsley.co.uk): 110–111, 170–171
Patrick McEvoy (www.megaflowgraphics.com): 124–125, 146–147, 178–179
Lee Smith (www.shawawa.com): 132–133, 168–169
Anne Stokes (www.annestokes.com): 140–141, 154–155
Ruben de Vela (www.rubendevela.com): 128–129, 160–161, 186–187
All other illustrations in this chapter are the work of Kevin Walker. All illustrations and photographs in this chapter are the copyright of Quarto Publishing plc.

All other illustrations and photographs are the copyright of Quarto Publishing plc. While every effort has been made to credit contributors, Quarto would like to apologize should there have been any omissions or errors—and would be pleased to make the appropriate correction for future editions of the book.

NOTE
The material in this compendium previously appeared in the following publications:
Drawing & Painting Fantasy Figures by Finlay Cowan
Drawing & Painting Fantasy Beasts by Kevin Walker

律师声明

侵权举报电话

版权登记号： 01-2015-3726

图书在版编目（CIP）数据

国际游戏角色设计经典教程 /（美）考恩，（美）沃克编著；徐志刚译．—
北京：中国青年出版社，2016. 1
书名原文：The Compendium of Fantsy Art Techniques
ISBN 978-7-5153-3982-5
I. ①国… II. ①考… ②沃… III. ①三维动画软件 - 游戏程序 - 程序设计 - 教材 IV. ① TP391.41
中国版本图书馆 CIP 数据核字（2015）第 290917 号

国际游戏角色设计经典教程

（美）芬利·考恩　（美）凯文·沃克 / 编著　徐志刚 / 译

出版发行：中国青年出版社
地　　址：北京市东四十二条 21 号
邮政编码：100708
电　　话：（010）50856188 / 50856199
传　　真：（010）50856111
企　　划：北京中青雄狮数码传媒科技有限公司
策划编辑：冯　莹
责任编辑：刘稚清　刘冰冰
助理编辑：王莉莉
封面设计：彭　涛　郭广建
印　　刷：北京利丰雅高长城印刷有限公司
开　　本：889 x 1194　1/16
印　　张：12
版　　次：2016 年 1 月北京第 1 版
印　　次：2016 年 1 月第 1 次印刷
书　　号：ISBN 978-7-5153-3982-5
定　　价：79.80 元

本书如有印装质量等问题，请与本社联系
电话：（010）50856188 / 50856199
读者来信：reader@cypmedia.com
投稿邮箱：author@cypmedia.com
如有其他问题请访问我们的网站：http://www.cypmedia.com